图1-26 天使桌灯

图1-27 妈妈扶手椅

图1-28 勒•柯布西耶设计的朗香教堂

图1-29 赖特设计的流水别墅

图3-2 “夺目屋” Dome House

图4-4 北京奥运会主会场——鸟巢

图4-6 伦敦的市政厅

图4-7 法兰克福银行总部

图7-2 荷兰鹿特丹的“城市仙人掌”

图7-3 威廉•麦克多诺设计的树纹塔

图7-14 法兰克福商业银行总部

图7-16 中透的玻璃幕墙

图7-17 空中花园

图7-28 “诺亚”——三角形结构最大限度地增强建筑的稳固性

图7-49 恭王府生态多样性

图7-53 姜氏庄园

图7-60 福建土楼

图7-63 振成楼内建筑风格的多样化

图7-78 天井采光

图7-129 Soma艺术馆公园内具有代表性的雕塑作品

图7-132 纽约中央公园的生态多样性

图7-152 旧金山闹市区巴士站台上的绿色屋顶

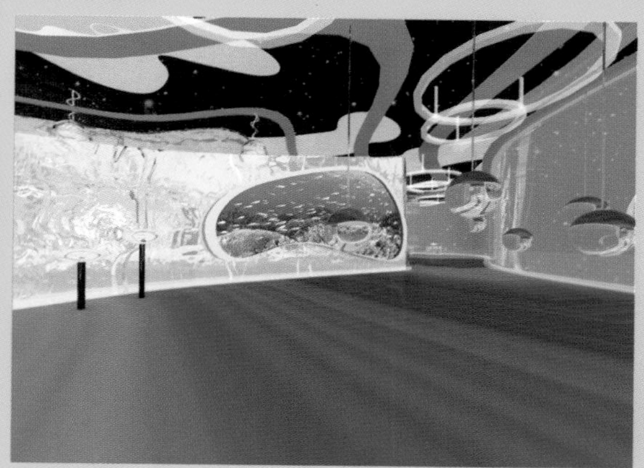
图7-157 海洋生态馆

图7-170 纸质电脑包

图7-171 亨德森围巾

图7-172 守护灯(Guardian lamp)
设计：陈昕、胡杨帮、何兆亨、林鎏、麦博、姚海飞
指导：盘湘龙
此设计荣获2011年度德国“iF概念设计奖”

图7-174 种子雪糕棒
设计：陈昕、胡杨帮、何兆亨、林鋈、麦博、姚海飞
指导：盘湘龙

图7-177 废弃啤酒瓶再利用设计——Snow light1
设计：林加锋
指导：盘湘龙

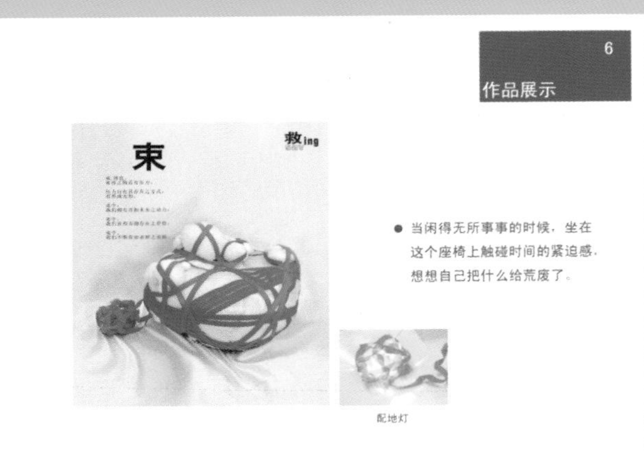

图7-178 saving系列环保再生座椅设计
设计：王琳
指导：盘湘龙

图7-176 “夹子”垃圾桶
设计：陈昕、胡杨帮、何兆亨、林鋈、麦博、姚海飞
指导：盘湘龙

图7-179 废弃自行车再利用设计
设计：吴彬
指导：盘湘龙

图7-180 围椅的翻新再利用设计
设计：余炎芳
指导：何中华

21世纪全国高等院校艺术与设计系列丛书

生态设计学

主　编　黎德化
副主编　盘湘龙　关晓辉
　　　　胡年春　刘娅群

内容简介

本书是将生态文明观念、生态审美观念与艺术设计结合在一起，从而开辟艺术设计新视野的一种尝试。本书从生态文明的观念出发，阐述了生态文明的人类社会与历史意义、艺术设计与生态文明的关系、艺术设计与生态美学、艺术设计中的生态文明主题、生态设计的基本原则、生态设计的基本程序、生态设计的方法、生态设计的分类关系及生态设计的大趋势 9 个方面的内容。本书力图通过具体案例来阐述生态设计的基本原理，以培养学生的理论观察与分析能力、生态设计的操作能力为基本目标。同时，本书也可以为其他从事艺术设计的专业人员提供理论指导与实践操作参考。

本书可作为高等院校设计类各专业学生的教材和参考书，也可供高职高专类艺术院校选用及艺术设计人员学习参考。

图书在版编目(CIP)数据

生态设计学/黎德化主编. —北京：北京大学出版社，2012.11

(21 世纪全国高等院校艺术与设计系列丛书)

ISBN 978-7-301-21348-3

Ⅰ. ①生… Ⅱ. ①黎… Ⅲ. ①景观设计—高等学校—教材 Ⅳ. ①TU986.2

中国版本图书馆 CIP 数据核字(2012)第 236496 号

书　　名：生态设计学
著作责任者：黎德化　主编
策 划 编 辑：孙　明
责 任 编 辑：孙　明　李瑞芳
标 准 书 号：ISBN 978-7-301-21348-3/J·0470
出　版　者：北京大学出版社
地　　址：北京市海淀区成府路 205 号　100871
网　　址：http://www.pup.cn　http://www.pup6.cn
电　　话：邮购部 62752015　发行部 62750672　编辑部 62750667　出版部 62754962
电 子 邮 箱：pup_6@163.com
印　刷　者：北京鑫海金澳胶印有限公司
发　行　者：北京大学出版社
经　销　者：新华书店
787mm×1092mm　16 开本　15.75 印张　彩插 3　359 千字
2012 年 11 月第 1 版　2012 年 11 月第 1 次印刷
定　　价：38.00 元

《21世纪全国高等院校艺术与设计系列丛书》

专家编审委员会

丛 书 序

人类的文明史，也是一部人类的设计史、艺术史。人类通过艺术与设计将理想、情感、智慧或意志具体化、形象化，甚而情趣化、可用化。艺术与设计是人类独有的创造性活动和伟大特质，涉及人类所见、所闻、所想、所为、所用、所乐；是人类传承文明、走向未来、不断创新、持续发展的工具和手段；其主旋律是彰显人与自然的和谐发展，其原动力就在于人类对理想、对创造美好生活方式的不懈追求。

一

艺术与设计在现代化建设中占有举足轻重的地位。在各国迈入信息时代的过程中，艺术与设计外延至创意产业，以“个体创意、技巧及才干，通过知识产权的生成与利用”而“创造财富”(英国《创意产业图录报告》)。这已是世界工业化国家发展的成功之路，艺术与设计已成为各国提高自主创新能力、国际竞争能力、抗御风险能力和推动持续发展的重要支撑。

自20世纪80年代以来，以微电子、信息、新材料、系统科学等为代表的新一代科学技术的发展，及其在艺术与设计领域中的广泛渗透、应用和衍生，极大地拓展了艺术学学科与设计艺术学学科的深度和广度。享受到科技发展成就的人们，对于精神生活品质的需求越来越强烈，渴望更为合理、和谐、美好的生活。特别是改革开放以来，我国艺术教育发展迅猛，艺术与设计界的变化史无前例。全国越来越多的高等院校设置了艺术与设计类学科，同类学位点有了明显增长，开设艺术与设计类专业的院校已逾1400所。艺术与设计作品的日新月异，各种流派的空前活跃，艺术学著作的不断增加，艺术理论研究取得的瞩目成就，国民艺术素质的普遍提高，都表明了当代艺术与设计领域已呈现花团锦簇、百家争鸣的局面。在蓬勃发展的过程中，艺术学与设计艺术学的内涵获得了丰富，其外延也有令人瞩目的拓展，并已成为衡量当今城市和国家综合实力强弱的标志之一。

艺术学在整个艺术与设计领域中占有重要的学术地位。它与文学、哲学、史学、民俗学、美学、心理学、考古学等史有广泛的联系，是对艺术与设计进行综合研究、探讨其规律的学科。艺术的门类很多，形式、样式和题材的纷繁决定了它的多样性，并不断地推陈出新。在美术、设计、音乐、电影与电视等艺术门类中，如何对创作、设计、表演等纷繁现象作整体性的对照，区别其个性与共性，构建完整的体系等问题，使之纳入人文科学和社会科学的轨道，是艺术学科的主要任务。艺术学科与相邻的二级学科，如美术学、艺术设计学、音乐学、舞蹈学、电影学、广播电视艺术学、戏剧戏曲等有广泛、密切的定位。也与各二级学科的专业史论等接近，其关系有同有异，互为补充。艺术学的研究分成若干分支。除艺术原理外，有中外艺术史、艺术美学、艺术评论、比较艺术、艺术分类学、艺术形态学、民间艺术学、艺术文献学、艺术教育学、艺术管理学等；艺术与多学科结合，有许多带有边缘性质和交叉性质的分支学科产生，如艺术心理学、艺术伦理学、艺术文化学、宗教艺术学、艺术考古学、艺术经济学、艺术市场学、艺术传播学、艺术设计学、工业艺术学、环境艺术学等。

设计艺术学与上述二级学科艺术学和美术学有着紧密的联系。设计艺术学是一门多学科交叉的、实用性的艺术学科，其内涵是按照文化艺术与科学技术相结合的规律，创造人类生活的物质产品和精神产品的一门科学。其范围宽广，内容丰富，是功能效用与审美意识的统一，是现代社会物质生活和精神生活必不可少的组成部分，在一定程度上影响和改变着人们的生活方式和生活质量。简言之，设计是人类有目的地改变原有事物，使其更新、易用、宜人、致美、增益，且具有多方面品质的活动，亦是在限定性条件下，以满足人的物质需求和精神需求为目的，应用科学、经济、艺术要素，系统构想解决问题方案、实现其价值的创造性活动。它已被列为社会发展亟需的专业，其内容涵盖工业设计、创意产业、动漫与信息艺术、设计教育等方面。在对艺术学全面理解和整体把握的基础上，能够更好地研究设计艺术的理论与实践。

艺术与设计理论研究虽然呈现出“芝麻开花节节高”的趋势，但与实践相比仍较滞后，主要体现在研究作品远少于创作与设计实践作品，理论研究人员远少于创作与设计实践人员，在基础发展薄弱的高校，出现了艺术与设计专业“上马”仓促、膨胀过度、“削足适履”等问题；或是忽视艺术与设计的交叉性、创造性、前沿性，忽视艺术学理论对艺术与设计实践的指导作用；或是对与现代生产生活和科技密切相关的课程缺乏支撑，对培养创新能力与综合素质重视不够。这就要求艺术与设计理论研究者在不断开拓进取的实践中，面对各种问题和诱惑，始终保持良好的心态；要求我们的理论家以厚实的理论基础来拓宽研究视野和研究领域。

无论是从人的本性出发，还是从社会现实方面去考虑，人人都需要艺术与设计，人人都需要懂得艺术与设计，人人都应该具有欣赏艺术与设计作品的能力，成为有能力满足自身需要的设计爱好者、艺术爱好者。经济发达国家一般都比较重视艺术与设计教育，其中许多国家还以法律形式确立了艺术与设计教育的地位。随着“入世”进程的不断深入，国外颇有实力的院校或集团正对中国这个庞大的市场虎视眈眈。全球性的、超国界的力量亦在对人类文化、人类社会行为、思想、价值判断发挥作用。不同国家、不同文化之间正呈现新的对话，正从经济、技术、产品、艺术、生存与传播方式等方面进行文化的碰撞与交流；促成了物质领域生成规则的信息革命，深刻影响了艺术与设计文化的传达与表现，影响了艺术与设计的认知模式，引发了新的国际性竞争。这也带来了一系列新观念、新思维，诸如创意产业与设计文化阐释、文化表现、价值观、思维方式等问题。这种新观念与新思维的导入，特别是改革开放的新视角，为我们重新审视产业观念和艺术与设计体系提供了更多的思考维度。这都对艺术与设计的研究和应用提出了新的更高的要求，我们正面临新的挑战。

二

毋庸置疑，艺术理论的指导意义十分重要，没有理论指导的实践是盲目的实践，感觉到的东西不一定能够理解，只有理解了的东西才能深刻地感觉到。为此，加强对艺术与设计的研究，探讨其本质，创建同时代发展相适应的、科学的理论与实践体系，实属当务之急。

为此，研究艺术与设计必须以科学的态度，不断思考艺术学科与设计艺术学科的范围、对象、特征，探寻艺术的发展规律与研究方法；从不同的角度探索其发展的思路和途径；宏观地、辨证地分析世界艺术与设计教育的建设、管理经验、教训和成果，以为我所用。同时，重视和加强基础研究、创新研究，并针对艺术与设计实践发展过程中产生的艺术规律、方法、语意表达等进行理性思考、梳理，把握我国艺术与设计发展的脉络和规律，加强对中华传统艺术与设计的发掘、保护、整理和开发利用；加强对新兴边缘交叉学科和跨学科的综合研究，不断处理好弘扬优秀民族传统、时代精神同有较高学术水准、有较大推广应用价值、代表先进文化前进方向的关系，处理好理论与实践统一的关系；处理好历史、现实与未来之间的关系，将基础研究、综合研究、分类研究与艺术与设计教育研究结合起来，进行分析、凝练，做出科学论证，全力使研究方向、梯队、基地、成果等学科发展要素体现出创新性、时代性和前瞻性。进而实现从材料积累、观点创新，到构建科学的、具有时代特点和中国特色的艺术与设计学科体系，造就一批又一批的艺术与设计人才。当然，这是全体投身于艺术与设计研究和实践者的共同目标，本丛书中可能只做了其中很少一部分的工作，希望能起到抛砖引玉的作用。

艺术与设计类专业主要着眼于培养国民经济发展所需要的德智体美全面发展的高素质专门人才，要求其具有较高的文化素质和艺术修养，广博的人文科学知识、艺术学基础知识，以及与本专业相关的学科知识；具有国际交流的能力。既具有较扎实的理论功底、良好的发展后劲、丰富的社会知识，又具有较强的专业技能、创新精神、实践能力和国际视野；要求注重专业理论的系统学习，提高学生的专业素质和应用能力；要求注重实践、注重规范、注重国际交流，并与其他学科相互交融、协调发展。因此，进行深入的教学改革和创新，探讨艺术与设计类专业创新人才的培养模式，建立培养创新人才的教学体系和教材资源环境，是我们努力的目标；也是我们组织编写、出版面向艺术与设计类专业丛书的意义所在。

北京大学出版社的领导和编辑通过实际调研，在与众多专家学者讨论的基础上，决定编写和出版本系列丛书，是一项利于促进高校艺术与设计教育改革发展的重要措施。

三

本系列丛书立足于21世纪艺术与设计学科发展的需要，以科学性、先进性、系统性和实用性为目标进行编写，以适应不同类型、不同层次院校的实际需要。其特色体现在以下几个方面。

(1) 关注全球艺术学科与设计艺术学科发展的大背景，建立学科交叉与综合的新理念。力求使新兴学科与艺术学学科结合的内容在该系列丛书中得以生动体现。

(2) 进一步密切学科内各专业知识间的内在联系，建立系统性的知识体系结构。从探讨艺术本体论、认识论、方法论等，到艺术与设计创作与批评的实践，整个系列形成了一套较完整的知识结构体系。

(3) 在保持较宽学科专业知识的前提下，突出重点，拓宽理论基础和专业知识，涵盖艺术与设计类相关专业的课程，把握相关课程之间的关系。

(4) 理论联系实际。本丛书特别列举了我国艺术与设计工作中的大量实际案例，可大大增强学生的实际操作能力，力求做到不断强化其适应能力、实践能力和实干精神。

(5) 注重能力培养，特别是突出创造能力和创新意识。力求做到不断强化读者的自学能力、思维能力、创造性地解决问题的能力、不断自我更新知识的能力，促进读者朝着富有鲜明个性的方向发展。

(6) 随着信息时代的来临，现代理论和技术方法的不断发展。艺术与设计不只是单纯追求某方面的先进和高低，而是综合考虑质量、市场、价格、安全、美学、资源、环境等方面的影响。

(7) 内容新颖。融会当前有关艺术与设计学科的最新理论和实践经验，用最新知识充实丛书内容。

(8) 本丛书是主要由国内高校教师共同编写而成，在相互进行学术交流、经验借鉴、取长补短、集思广益的基础上，形成编写大纲。最终融合了各地特点，是合作交流的成果，具有较强的适应性。

总之，本丛书注意加强学科基础，调整课程结构，反映各课程之间的联系和衔接，既相互联系又避免不必要的重复，努力拓宽知识面，在培养创新能力方面进行了探索。丛书从不同的角度探索艺术与设计发展的基本思想和途径，宏观地、辩证地分析艺术创作与设计的规律、方法；对艺术与设计的本源论、方法论、主体论、本体论、欣赏观、价值观、艺术观等都进行了深入细致、广泛的研究。该系列丛书将以全新的面貌来传播现代艺术与设计教育的新成果，将学术性、知识性、趣味性融于一体，力求深入浅出，图文并茂，使读者在艺术的天地里得到美的享受，进一步陶冶情趣，提高审美能力。

四

笔者希望本丛书有助于我国艺术学理论的健康发展，更有助于大学生艺术与设计修养的提高，艺术思维的完善，艺术与设计作品水平的提升。

对艺术、设计作充分的认识和了解，熟悉具有代表性的艺术作品、艺术家和风格流派，在对艺术学的全面理解和整体把握下进行艺术与设计的创作实践；较好地使用外语和古汉语，全面而准确的鉴赏艺术作品，洞察艺术的魅力和奥妙；掌握调研与实地考察的方法，占有较厚实的第一手资料和间接的研究材料，独立思考问题和处理问题，深入分析、归纳和阐述艺术的规律；对不同艺术的特点与个性有深刻的了解，并对艺术的发展有一定的前瞻性和预见性；统观大局，审时度势，善于策划，又能在无数的艺术作品中归纳其共性，由个别上升到一般，再由一般上升到理论……应当说，这都是进行艺术与设计研究时必须要具备的品质。而作为高要求，系列丛书应充分汲取中华民族优秀文化和西方精华，形成中国自己的特色。上述目标不可能一蹴而就，需要作者通过长期艰苦的学术劳动和不断进行创新才能达成。笔者希望本丛书的编写，将是我们追求高质量丛书的新尝试和新起点。

最后，我要感谢参加本系列丛书编著和审稿的各位老师、作者和同仁，武汉理工大学艺术与设计学院的许多师生也做了大量工作，他们付出了辛勤的劳动，在此一并致谢。也要感谢北京大学出版社的领导和编辑们对本系列丛书的支持。由于编写时间紧、相互协调难度大，本书在编辑、翻译、引用上不无舛误；虽经审校，未必尽如人意，遗漏之处在所难免。敬请专家、读者指正。我相信，在使用本系列丛书的教师和学生的关心和帮助下，本系列丛书一定能不断地改进和完善，并在我国艺术学类学科专业体系建设中起到应有的促进作用。

陈汗青

2008 年 1 月于武汉

陈汗青　现任武汉理工大学艺术与设计学院院长，国家精品课程《设计概论》负责人、湖北省优秀研究生导师、工业设计品牌专业学术带头人。先后兼任中国工业设计协会常务理事，教育部高校工业设计专业教学指导分委会委员，中国美术家协会工业设计艺术委员会委员，教育部艺术硕士学位教育委员会委员，中国建设环境艺术委员会副会长，湖北艺术研究院副院长，湖北省高教学会艺术设计专业委员会理事长，湖北科技美术研究会副理事长，发表了近 70 篇学术论文。是创建工业设计工程硕士领域与中南地区设计艺术学博士点的先行者、武汉理工大学艺术学博士后学术带头人。

注：本文参考和摘引了国务院学位委员会办公室和教育部研究生工作办公室编写的《授予博士硕士学位和培养研究生的学科专业简介》中第 115 页和 118 页的内容。该书由高等教育出版社于 1998 年出版面世。

前　言

“生态设计学”课程是设计类专业的一门重要的专业课程，是设计类专业学生必修的一门主干技术基础课程，也是所有艺术类专业应普遍开设的一门课程。

随着环境污染的日益严重以及人们对环境保护越来越强烈的需要与呼吁，生态设计在艺术设计专业中的作用越来越为人们所认识，并成为艺术设计者在设计一切艺术产品时不得不认真考虑的问题。正因为这样，生态设计的社会实践已经在艺术设计中普遍地开展起来。同时，生态设计也越来越多地进入了艺术设计类专业学生的课堂。然而，关于生态设计的理论相对却显得落后，至今还没有一本关于生态设计方面的专业教科书。为此，撰写这样一本专业教科书，就成为一个不得不做的历史性任务，而生态设计的专业理论课也因此成为艺术设计类专业学生不得不掌握的一门专业知识。

生态设计是一个非常复杂的过程，它不同于一般的艺术设计，要求艺术设计的所有产品都必须与社会和自然环境保持高度的和谐一致，同时还要求满足人们越来越多的艺术需要，这就必须要有一个观念的革新，并且在艺术设计的社会实践中开创出一个崭新的领域。要做到这一切，要求艺术设计类专业的学生对生态设计理论有一个系统的、全面的理解与把握。

要设计出一个好的生态设计产品，首先需要了解自然环境的性质、自然物质与自然物质之间的作用关系、自然与社会的相互作用关系、人们精神需求发生的社会环境与自然环境的根据以及人们审美观念的产生发展规律；了解大自然创造美的特性与特殊作用，才能创作出既满足设计者本人审美需要，又满足艺术设计产品的消费者的审美需要的设计产品，同时才能使得艺术设计产品具有长久的生命力。

通过本课程的学习，学生将把在生态设计实践过程中通过独立的设计实践操作和综合技能训练所获得的丰富的感性知识条理化，并上升到理性层面，实现认识的第一次飞跃；然后通过后续课程的学习和创新实践过程实现从理性知识到指导实践的第二次飞跃。

艺术学院是培养艺术设计师的摇篮，“生态设计学”是提供艺术设计所必备的基本知识和专业素质、实践能力、创新设计能力的基础课程。

本书按照高等学校艺术学科本科专业规范、培养方案和课程教学大纲的要求，合理定位。由长期在教学第一线从事教学工作、富有教学经验的教师立足于21世纪艺术设计学科发展的需要，以科学性、先进性、系统性和实用性为目标进行编写的，以适应不同类型、不同层次的学校教学的需要。

本书注重学生获取知识、分析问题与解决艺术设计问题能力的培养，而且力求体现注重学生艺术素质与创新思维能力的培养。为此在本书的编写上既要体现现代设计技术、艺术科学、艺术思维的密切交叉与融合，又要体现艺术设计技术的历史传承和发展趋势。在内容的选择和编写上本书有如下特点。

(1) 注重培养艺术设计类专业学生的创新思维能力，强调改变观念就能获得新的创作灵感源泉的观点，力图通过树立生态设计的新观念来提高学生的理论水平，从而达到开创一个崭新艺术设计领域的目的。

(2) 本书力图把人文精神与现代设计艺术结合起来，强调艺术设计专业学生应该既具备高超的设计技术，又具备全面、丰富的人文素养。从而使得每一件艺术设计作品既具有较广泛的技术操作的现实性，又具有丰富的人文内涵和精神价值。

(3) 内容的选择和安排上既系统丰富又重点突出，每章既相互联系又相对独立，以便适应不同专业、不同学习背景、不同学时、不同层次的学生选用。另外，在内容的选择和安排上还考虑到了艺术类各专业的不同需要，具有一定的通用性。

(4) 为加深学生对课程内容的理解，掌握和巩固所学的基本知识，在分析问题和独立解决问题的能力方面得到应有的训练，每章后附有习题，供学生学完有关内容后及时进行消化和复习。

本书由黎德化任主编，其中第一章和第四章由关晓辉撰写；第五章由胡年春撰写；第七章由盘湘龙撰写；第六章由刘娅群撰写；其余部分由黎德化撰写。

在全书的编写过程中，吸收了许多教师对编写工作的宝贵意见，在编写和出版过程中得到了北京大学出版社和印刷单位有关工作人员的大力支持，在此一并表示由衷的感谢。

本书在编写过程中参考和引用了一些教材中的部分内容和插图，所用参考文献均已列于书后，在此对有关出版社和作者表示衷心的感谢。

由于编者水平有限，时间仓促，不妥之处在所难免，衷心希望广大读者批评指正。

编　者

2012 年 5 月

目　录

引　言

教学要求和目标：

- 要求：学生从不同的环境与艺术设计作品中感受到具有生态文明性质的对象。
- 目标：建立生态设计的基本观念，掌握与此相关的生态文明概念内涵，了解生态文明在人类社会生活中的体现与生命力。

本章要点：

- 艺术设计在我国的兴起。
- 艺术设计与生态文明主题。
- 生态设计的概念内涵。

艺术设计在我国兴起的时间不长，却发展迅速，显示了我国艺术设计的广阔前景。与此同时也存在许多问题，这些问题的根本在于缺乏对时代转变的了解。应该说，生态文明正在向人类走来，人们应看到这一历史发展的新趋势，了解生态文明的科学内涵，并在艺术设计中体现这一时代主题。生态设计学就是为了体现生态文明这一时代精神而产生的一门新型的艺术设计学。

第一节　生态设计的兴起

现代设计是随着现代化运动的产生而发展起来的，它是现代化大机器生产内在要求的体现。应该说，现代设计的开创者当数包豪斯的现代主义，他们的设计理念中暗含着理性主义的理想，其设计作品强调功能、技术与经济，这与传统的浪漫主义设计浪潮是背道而驰的。在包豪斯的奠基者沃尔特·格罗皮乌斯看来，创建包豪斯的目的是为了设计出更多的作品，以满足广大劳动人民的需要，让设计适应现代化的大机器生产和生活的需要。

具有讽刺意味的是，沃尔特·格罗皮乌斯为了满足广大劳动人民需要的现代主义设计理念却在20世纪30年代的德国纳粹那里得到最充分的体现。在设计领域，为了统一和一体化，纳粹政府大力推行标准化运动。由于标准化和规范化有利于大批量生产，提高国民经济水平，有利于一个强大的纳粹帝国的建立。所以纳粹政府专门成立了新的规范产品设计标准的部门，颁布了一系列新的标准化法规，通过一系列的政策、措施，很快就把全德国乃至德占区的工业产品、器皿、住房、建筑设计都统统规范化和标准化了。通过规范化和标准化，提高了德国的生产水平和产品质量，促进了以工业设计为代表的现代设计的发展，特别是这种严格的政府行为的规范化和标准化运动，与德意志民族的严谨、理性、长于思辨的精神相吻合，使德国20世纪30年代的设计表现出惯有的冷漠、理性、科学的特征。

此后，尽管在设计理念上还在不断创新(如乌尔姆学院及布劳恩公司将理性设计与技术美学思想结合为一体的简约化运动、系统设计潮流、“计划废止制”等)，但都是在现代主义的设计理念上的发展，即强调理性、功能和经济。然而，这样的现代主义设计必然会因为过分注重功能和经济而陷于单一，乌尔姆设计学院所倡导的设计原则，使得许多产品由于功能的限制而使设计受到压抑，特别表现在产品造型设计方面，由于功能因素过分突出而阻碍了设计艺术理论，即遵循人性与感性的自由设计思想。尽管在这以后也有人试图摆脱这种困境，但始终不能超越以产品的功能与经济为中心的设计理念。

随着信息时代的到来，美国未来学者托夫勒所预见的个性化生产运动开始变为现实，他在《未来的震荡》一书中指出："未来社会向人们提供的，将不是那些有一定限制的、标准统一的物品，它提供任何社会前所未有的，种类繁多的非标准统一的物品和服务。我们不是朝着物质标准化进一步扩大的范围前进，而是朝着与此相反的飞行前进的。"托夫勒宣布了后现代主义的到来。如果说现代主义的文化是大众文化，那么现代主义对个体是忽略的，这种忽略不仅包括个性，也包括对生命本身，因为现代主义的社会基础——以最大化的经济效益为目的必然对个性与生命造成扼杀。当现代主义使得物质产品达到泛滥的程度后，现代主义的弊端也暴露无遗，而后现代主义的到来也就成为必然。

后现代主义的到来与第二次启蒙思潮也有着密切的联系。当现代化的弊端越来越让人难以容忍时，西方社会开始追问现代主义的基础——启蒙主义，人们发现自文艺复兴开始以后，启蒙主义便占有优势，它基于两点——自我中心与现代化大工业生产。对于第一点，一般的说法是启蒙主义发现了人，这当然没有错，但启蒙主义所发现的仅仅是小写的人，即自我，这使得现代经济的一切目的都建立在满足生产经营者"我"的个人成就上，而市场经济又将这种情况推向了极端——为了个人的经济成就而不择手段。这就有了现代主义的非人道本质。从第二点看，现代化大工业生产赋予现代经济经营者以错误的印象——个人掌握着资本和现代生产技术，因此个人就是现实中的上帝，"万物皆备于我"，这使得现代主义的大机器生产在人类生存的自然环境上表现出了帝国主义的姿态。

针对个人主义与环境帝国主义这两个现代主义的弊端，后现代主义也提出两点，即团队主义与环境亲和。在经济上，后现代主义强调团队利益，反对把个人利益凌驾于团队或人类整体利益之上。在环境上，后现代主义认为自然环境是人类共同的母亲，当一个还没有生存能力的孩子伤害了他的母亲时，他自己也很难活下去。

这样的见解为生态设计奠定了基础。从 20 世纪 50 年代以来，世界各地兴起了"绿色运动"，逐渐形成了"绿色思想"。到了 20 世纪 80 年代初，西方设计界兴起了"绿色设计"潮流和对"生态设计"的研究，突出生态意识和以环境为本的理念，保护自然环境和人文环境，维护生态平衡，创造健康的居住环境。生态文明要求形成"人——自然"的整体价值观和生态经济价值观。人类的一切活动都要服从"人——自然"系统的整体利益，即有利于人与自然的和谐相处和协调发展，同时能满足人的物质需求、精神需求和生态需求。生态文明理论认为，人的需求是多方面的，不但有物质和精神需求，还有满足自身生存发展、休养生息、享受自然美、安全、健康舒适愉快的生态需求。

现在，对环境与室内设计的"优良设计"的标准也进行了新的定位，设计不再仅仅是美观、漂亮、豪华或雅致，更多的是考虑它的环保性、安全性(图 0-1)。对于环境和室内设计的评价标准已经加入了健康、环保和道德等因素。许多国家现在已经把健康和环保纳入室内设计的法规之中，都制定了严格的政策来限制那些不符合环保的产品和材料用于室内和环境设计，同时也制定了严格的法规限制那些不符合人体健康的材料使用。

自20世纪90年代以来，我国设计界逐渐引进生态设计的理念，并在一些设计产品上实施。到21世纪，这一理念逐渐演变成一种趋势。一般说来，我国的生态设计比较注重如下一些特征。

图0-1　一叶废弃孤舟改造而成的酒柜和老榆木树墩凳

(1) 考虑材料的环保性。第一是材料自身的环保性(石材、人工合成的化学材料等)，即材料不存在危害自然环境的成分；第二是材料的再生性(木材等)，即材料能否循环使用。

(2) 考虑节能性。利用环保产品，如节能灯具、水具、光电板、集热器、吸热百叶和有效的遮阳织物，以及利用太阳能的太阳能集热器、双层隔热玻璃、太阳能发电设备等。生态设计既包括了与环境的共生，应用减轻环境负荷的节能新技术，又创造健康舒适的室内环境。例如，太阳光二极管玻璃窗就是一种人工智能玻璃窗，使用这种玻璃窗可以保持室内冬暖夏凉，非常有效地节约能源。这种窗户有两种设置，设置在冬天档，百叶窗就会尽可能地吸收室外光线，并保持室内温度，通过产品本身的特性，只吸收光能，却不使之散发；设置在夏天档，则大量反射阳光，阻止热量进入室内，保持室内凉爽。

(3) 考虑可循环再生性。采用多层次的绿化，利用目前发展起来的腐植土生成技术、防水处理技术、无土栽培等现代绿化技术，用以吸收二氧化碳，清除环境中的甲醛、苯和空气中的细菌，形成健康的环境，也具有生态美学方面的作用，保持设计的可循环再生性。

(4) 考虑“以人为本”的舒适性。首先把生活其中的人放在首位，设计出更符合人性化、更便利、更舒适、更体贴的生活环境和空间是设计师在新时代的重要目标。在技术不断发展的信息时代，人的异化和物化已经成为哲学家们所担心的重要问题，尤其是在工作给人们带来越来越多的压力的今天，人们更希望能够在公共空间里得到更多的人性化关怀，人们渴望在一天繁忙的工作后在一个设计温馨的家里享受到放松感和安全感，在一把舒服体贴的椅子上得到身体的休息和心灵的慰藉。“以人为本”还要考虑到环境使用的特殊人群，如病人、残疾人、老年人和儿童，考虑使用者的心理需求和生活习惯，还要体现出对使用者的精神关怀。

(5) 考虑文化科技。与现代高技术的结合以计算机技术、网络技术、自动控制技术、电子技术和材料技术等为代表的现代高科技在设计中的应用，将对采光、通风、温度和湿度等室内环境因素产生巨大的影响，有可能使设计出现一次新飞跃，为生态化设计提供可靠的保证。

第二节　艺术设计必须体现生态文明的时代主题

让生态设计真正融入社会，成为艺术设计的主流趋势，有必要首先了解我国的艺术设计的发展状况。

我国在改革开放三十多年后，人民的生活水平发生了翻天覆地的变化，追求品质、追求时尚已蔚然成风。正是在这样的社会背景下，我国社会呼唤着艺术设计。一时间，崭新的街道、全新的园林、新式的居住小区、异域的家装风格、新款式的家具、新的摆设、时髦的服装，甚至连文具、家用电器也都时尚化了。事实上，只要人们能想到的任何东西，都有艺术设计的成分与踪影。仅以建筑与装修设计为例，家庭装修已成为与我国教育、养老相提并论的新的三大储蓄目的之一，位居第二。

中国建筑装饰协会一位负责人透露，2008 年全国建筑装饰行业总产值突破 1 万亿元人民币，全国室内装饰工程量每年以 30%以上的速度递增。在国家“十一五”计划中，“中部崛起”被定为国家战略，房地产和建筑装饰行业是中部崛起大战略的重要组成部分和先遣队，建筑装饰行业迎来了前所未有的发展机遇。2008 年 11 月 9 日，国务院召开常务会议，研究部署进一步扩大内需促进经济平稳较快增长的措施。世界经济金融危机日趋严峻，为抵御国际经济环境对我国的不利影响，采取灵活审慎的宏观经济政策，以应对复杂多变的形势，我国出台了扩大内需、促进经济增长的十项措施，其中有五项与建筑行业相关。建筑行业的大发展以及城市化进程的加快，迅速扩大了对环境艺术设计专业人才的总量需求。然而，相对蓬勃发展的建筑装修热，我国的建筑装饰人才培养培训工作却相对滞后，行业人才素质普遍偏低。建筑装饰业的现有从业人员中，技师和高级技师的比例均不足 1%，持有职业资格证书或建设职业技能岗位证书的人员占总数不足 5%，而国内相关专业大学输送的毕业生无论从数量上还是质量上都远远满足不了市场的需要。今后 10 年，需培养技术与管理人员约 150 万人，年均增加约 15 万人。这些因素都造成了目前环境艺术设计专业人才严重不足的局面。装饰设计行业已成为最具潜力的朝阳产业之一，未来 20～50 年都处于一个高速上升的阶段，具有可持续发展的潜力。巨大的社会需求像一面鲜艳的旗帜呼唤着成千上万的学子前来攻读艺术设计类专业，社会对艺术专业人才的渴求更是达到了疯狂的程度，许多大型设计企业不惜重金挖掘设计人才，有的年薪达到了 7 位数。

艺术设计人才的不足，使得我国艺术设计出现了许多问题，有些问题具有严重性与紧迫性，归纳起来至少有如下几个方面。

(1) 艺术设计风格单一，抄袭成风，缺乏创意。创意，富有诗意的名词，伴随着社会的快速发展，它日渐成为文化创新和经济文化强省建设的重要引擎。创意是源于实践的奇思妙想、灵感顿悟，是发于心慧的创新创造、推陈出新，是文化竞争力中最为活跃的因子，在文化产业发展中起着核心作用。可是我国的艺术设计中创意氛围一直缺少，缺乏个性，缺乏原创的作品和思想，停留在反复抄袭他人的作品和思想的阶段上，甚至一些所谓“优秀作品”也只是那些抄袭作品的再现或者小修小补。

(2) 没有突出的民族风格，欧美风格大行其道。在我国，艺术设计这一概念来自于西方，西方从对产品的功能设计到外观设计的深化也对我国的社会生产产生了巨大影响。

例如，早在20世纪 30年代前后，在上海、天津、南京、武汉、青岛，以及在日本人侵占的大连、沈阳、长春、哈尔滨等地就出现了现代建筑式样，当时称为“摩登式”、“现代风格”、“万国式”、“国际式”等艺术装饰风格。同时，西方现代建筑文化及思想通过报纸杂志、建筑师的交流、建筑教育等方式在中国广为传播。这说明西方现代建筑运动的影响在其肇端初始就已波及中国，并产生效应。学习西方本无可厚非，但学习不是抄袭，接受西方的艺术设计概念，但不等于完全照搬其设计风格与手法，因为艺术是体现一个民族文化最重要的活动，而文化又是一个民族千百年来形成的深层次的价值需求与审美欣赏习惯。如果不顾自己的文化传统与审美习惯，抛弃自己的文化认知于不顾，其作品是不会有广泛的社会基础的，也不会有生命力的。然而，由于完全抛弃了民族文化传统，使得我国的城市成为西方城市的翻版，我们的建筑成为欧洲建筑的博物馆，我们的装修风格也是西方风格的盗版。我们生产着捷克式的家具，美国式的厨房，结果完全忘却了我们老祖先的文化传统。

例如 1929 年 9 月 5 日，上海沙逊大厦(图 0-2)在上海外滩南京路口落成，大厦 10 层(局部 13 层)，塔顶高 77 米，平面为 A 字形。钢框架结构，顶部设有 19 米高的金字塔形铜屋顶。从其形式来说，完全是西方 20 世纪初的世界最高摩天楼——美国芝加哥蒙特格美力公司大楼(Headquartersof Montogomery Ward，1900 年建)形象的翻版。这种简单的抄袭使得我们的城市千篇一律，到了一个城市与到另一个城市差不多(图 0-3)，到了一家与到另一家也差不多。山东作家张炜对此十分忧虑：“如果说我们现在的城市建设到了一个极端危急的时刻，这绝不算是什么危言耸听。看看一座座街道相似、楼群相似、“小区”相似的城市，就会让人觉得窝囊丧气。不仅是这样，即便是在同一个所谓的“高尚别墅小区”里，每座小楼的样子也往往一模一样。我们的想象力已经退化到了这种地步，真是夫复何言！”致使一些外国人也来批评中国没有民族风格，没有自己的东西。

图 0-2　上海沙逊大厦

图 0-3　中国任何一个城市都有的楼群景色

(3) 一些艺术设计大胆假设有余，小心求证不足，脱离社会实际，缺乏社会生活基础。艺术毫无疑问是需要想象的，但艺术想象也不是天马行空、独往独来，一定要以生活为基础。只有以丰富的社会生活底蕴、精湛的设计技巧、强烈的服务意识，才能在艺术设计的实践中创造出社会广泛接受、群众普遍欢迎、经得起历史检验的艺术精品。然而，一些人片面强调创作，一味求新，把创造与求新当做只凭脑袋就能办到的事情。

例如，一篇发表在《设计中国》上的文章就认为：艺术设计必须“天马行空，漫无边际，让思维插上腾飞的翅膀”、“幻想中寻找，创新中实现，勇做设计挑战者”。毫无疑问，这位论者把创意当成天马行空似的玄想或灵感光临的被动等待，使创意变成了一个可遇而不可求的神秘事；另一方面，让看似好的创意远离具体的设计课题而变成了为创意而创意的游戏。这位论者的眼睛里完全没有受众的地位，或者是把艺术设计的受众统统忽略，一定会毫无保留地接受任何不着边际的艺术设计(图 0-4)。

为了让这个问题得到很好的解决，在现代设计比以前更加复杂和更综合的环境下，必须在艺术设计教育中重视科学理性思维，并重视受众的需求。

(4) 在审美观上有“以贵为美”的庸俗倾向。

在我们的艺术设计中，还有一种倾向是“以贵为美”(图 0-5)。设计不分场合、不问用途，一切向富贵靠拢，设计讲究富丽堂皇或金碧辉煌。这样的设计理念实际上是封建思想的遗毒，它宣扬的是封建等级的思想。北京大学景观设计学研究院院长俞孔坚认为，在城市设计中动辄以贵为美，这实际上是对城市形象和地方精神的污染。即便黄金铺地，传达的也仅仅是审美的庸俗甚至粗俗和浅薄无聊，因为金碧辉煌不是环境设计和人的视角需要。金玉堆砌、以贵为美，传达的是“暴发户”的审美心理和视角，“只来贵的，不来对的”。将户外广场当做室内厅堂来做。抛光的花岗岩地面，精雕的汉白玉栏杆，修建大型喷泉、华灯以及各种莫名其妙的机关，这样的设计没有场所性和地方特色性，是没有生命力的。

图 0-4　不可思议的设计

图 0-5　以贵为美的设计潮流

(5) 缺乏人文精神。许多作品显得冷漠，纯粹是技巧的炫耀，给人感觉与“人”很远，没有“人情味”。在 21 世纪，无论是从人类社会发展的角度，还是从艺术设计的责任和目的角度，艺术设计都应该是一种具有人文特征的设计。

所谓“人文”，首先它代表的是一种理想的人性，即人应该成为什么样的人，什么样的人才是理想的人，什么样的人性才应该是人们具有的；其次就是通过什么样的方式来实现这种理想的人性。

所谓“人文设计”要求设计要以立足于人类共同的、根本的、整体的需要和利益为前提，以人类社会的可持续发展作为设计的根本出发点，而强调人文设计则要求艺术设计工作者们必须具有强烈的人文意识。

艺术设计的人文意识首先应体现在“重视交流”，即重视人与艺术的交流以及人与自然的交流，当然这种交流并不局限于设计知识与技能的层面，它更应是情感与精神的交流。其次是“重视继承与发展”，即艺术设计者应该了解自己的文化之源，生命之源，并关注整个人类的历史与传统，只有这样才能设计出超越传统，并不断超越自己的作品。值得注意的是，设计学科属于边缘学科，涉及艺术学、经济学、市场学、管理学、心理学、哲学、历史学等相关领域，只有当艺术设计工作者具有丰富的人文科学知识的时候，我们的艺术设计作品才会显得可爱与可亲。

要理解以上问题的存在并且有效地消除这些问题，我们首先必须认真理解“艺术设计”这一概念的内涵。在权威的汉语大型词典《辞海》里，并没有关于“艺术设计”这一词条，而只有“艺术”与“设计”两词。所谓艺术，《辞海》中的解释是：“人类以情感和想象为特性的把握世界的一种特殊方式，即通过审美创造活动再现现实和表现情感理想，在想象中实现审美主体和审美客体的互相对象化。”而设计则是“根据一定的目的要求，预先制订方案、图样等”。在这两个词中，艺术无疑是占有主导地位的概念，因为设计只是表达艺术家思想与情感的手段。艺术作为艺术家把握现实世界的一种方式，它必然要表达艺术家对于世界的特殊理解与感情，这种理解与情感能否被社会所接受，关键在于艺术家的这些思想与情感能否满足受众的认知与情感。为此，这里的关键是艺术设计思维。

作为一门新兴的学科，艺术设计学的产生是20世纪以来的事件。作为一门专门的学科，它毫无疑问有着自己的研究对象。由于艺术设计与特定社会的物质生产与科学技术的联系，这使得艺术设计本身具有自然科学的客观性特征。然而设计与特定社会的政治、文化、艺术之间所存在的显而易见的关系，又使得艺术设计学在另一方面有着特殊的意识形态色彩。这两个方面的特点正构成了艺术设计学作为一门专门学科的独特的性质，因此艺术设计应该被视作一种物质文化行为，而艺术设计学则是既有自然科学特征又有人文学科色彩的综合性的专门学科。艺术设计学是关于设计这一人类创造性行为的理论研究。由于设计的终极目标永远是功能性与审美性，因此设计学的研究对象便与设计的功能性与审美性有着不可割裂的关系。设计艺术涉及的范围宽广、内容丰富，是现代社会物质生活和精神生活必不可少的组成部分，直接与人们的衣、食、住、行、用等各方面密切相关，在一定程度上影响和改变着人们的生活方式和生活质量。

从以上关于艺术设计社会功能的分析来看，艺术设计对于艺术设计工作者有着非常高的要求，这些要求既有精神的也有物质的，集中为对“美”的要求。这就要求艺术设计工作者必须理解美的本质，并掌握创造美的基本规律。

然而，由于“美是难的”，许多文艺理论家拒绝给美下定义。例如，王德峰在《艺术哲学》一书中就认为：“倘若在美学理论中，‘美’成了对象固有的属性或形式，从而用一套概念将美确立为知识、法则和规范，则美就消失在这样的概念化中……传统的美学理论对艺术实践所作的规范和引领，由于其知识论本性，总是错失了艺术自身的活力。”非常遗憾的是，这样的观点在艺术界成为一个相当流行的观点。这样的看法无疑是说“美是不可言说的”。如果说美不可言说，也就是说美是神秘而无法认识的，那么又该用什么来指导艺术活动呢？或者说艺术也是不可言说的吗？既然美与艺术都不能言说，那么像《艺术哲学》这样的书岂不是浪费纸张？显然，这样的观点是不可知论的，是不可取的，是对理论的蔑视。真正的理论，只要它掌握了事物的本质，就能使我们真切地把握事物，从而更好地感觉它。恩格斯指出：“无论对一切理论思维多么轻视，可是没有理论思维，就会连两件自然的事实也联系不起来，或者连二者之间所存在的联系都无法了解。在这里，唯一的问题是思维得正确不正确”。

什么是美的本质呢？古希腊哲学家普遍认为和谐即美。前苏联哲学家奥夫相尼柯夫也认为和谐是美的显著特性。这种和谐，是真与善的统一。从“真”上看，它要求把握自然规律与社会规律；从“善”上看，它要求把握人与自然、人与人、人与社会的和谐。

显然，要掌握美并创造美必须有 3 方面的条件：①艺术家必须了解自然事物的性质及其规律；②必须了解艺术家所在社会与时代的精神追求；③艺术家必须具有用艺术服务社会强烈的使命感与精神追求。后面两者是善的要求。

不幸的是，艺术家由于是现实的人，要在现实社会生活中生存，首先必须满足作为这个社会中的一员所必须具备的生存条件。现今我国社会的发展程度还很低，劳动还是谋生的必要途径，绝大多数艺术家还必须以出卖自己的作品作为生存的基本条件，艺术品在很大程度上还要受到其商业价值的左右，而操纵商业的则是资本。值得指出的是，在商业社会里，资本成为主宰人类命运的力量，它使人类的一切活动商业化，钱成为一切活动的终极目标。这就形成了艺术设计“媚俗”的根本原因：只要能让出钱的人满意，能把钱赚到手，就达到了目标。在这里，什么审美原则、艺术风格统统都没有了地位。在今天的社会上，商业摧残艺术的事情经常发生。在北京圆明园附近有个画家村，里面住着成千上万的画家，为了能够维持自己的生存，这些画家不惜贱卖自己的作品，一幅精心创造的画经常被以一堆白菜萝卜的价钱卖掉。美国作家欧·亨利的短篇小说《最后一片枫叶》中就叙说了这样一个故事：如果没有老画家贝尔曼在寒冷的冬夜用毕生功力画的那片枫叶换取了琼珊对生活的信心，那位年轻的女画家可能就会死于贫困。

如何改变这一点呢？马克思和许多其他的人都把人类社会改造的希望寄托在了共产主义。然而，共产主义是需要条件的，它要求很高的生产力、极其丰富的物质产品、人类思想觉悟与道德水平的极大提高。这样的美好理想遭到那些社会既得利益的人强烈的反对，这使得共产主义运动从开创以来一直倍受挫折。在今天，共产主义运动以新的面貌获得了人们的广泛认可——生态社会主义，其核心概念即生态文明。

艺术是离不开社会和时代的，每一个艺术品都是它所在的那个社会面貌与时代精神的体现，这正如马克思指出的那样：“拉斐尔的艺术作品在很大程度上同当时在佛罗伦萨影响下形成的罗马繁荣有关，而列奥纳多·达·芬奇的作品则受到佛罗伦萨的环境的影响很深，提戚安诺的作品则受到全然不同的威尼斯的发展情况影响很深。”

那么，什么是影响我们时代最重要的人类精神追求呢？毫无疑问，正是生态文明，它已经逐渐成为全人类共同的追求，并成为时代的最强音，在社会各方面广泛地体现出来。

(1) 在政治方面，我国政府提倡科学发展观，强调我国社会经济发展的可持续性，把经济社会发展与自然环境的保护结合起来。我国政府还积极广泛地参与世界各种环境保护的组织(图 0-6)，并且参与制订和签署了大量环境保护的国际协议、国际法律。在西方，绿色组织和绿色运动正在成为越来越重要的政治力量，在各个国家的政治选举中起着重要的作用，有人甚至断言今后的“绿党”会掌握国家政权。在我国，有人提倡用绿色 GDP 作为衡量国民生产总值的一个重要指标，即用国民生产总值减去所消耗的自然资源、所造成的环境污染以及对自然的生态生产力所形成的破坏等负经济产值，并据此作为衡量干部政绩的重要指标。在干部的任用和提拔上，有的地方实行了生态环境一票否决制，即该干部在任职期间若发生了严重的环境灾难、所在地方有环境违法行为并受到环境法的制裁或对生态环境造成了较大的破坏，不仅不能提升，还要追究其环境责任。正因为有着这样的生态文明环境和氛围，才促使我国的政府官员开始重视生态文明的建设。一度成为网络新闻焦点之一的“周老虎”事件，就是最好的说明。

图 0-6　绿色和平运动

(2) 在生产方面，人类提倡绿色工业、绿色农业、低碳经济、循环经济和可持续发展，其中循环经济与低碳经济是比较最重要的两个概念。所谓循环经济，本质上是一种生态经济，它要求运用生态学规律而不是机械论规律来指导人类社会的经济活动。与传统经济相比，循环经济的不同之处在于传统经济是一种由“资源－产品－污染排放”单向流动的线性经济，其特征是高开采、低利用、高排放。在这种经济中，人们高强度地把地球上的物质和能源提取出来，然后又把污染和废物大量地排放到水系、空气和土壤中，对资源的利用是粗放的和一次性的，通过把资源持续不断地变成为废物来实现经济的数量型增长。

与此不同，循环经济倡导的是一种与环境和谐的经济发展模式。它要求把经济活动组织成一个“资源－产品－再生资源”的反馈式流程，其特征是低开采、高利用、低排放。所有的物质和能源要能在这个不断进行的经济循环中得到合理和持久的利用，把经济活动对自然环境的影响降低到尽可能小的程度。循环经济为工业化以来的传统经济转向可持续发展的经济提供了战略性的理论范式，从而从根本上消解长期以来环境与发展之间的尖锐冲突。“减量化、再利用、再循环”是循环经济最重要的实际操作原则。循环经济的理论基础可以说是生态生产的理论基础，循环经济是一种新的经济发展理念和模式，它要求按照生态经济理论和科学发展观的要求，从传统的资源依赖过量消耗型、粗放经营的经济增长方式向资源节用循环型、集约经营的经济增长方式转变，也就转变到经济、社会与生态协调发展的模式上来，并且进入到经济结构调整之中，以“协调”、“减量”和“循环”为主要手段，落实到各个环节，从而达到节约资源和保护环境的目的。2005 年中央提出了科学发展观，国家选择了循环经济发展方式，这是对人与自然的关系深刻反思的结果。

(3) 在消费方面，均衡营养、平衡饮食、素食主义、绿色消费等现代新型消费方式已成为新时尚。提倡绿色消费，也就是物质的适度消费、层次消费，它与过度消费相对立，这种消费使得人们通过消费品位来体现自己的人生价值，只关心人的消费需要而置其他于不顾。在远古时期，人类为了生存，杀死野生动物，取肉取皮，以保证温饱；到了中世纪，人类为了物质需要寻找“新大陆”，开发“新大陆”；到了现代，人性的贪念更是暴露无遗——一些稀有的野生动物被吃掉，皮毛被做成衣服；毁林开荒、伐木取材、垦地挖宝等行为屡见不鲜。按照历史的划分，人类历史从第一次产业革命开始，社会才进入了物质时代，进行的是物质生产，追求的是物质生活。

200 多年来，一代代的人们都以更好的物质条件为目标，从人类社会本身到自然界，从陆地到海洋，从地球到宇宙。可以看到的是，人性的物质欲在以物质为主要目标的社会里发挥得更加淋漓尽致。这样的行为实际上体现的是“文化的虚无”，它已成为现代社会中的严重问题，每一种世界观、价值观和人生观都会影响人的不同的生活方式。这样的行为是建立在人类中心主义的观念之上的，它引导着人类极大地破坏了生态平衡。人们在不断追求物质上满足的同时，忽略了其他，因此现代社会面临的不仅仅是生态危机，还有精神危机。消费文化的泛滥推动和助长了物欲横流和享乐主义的盛行，使人们把满足物欲和享乐当成人生最大的意义和幸福。人们过分强调消费对经济的作用，忽视了消费对环境的危害。主流的文化刺激了人们的欲望，使人们用前所未有的速度去烧掉、更换或扔掉各种消费品，寻求稀奇罕见的珍稀品，导致人的物质欲望的加强和生活方式的扭曲。其中一个消极后果显而易见，即为了支撑消费文化的运作，必然加强对自然的掠夺，导致人与自然关系的紧张。可见，生态危机和精神危机不是孤立的，精神危机是造成生态危机的重要因素，而绿色消费则是一种与自然生态相平衡的、节约型的低消耗物质资料、产品、劳务和注重保健、环保的消费模式。在日常生活中，鼓励多次性、耐用性消费，减少一次性消费，是一种对环境不构成破坏或威胁的持续消费方式和消费习惯。在消费的同时还考虑到废弃物的资源化，建立循环生产和消费的观念。绿色消费的实质是鼓励人们把更多的精力投身于追求自身的社会价值、投身到无限的创造活动之中，而不是片面的消费，它引导并提升人的生命价值。

(4) 在科研方面，人们越来越意识到绿色科研的重要性，并提倡科研工作者必须使自己的科研行为以及科研成果符合环境保护的要求，一切以人与自然的和谐为前提。绿色科研概念的提出，是与科研曾经的不“绿色”密切相关的。人类的科学发明是推动人类社会进步的动力，但科学发明也是一柄双刃剑。造纸术是中国古代的四大发明之一，公元 105 年，东汉时期的蔡伦用树皮、破布、麻头、渔网等为原料，造出了当时非常著名的“蔡侯纸”。纸张的发明推动人类文明的传播与发展，但纸张的生产也给人类带来了污染。造纸工业是一个产量大、用水多、污染严重的行业，未经处理过的造纸工业的废水排入江河中，会导致鱼类、贝类等水生生物因缺氧而死；悬浮在水中的细小纤维，容易堵塞鱼鳃，造成鱼类死亡；沉入水底的树皮屑、木屑、草屑、腐草、腐浆等淤塞河床，在缓慢发酵中，不断产生毒、臭气；废水中还有一些物质悬浮在水中吸收光线，减少阳光透入河水，严重阻碍水生植物的光合作用；废水中还带有一些致癌、致畸形、致突变的有毒有害物质。造纸工业排放的一些固体废物，如腐烂浆料、浆渣、树皮、碎木片、草根、煤灰渣等，也会发酵变质放出臭气，下雨时，会流出有毒、臭水，污染地面水和地下水源。生产过程中锅炉燃煤产生的废气和烟尘及机械的噪声也影响工作人员和附近居民健康。

100 多年前，奥地利人马克斯·舒施尼发明了塑料袋，这种包装物既轻便又结实，在当时无异于一场科技革命。从此以后，人们外出购物时顿感一身轻松，不需要携带任何东西，因为商店、菜场都备有免费的塑料袋。可到了塑料袋百岁“诞辰”纪念日时，它竟然被评为 20 世纪人类“最糟糕的发明”。除了塑料袋，其他一次性的塑料制品(包括发泡的塑料餐盒、器具、包装材料和薄的塑料袋、膜、农用地膜等)，在其使用后，由于缺少回收利用的价值，其中绝大部分被丢弃在环境中，主要集中于风景旅游区周围、河道和道路两侧、农田、湖泊和水塘中，以及城镇的各个角落，不仅破坏了景观，造成了“视觉污染”，而且由于其具有在自然中难以降解的特点，对自然生态环境也造成了直接和间接的破坏。于是解决“白色污染”问题又摆在人们面前。

从马车到汽车，这是人类历史上的一次巨大飞跃。2004 年中国已经成为世界汽车第四大生产国和第三大消费国，表明我国的生产技术和消费水平都已达到了高标准。中国汽车工业迅速发展，汽车进入家庭，在便利更多人出行的同时，也要注意汽车发展对环境方面的一些负面影响。主要表现在机动车污染控制不力，加剧空气污染。目前中国的一些大型城市，如北京、上海、广州、深圳等机动车排放的污染，已经成为城市空气污染的主要原因之一，悬浮于空气中的颗粒物对人的身体健康构成巨大危害；存在发生城市光化学烟雾的潜在危险，汽车排放的氮氧化物在空气中进一步反应，形成淡蓝色的光化学烟雾，这些淡蓝色的光化学烟雾对人的身体健康构成潜在危险。噪声污染严重。交通噪声对人体健康的影响是多方面的。一方面，长时间受噪声影响会导致病理上的变化，使人产生头痛、脑胀、耳鸣、失眠、记忆力衰退和全身疲乏无力等症状。如果孕妇长期乘坐噪声较大的车辆，噪声会作用于中枢神经系统影响胎儿发育。汽车噪声不但增加驾驶员和乘员的疲劳，而且影响汽车的行驶安全。另一方面，噪声对消化系统、心血管系统也有严重不良影响，会造成消化不良，食欲不振，恶心呕吐，从而导致胃病及胃溃疡病的发病率提高，使高血压、动脉硬化和冠心病的发病率比正常情况明显提高。噪声对视觉器官也会造成不良影响。

每个家庭都使用洗涤剂，我们在赞叹这一产品的去污能力时可曾想过它对环境的危害也同样令人瞠目结舌。洗涤剂由多种化学成分组成，传统的合成洗涤剂大多含有三聚磷酸盐的成分，近年来，江、海、湖、河水体富营养化现象日益严重，其中重要的污染源就是含磷洗涤剂。科学试验表明：1 克磷可使藻类生长 100 克。我国目前洗涤剂的年销售量为 300 万吨左右，如果按平均 15%的含磷量计算，每年约有 45 万吨磷排放到水体中。磷的大量排放导致水体富营养化，使水生植物爆发性繁殖，藻类蔓延，水草狂长，水质因缺氧而变黑、发臭，鱼、虾、贝类等大量死亡，死亡的水生物腐败后又释放出甲烷、硫化氢、氨等大量有毒有害气体，严重破坏了生态环境。磷污染对太湖、西湖、滇池等静水湖泊的影响最为严重，其中太湖湖底沉积了约 60 万吨磷，有 16 万吨来自洗涤废水。我国渤海湾等近海海域曾多次出现大面积的“赤潮”，赤潮实际上是海洋浮游生物过度繁殖的生物现象，其罪魁祸首主要是磷和氮。含磷洗涤剂对环境的危害已为世界各国所认同，20 世纪 60 年代中期日本的“琵琶湖事件”，开始了全世界洗涤剂无磷化运动。另外，像当初作为科研成果推广的“瘦肉精”，今天则成了害人性命的毒药。因此，提倡绿色科研，就是要使科学家把科研与环境意识结合起来，使自己的科研成果真正成为造福人类的发明，而不是危害人类社会和自然环境的工具。

此外，生态文明的观念在旅游、管理、教育、交通、休闲甚至死亡等各个领域都广泛地体现了出来。可以这样说：生态文明正在向我们走来。

面对人类生态文明转型，艺术设计必须也可以有所作为。当生态文明作为时代最强的主旋律向人们走来时，人们的艺术设计应该抱有什么样的态度呢？在这里，人们应该看到艺术设计与生态文明理念内在的一致性。关于艺术，古希腊哲学家苏格拉底(图 0-7)有段著名的论述，他说："艺术家有规律地安排一切，迫使一部分与另一部分和谐一致，直到创造出一个有规律而系统的整体。"苏格拉底在这里揭示了艺术的本质，也揭示出艺术设计与生态文明内在的一致。

图 0-7　苏格拉底头像

怎么理解这一点呢？

从广义的角度讲，所谓生态文明，一般是指人类遵循人、自然、社会和谐发展这一客观规律而取得的物质与精神成果的总和；是指人与自然、人与人、人与社会和谐共生、良性循环、全面发展、持续繁荣为基本宗旨的文化伦理形态。它将使人类社会形态发生根本转变。生态文明是农业文明、工业文明发展的一个更高阶段。

从狭义的角度讲，生态文明与物质文明、精神文明和政治文明是并列的文明形式，是协调人与自然关系的文明。人与自然的和谐，不仅体现出了人与自然关系的合规律性，更体现了人与自然关系的美，这与艺术追求和谐的本质是一致的。

艺术是有时代性的。在原始社会，艺术主要以人们表达捕捉食物、获得食物后的喜悦以及对于食物的向往为主，因为那时的人类社会生产能力还很低，自然对于人类社会的压迫集中体现在食物的获得的困难上；在奴隶社会，战争与英雄是最重要的艺术主题，因为那时的国家正在形成中，因此战争与英雄便成为人们关注的中心，就如古希腊神话中所展现的那样；到了封建社会，宗教与伦理便成为了时代主题，在西方则主要表现为宗教艺术，在我国则主要表现为封建等级制，这从我国建筑中的塔、故宫等作品中可以获得答案；到了资本主义，艺术在洛可可作品中又成为炫耀财富与社会地位的手段，贵为美成为主流。今天，人类社会进入到生态文明的时代，这必将把我们的艺术带入一个新的时代。

从生态文明的外在表现形式来看，生态文明也与艺术有着密切的关系。

(1) 生态文明是有色彩的，人类社会的文明形态经历了从原始社会的绿色、农业社会的黄色、工业社会的黑色再回到生态文明的绿色。①在原始社会，人类主要是向大自然索取生活资料，其生活资料主要限于食物。因此，那时人们对自然的破坏不大，自然界基本保持了原有的绿色的色彩(图 0-8)。②到了农业社会，人们学会了开垦土地和豢养家畜，牛马羊的黄褐色遮盖着大地，庄稼开花时的黄色与收割时庄稼的金黄一起构成了黄色的基调(图 0-9)。③在工业社会，人们开采矿物、冶炼钢铁、烧制水泥和石灰、建筑越来越大的城市、跑着越来越多的汽车等，无一不时时刻刻地制造着灰尘与黑烟，给人类社会所居住的城市抹上一层厚重的黑色(图 0-10)。④生态文明则强调绿色生活，提倡森林城市、绿色工业和绿色农业，反对环境污染，这使得绿色又重新回到了人类社会(图 0-11)。

图 0-8　原始社会的绿色

图 0-9　农业社会的黄色

人们在西方发达国家，特别是欧洲的一些先进国家中已经可以看到这样的色彩回归。值得指出的是，当人们说生态文明使人类社会又回到绿色时，并不是说人们的艺术作品只能用绿色，而是强调各种事物内在的和谐一致，因为这才是生态文明特有的内涵，也是绿色大自然特有的品质。正因为如此，当人们说生态文明是绿色的时候，不是说生态文明就排斥其他色彩，此处就人类社会所居住的整体环境而言的。至于在某个城市、某条街道、某个家庭的色彩，又另当别论。

(2) 生态文明也是有声音的。①从声音看工业社会主要表现为不同声音杂乱组合而形成的噪声。只要一出门，我们就能听到汽车刺耳的喇叭声、载重车飞驰的轰鸣声、商贩拼命的叫卖声、商店招揽生意的音乐声和天上飞机飞行时所发出的尖啸声；在家里，有来自四面八方的沉闷而执著的砸墙声、有能够让人疯狂的持续不断的汽钻钻墙打眼的声音、有电锯锯陶瓷地板砖的吱吱声、有拖动巨型家具所发出的摩擦声；晚上当你要睡觉时，有街上卡拉 OK 店让人很容易产生强烈自杀欲望的嚎歌声、有酒馆饭店疯狂的争吵与划拳声、有邻居家小狗不知疲倦的汪汪声。②生态文明状态下的声音则是有规律的、柔和的、宜人的，这种声音能够使婴儿健康成长、能够使读书的孩子享受读书的快乐、能够让成人专注于自己的工作，甚至也能够让青草开出更美的花、让蔬菜结出更大更美味的果实、让奶牛产出更多更有营养的奶、让母鸡生出更大更好的蛋来。

图 0-10 工业社会的黑色

图 0-11 后工业社会的绿色

(3) 生态文明还是有形态的。①在传统的工业社会中，我们经常看到的是城市、工厂、居民居住区、道路交通设施等杂乱无章的挤在一起，让人们感觉这个世界是个堆满了各种建筑和乱七八糟物质材料的世界(试比较图 0-12 与图 0-13)。最典型的城市就是曼谷。在泰国曼谷整个城市东一块西一块，繁华的商业街与阴暗、潮湿、破烂不堪的贫民窟挤在一起，其间还有肮脏的垃圾堆放在野草杂生的荒地。追问当地人，得到的解释是土地私有制的缘故，因为泰国的法律禁止强行占有别人的土地做商业开发，而在利益最大化的驱动下，一些土地拥有者宁愿让土地荒废也不愿意以低于自己期望值的价格卖给开发商。同样的情景笔者在上海也看到过。在上海最繁华的石库门一带，一个豪华住宅小区包围着一个 21 世纪 30 年代肮脏破烂的 3 层小楼，二者极不协调，据说也是利益之争造成的。这一切与生态文明显然是不相称的。②生态文明强调尊重自然，而自然是有规律的。自然界中的树由于受到地球重力的作用而具有对称性；自然界中的山石与地球的运动变化保持着高度的一致；自然界中的水总是曲曲折折向低处流的。正因为如此，自然界中的事物一般都具有形式美的特征，而生态文明所强调的就是尊重自然界中各种事物这种有规律的组合方式，反对杂乱无章。

图 0-12　杂乱的城市

图 0-13　规划整齐的现代城市

正是生态文明的上述特征，使得艺术设计表达生态文明有了现实的基础。

除了生态文明，近些年来又风靡着另一个概念——低碳社会。低碳社会的概念来自于低碳经济，它是指在可持续发展理念指导下，通过技术创新、制度创新、产业转型、新能源开发等多种手段，尽可能地减少煤炭石油等高碳能源消耗，减少温室气体排放，达到经济社会发展与生态环境保护双赢的一种经济发展形态。随着“低碳”话语的出现，现在“低碳城市”、“低碳超市”、“低碳校园”、“低碳交通”、“低碳环保”“低碳网络”、“低碳社区”——各行各业蜂拥而上统统冠以“低碳”二字，使“低碳”成为一种时尚。如果把这些说法统一起来，我们可以用“低碳社会”来概括。

那么，“低碳社会”与“生态文明”又是什么关系关系呢？其实，在保护环境、保护生态、思想可持续发展上二者是完全一致的，如果说它们之间存在着什么差别的话，应该是局部与整体的关系，即“低碳社会”主要以降低二氧化碳为目的，以控制地球的温度不至于升高太快而威胁生态稳定，而“生态文明”则不仅要保护大气层，还要保护地球的物种多样性，保护地球的植被。因此，“低碳社会”的社会目标最终是由“生态文明”来予以说明的。尽管现在已经有了“低碳设计”概念的出现，但这与“生态文明”的根本目标是完全一致的。正因为如此，本书仍采用“生态文明”来作为我们艺术设计的终极价值追求。

第三节　生态文明与低碳社会

艺术设计为什么要关注生态文明问题呢？因为生态文明已经成为我们社会发展的大势所趋。在人与自然的关系上，人是自然界的一部分，人的生存和发展都依赖于自然，生态环境的状况如何直接决定并影响着人类作为自然存在的生存状况。正因为如此，我们应该保护生态环境。然而，问题并不是这样简单。人固然是自然界的一部分，但人绝不是自然界普通的一部分，而是自然界中能动的一部分，人有思想意识，并由此产生出了支配环境服务自己的主体意识，这种意识最初把人类作为自然界的中心，认为“一切皆备于我”，人是自然界的价值目的所在，而自然界则只是手段。因此，人有多大的能动性，人对自然就有多大的征服能力，人能获得多大的生命存在与扩张意义。然而，人的欲望是无限的，这就像列宁所说：“世界不会满足人，人决心以自己的行动来改变环境。”实践因此成为满足人们各种欲望的手段。不过，实践本身又在不断地产生着新的欲望，这正如马克思所指出的那样：“某种新的生产方式和某种新的生产对象具有何等的意义——人的本质力量的新的证明和人的本质的新的充实。”问题在于，满足人们的愿望是要通过物质来体现的，而人类的无限欲望偏偏又是建立在有限的物质资源上的。从人的特性来看，人要实现自己的价值，必须首先确立一个能够展现自己才能的价值目标，一旦这个价值论目标形成，人就会千方百计地去完成这一目标，而完成的根本形式就是让这一目标对象化转变为物质形态。当这种直观的价值目标展现在人的面前的时候，人才能因为自己的作品而陶醉，才会因直观到自己的价值和才能而感到幸福愉快，或者说才能获得因对自身的本质力量的肯定而产生的美感。这即是现实生活中为什么商人总是要没完没了地赚钱、发明家总是在没完没了地发明新东西、企业家总是在没完没了地制造产品的缘故。

随着人类社会的发展，人们能够体现自身价值的活动水平也越来越高。传统社会只是以满足人们基本的物质生活需要的目标，在现代社会改变了，需要的层次越来越高。人们越是自由，就越是想获得更大的自由。美国未来学者托夫勒在《未来的震荡》一书中写道：“地理专制的瓦解却开辟了崭新的自由领域，千百万人对此是兴高采烈的。速度、迁移，甚至重新安家对许多人来说都有积极的含义。这就是为什么美国人和欧洲人对汽车表现出如此深厚的感情的心理原因——汽车简直是空间自由的技术化身。”正因为如此，自由地迁徙成为不同国家现代化程度的重要标志，“人们在地面上(有时在地下)如此忙碌地来回运动，是超工业社会最显著的特征之一。相比之下，前工业国家，似乎呈现出一片停滞的状态，它们的人口被牢固地束缚在某一固定的地方。”在现代社会里，人们追求更自由的特性不仅体现在对空间距离的征服，还体现在对物质的稳定性的破坏。为了满足人们日益增多的欲望，人们制造出了越来越多的物质产品，而面对日益增多的物质产品，人们对每一个产品留恋的时间也越来越短，直到发展为今天“用过就扔”的消费观(图 0-14)。托夫勒指出：“我们养成了一种用了就扔的思想心理以适应这些用后即扔的商品。这种思想心理还产生了一整套急剧变化着的、有关财产所有权的价值观念。用过就扔的现象在社会上的普及，暗示着人与物的关系持续时间已经缩短。我们同单一的物品保持相对长久的联系这种情况已经结束了，取而代之的是在一个短时间内连同一连串的众多物品保持关系。”然而，这样的自由却需要更多的能量，要消耗更多的物质资源，毫无疑问，坐牛车与坐汽车所消耗的能源是不一样的。在今天，所谓现代化的标准，在许多时候、许多地方简单地说就是以人均消耗的能量和物质资源来计算的。

例如，美国是目前世界上公认的最发达的国家，而美国一个国家每年所消耗的能源就占全世界每年所耗能源的 40%多。在经济学家的眼里，国家的现代性，还是以每个人每年所生产的物质产品的价值量来计算的。美国之所以现代化，是因为美国的每个工人平均每年要生产几万美元的生产品。这也就是说，美国的先进性，体现在美国工人每年所消耗的物质资源是世界上最多的。

正由于如此，无限增长的欲望与有限的地球资源之间的矛盾就产生了：建立在以石油为主要能源基础上的现代工业，却越来越面临着石油枯竭的命运——这个日子大概是三十年到五十年后，而人类目前却还没有找到真正能够替代石油的新的能源。而作为各种制造品基础的矿物，也面临着彻底的枯竭。甚至作为支撑我们最基本需要的植被、土地、水等资源，也在越来越快地日益减少(图 0-15)。这样，环境问题就不可避免地发生了。

图 0-14　过度包装的食品

图 0-15　扩大的城市与扩大的垃圾

这种环境问题，在发达国家表现为对世界自然资源的肆意掠夺和任意挥霍，结果导致二氧化碳排放量过量，大气层温度升高，南极永久冻冰层开始大量融化，使得海平面升高、人类居住地减少、沿海城市被淹没的危险日益迫近；另外，由于大量氟的排放，使得我们的大气层出现了两个巨大的空洞；还有像大量的核废料、化学有毒物质被倾倒在不发达国家，造成这些国家的环境污染，大量人群不是被毒死，就是感染上很难治愈的疾病；大量砍伐热带雨林，使得地球的植被减少，土地日益沙漠化，大量物种灭绝。例如我国的沙漠化就以每年增加 1000 平方公里的速度由北向南推移；过度捕捞海洋生物，使得海洋生物的数量和种类大量萎缩……这些破坏环境的现象，与发达国家的物欲过度膨胀、浪费自然资源和污染环境的生活方式是分不开的。在不发达国家，由于贫穷也在加快环境污染，由于不发达国家或者地区的人们缺乏技术和资金，在改善生活的欲望的强烈驱使下，就愈益加快了对环境资源的破坏性掠夺，生产出更多地以自然资源的简单加工为主的劳动密集型产品。同时，由于不发达国家的人们总是把改变命运的希望寄托在下一代，这就使得不发达国家的人口出现爆炸性的增长。增长的人口进一步加剧了环境的压力，也进一步加剧了自然资源的压力以及环境的破坏和污染。

这一过程起初是在发达国家发生的。然而，随着信息化时代的到来、现代交通的发展、经济全球化的推进，环境问题开始变成了世界性问题。印度的人民会受到来自美国的化学废料和核废料的伤害、日本会遭受来自其他国家的大气和酸雨的侵蚀、一条河流上游的污染使得下游的生物灭绝、我国首都北京遭受来自遥远大西北沙尘暴的侵袭，这些在不远的中世纪还是很难理解的事情，现在已经是司空见惯了。正因为如此，当美国拒绝在京都二氧化碳排放量国际协议上签字、当巴西和东南亚的原始雨林仍然遭受到来自发达国家商人的野蛮采伐、当非洲濒临灭绝的野生动物还在像纽约和伦敦这样的国际大都市的市场里出售的时候，这些事情会遭到世界舆论的广泛报道和谴责也就不足为奇了。

这一过程发展到现在，出现了生态灾难的世界化，环境问题的国际化(图 0-16)。人们现在越来越认识到：人本来是作为自然界的一部分，现在已经成为自然界的破坏者。基于这样的认识，人类开始反思自己的行为，这就像联合国人类环境会议上所指出的那样："人类既是他的环境的创造物，又是他的环境的塑造者，环境给予人以维持生存的东西，并给他提供了在智力、道德、社会和精神等方面获得发展的机会。生存在地球上的人类，在漫长和曲折的进化过程中，已经达到这样一个阶段，即由于科学技术发展速度的迅速加快，人类获得了以无数方法和在空前的规模上改造其环境的能力。人类环境的两个方面，即天然和人为的两个方面，对于人类的幸福和对于享受基本人权，甚至生存权利本身，都是必不可缺少的……保护和改善人类环境是关系到全世界各国人民的幸福和经济发展的重要问题，也是全世界各国人民的迫切希望和各国政府的责任。"这表明，人类以往的"文明"是建立在对生态环境的"不文明"基础之上，这种对生态环境的"不文明"已经影响威胁到了人类"文明"的进一步发展，这种影响和威胁突显了生态文明的重要性，人们才开始思考并接受生态文明的观念。然而，生态文明不是自然到来的，而是人类自觉建设的结果，这就有了生态文明社会建设问题的产生。

(a)

(b)

图 0-16　触目惊心的环境灾难

在生态危机频频爆发的今天，人们不仅反思人与环境之间的关系，还积极采取行动来制止环境破坏的加剧，并有意识地推动生态文明的发展。面对关于环境的问题，世界各国人民已经越来越充分地认识到：在当代，农业的发展在生物科技的辅助下，产量已经远远超出原有作物应有的产出，而渐渐达到增长的极限；现代化初期被认为是发达标志的工业，也早已因为环境成本过高而趋近其发展的最高点；消费主义给全球的扩张带来生活的极度奢华和人类自身虚假需要的极度膨胀并最终成为有害于人类自身健康的方式；人类在人化自然中获得越来越多自由的同时也逐渐失去真正的自由，而不断地被自然束缚发展的手脚；看上去人类似乎依赖自身科技和人造物多于依赖自然，然而实质上人类对于自然的依赖要大于其他任何生物。同时，人们也越来越认识到环境问题是一个世界性的问题，因为环境是没有国界的，是全人类都会面对的问题。对整个环境来说个人、某个国家的力量显然是不够的，环境问题的解决依赖的是整个人类的觉醒。“在生态问题上，我们正处于一个个人所不能应付的时代，也是一个国家和民族不能单独应付的时代，在这个时代中唯有全世界的人民共同协作和努力，才能够迎接挑战，获得拯救自我的机会。”面对人类共同的困境，人类社会的唯一出路只有抛弃不同文化模式的差异，从不同的文化走到一起，并从陈旧的观念和文化模式中解脱出来，以新的环境文明观来建立新的社会秩序，并将之运用政治、经济、法律、道德、教育等方面，从根本上解决环境问题(图 0-17)。

图 0-17　世界无车日

正是基于以上的认识，目前人类在环境问题上已经开展了卓有成效的合作，各国在环境问题上签订的协议、制订的法案以及在打击环境犯罪等问题上的合作已经展示了人类在环境问题上的美好前景。人类在环境问题上的合作在以下几个方面展开：一是成立国际组织，如世界银行和全球环境基金、国际海事组织、国际原子能机构、全球环境基金、绿色和平组织等；二是签订国际条约，如《联合国气候变化框架公约》《远距离跨越国界空气污染公约》《京都议定书》等；三是国际运动，如世界环境日、世界无车日、联合国人类环境会议、内罗毕人类环境特别会议、里约热内卢环境与发展大会、约翰内斯堡可持续发展峰会等。这些组织、条约与运动，使人类看到了生态文明的希望。

环境问题表面上看是人与自然的问题，而实际上体现着人与人的矛盾，从更深层次上看，这种矛盾体现的是不同文化之间的冲突。人是有文化的，要受文化的影响和支配，人类对待生态环境的不文明暴露出来的是人类文化的问题。什么是文化？从哲学的意义上说，文化就是人化，是人性减去兽性，它是人类社会特有的现象，而动物是没有文化的，因为尽管动物可能产生不同生活习惯和生活方式的差别，但动物不能把自己特有的生活习惯自觉地表达出来。与动物相比，人是唯一能自觉地体现和表达自己生活方式的动物。由此看来，人类社会中的文化不是别的什么，而只是人类特质的体现和表达。

人类的文化因不同的生活环境而形成了不同的模式。所谓文化模式，是指与人类特定区域、特定历史时期和特定人群相关联的一种稳定的文化趋向和知识体系，这种文化趋向和知识体系有着共同的价值观念体系，有着较一致的道德评价和社会理想，并由此决定着人们大体一致的行为方式。人类的文化模式因其划分标准不同而具有繁多的分类，如按照历史标准划分可以分为原始社会文化、奴隶社会文化、封建社会文化、资本主义社会文化和社会主义社会文化；按照经济标准划分，可以分为狩猎文明、农业文明、工业文明、后工业文明等；按照地域划分，又可以分为东方文化和西方文化。毫无疑问，不同的文化模式对生态环境有着不同的价值认识、价值态度和行为方式，因而对生态环境也就有着不同的影响和作用。

从东方文化和西方文化这两个概念来考察文化模式对于环境的意义。东方文化和西方文化在今天代表着两种主要的文化倾向，并体现着两种主要的环境价值观。无论今天的文化类型有多少，但今天世界上发达国家较一致的文化背景是西方文化，而不发达国家则以东方文化为其主要的或近似的文化倾向。东方文化和西方文化不仅是地域概念，而且还和特定的历史背景和经济模式有着十分密切的内在联系。

从其起源来看，目前文化学术界较一致的看法是东方文化一般代表着农业文明，而西方文化则起源于游牧文明。农业文明对于环境的依赖性较强，因为没有一个稳定、富庶的自然环境，就不可能有好的农业收成。正因为如此，才形成了以中国传统文化为特征的东方文明，注重环境、强调“天人合一”的文化模式。又由于东方文明居住在气候温和、物产丰富的地区，在这样的地区，生存环境较优越，人们也没有太多的生存压力，人与人之间的残酷斗争往往会变得很多余，因此农业文明就表现出较少的侵略性和扩张性，而更倾向于爱好和平。与农业文明相反，游牧的生活方式奠定了西方文明的总体特征：一般说来，西方文明产生在自然条件相对较差的地区，这里的生存环境也较恶劣，为了适应这样的环境，人们更多地采取了残酷竞争的生存方式。人们对于某一特定环境的依赖性不是特别强烈，而是需要不断地扩张地盘以寻找新的生存空间，这就造成了西方文明的侵略性和扩张性的特征。同时，由于游牧民族对于某一个特定地区的依赖性不是很大，因此对于环境的关心也不如东方文明那样强烈，更多的是采取掠夺的方式来对待环境。

从这两种不同的特点出发，西方文明发展出了以自我为中心的文化特征，这种文化纵容自己的情欲，并且强调不惜一切手段、不计后果地来满足自己情欲的文化特征。在这种情欲的驱使下，西方文明发展出了现代科学技术和现代工业的体系，这种科技和工业成几何级数的增长，不仅是西方人情欲驱使的结果，更体现出了西方人的情欲不断爆炸和膨胀的事实，因为人类的任何生产最终都是用来满足人们的需要的。在这一点上，西方文化和东方文化形成了鲜明的对比。东方文化不把物质欲望的追求和满足作为人生全部和重要的内容，相反，却把精神境界、道德境界的追求作为其主要的人生追求。这也是由于东方文化所处的地理环境所决定的。农业文明的经济基础是自然经济，而自然经济所生产的物质财富则是一个有限的量，不会发生在工业经济条件物质财富无限膨胀那样的情况下。由于这样的经济基础，物质财富一般总是一个恒定的量，东方人便不再把物质财富作为自己的唯一追求，而是在精神需要上来体现人类欲望的无限性。与东方文化相比，西方文化由于总是通过扩张来获得生存资料，因而更具侵略性，也更具掠夺性。由于侵略和掠夺是没有稳定保障的，因此，西方文化表现出对物的形式的多样性和对物的数量具有更加强烈的追求，表现为无限膨胀的物欲。正因为如此，东方文化在对待环境的态度表现得更具亲和力，人与环境是浑然一体的。与此相反，西方文化由于非常清楚地把环境当做一种手段，从而对环境具有强烈的侵略性和掠夺性(图 0-18)。

图 0-18　对亚马逊原始雨林的掠夺

东方文化与西方文化在对待环境问题上的不同态度，也通过宗教观念体现了出来。西方人敬神，是因为其关心人的命运，同情人的遭遇。在这种关注中，神是为人服务的，人是中心。例如，基督教在人与自然关系中的经典解释是：人是按照上帝的形象创造的，上帝造人是要人在地上行使统治万物的权利。怀特对这种思想做了这样的概括："人是造物主全部业绩中的主要成果，是上帝按照自己的形象创造出来的，这个世界就是为人而创造出来的；地球是静止的位于宇宙中心，一切事物皆围绕地球而转动；万物都要根据人来加以解释。"根据基督教教义，只要为了人的利益，征服和掠夺自然是天经地义的，即使是善待动物，也是为了人的目的。与西方文化中对待环境的宗教态度相反，东方文化强调对环境保护的宗教态度。在佛教里，"勿杀生"是十分重要的道德信条。我们知道，传统的农业文明是一种靠天吃饭的经济，如果风调雨顺，没有发生自然灾害，就会有一个丰收年。相反，如果"天不作美"，出现了自然灾害，轻则生活困难，重则尸横遍野，人们被迫流离失所。在人们没有太多的自然科学知识的时候，在人们对自然还有太多的依赖的时候，人们很自然就会把希望寄托在神的身上。正因为如此，东方人的神就很多，河有河神，海有海神，山有山神，树有树神，花有花神，刮风有风神，下雨有雨神，种庄稼有农神，连进山打猎、下河捕鱼也都要先拜拜神仙。

在西方利己主义的道德文化基础上，必然演变成对生存和发展自然资源的争夺，人与自然的矛盾关系转变成为人与人的竞争关系。也就是说，谁能够成功地限制他人获取自然资源的能力，谁就能够成功地获得更多的自然资源，因而也就能够获得更多的生存和发展的机会。在现代社会，市场经济把这种斗争推向了极端。从表面上看，市场经济是最公平的一种人际关系，因为市场经济是通过市场把资源配置到最能发挥效益的地方。然而市场经济表面上的公平很快就被市场经济的竞争实质所打破。因为市场经济是通过竞争来获得市场，并因此获得对资源控制的一种经济体制，实际上也就是人们对自然资源无序掠夺的经济体制，这种竞争的结果就只能造成两极分化的产生，即绝大多数资源由少数人所控制，绝大多数人却只能支配很少的资源。本来这种情况最初是在一国之内发生的，随着资本主义在全世界的扩张，这种情形就发展到了全世界，结果就出现了少数发达国家控制绝大多数物质资料，而绝大多数的不发达国家却控制着很少物质资料的状况。

毫无疑问，在这样的过程中，人类宝贵的物质资料被肆意挥霍掉。一方面，由于自然资源的过度集中，就会出现“社会不再能消费所生产出来的生活资料、享受资料和发展资料，因为绝大多数生产者都被人为地和强制地同这些资料隔绝起来；因此，十年一次的危机不但毁灭生产出来的生活资料、享受资料和发展资料，而且毁灭生产力本身的一大部分来求得平衡的恢复。”而不发达国家的人们为了维护最起码的生存而不得不把自己的生活标准降低到比动物略高一点的程度，这就造成了人同动物争夺资源的战争(图 0-19)，大量的生物物种被消灭掉，最后连维持地球生命得以衍生的绿色植物也被人们当做食物和燃料消耗掉了。毫无疑问，这样发展的结果，必将是世界性环境灾难的爆发和环境的毁灭。

图 0-19　正在捕杀海豚的渔船

倘若世界各国人民要联合起来反对这种状况的继续发展，并通过大规模的破坏性武器来与那些掠夺者抗衡，其实质结局就可能出现人类的毁灭。我们知道，现代社会已经进入了核武器时代，虽然少数国家企图控制其他国家的核武器工业以实现自己的军事优势，但其他国家总会以这样那样的方式来发展核武器，因为少数核大国总是把核武器作为一种威慑力量，动辄以核武器相威胁，这使得发展核武器成为维护国家安全的必需措施，使得像印度、巴基斯坦这样的不发达国家花费了宝贵的社会发展资金来发展核武器，一方面加剧了不发达国家的贫穷，另一方面也加重了不发达国家的环境问题。这一趋势的发展将会导致核战争，而核战争带来的必将是世界性的毁灭与灾难，这是任何国家、任何人民都不能承受的。

那么，东方的文化模式又如何呢？应该说，在今天坚持东方文化的环境价值观和环境态度，对于世界范围内的环境保护和解决环境问题有着十分积极的意义。因此，不同文化模式应该尽量吸取东方文化的这种环境价值观和环境态度，而东方文化自身也应该继续对这种优秀的文化传统予以保护和发扬。不过，客观地说，由于东方文化对于环境的保护态度只是一种直观的自发态度，并不是来自于自觉地、理性地和科学地认识，因此，在对待环境问题上的态度有其不稳定性。在今天，当面对汹涌而来的西方商品大潮时，一些东方人的态度也发生了转变，其中一些人在面对环境资源被大肆掠夺、环境污染日益严重的时候，竟然也表现出了惊人的冷漠。应该说，目前发生在不发达国家的严重的环境问题，不仅与西方文化对东方文化的冲击有关，也与东方文化在环境问题上不是很成熟的理性认识有关。由此看来，尽管东方文化中关于环境的态度和认识中有许多值得今天的人们所继承和吸收的东西，但简单地回到东方文化，并不能解决环境问题。

这就形成了人类在环境问题上的两难境地：如果不制止西方文化模式对于自然资源的掠夺与挥霍，就会导致生态环境的破坏与毁灭，而如果要通过强制的方式来制止这种模式的发展，也必将导致世界的灾难与毁灭。

思想家贝切利曾经一针见血地指出：人类创造了技术圈，入侵了生物圈，对自然资源进行了过多的榨取，从而破坏了人类自己明天的生活基础。如果人们想自救的话，只有进行文明价值观念的革命。以往的文明价值观念主要表现的是一种功利主义的价值观念，其以崇尚实证、注重功用、攫取财富为标志和重心，把物质消费看做是个人经济成就和个人地位的象征，把成功等同于物质财富和消费方式；同时，其认为地球的资源是取之不尽、用之不竭的，任何人都可以任意地和无偿地使用地球的资源，因为这是大自然对人类的“恩赐”；此外，还认为环境的容量是无限的，人们可以随意地把自己所不需要的一切东西抛向大自然，这是大自然对人类的又一个“恩赐”。在功利主义的驱使下，人们对资源的开发必然是毫无节制的，对废弃物的排放也必然是无所顾忌的。也就是说，传统的文化价值观念是以满足人类的物质需要为内容，以向自然的挑战为核心，以物质追求为目标的。因此，在这种文化氛围的熏陶下，人们的消费观必然是注重于对物质生活的无限强烈追求，而人们的价值观也势必着重于对自然的征服和物质利益占有的贪婪。这种文化价值观念带来的是对人类生态环境毫无忌惮的破坏、对环境资源的大肆掠夺，导致了全球环境危机的日趋严重，表现为臭氧层被破坏、空气和水资源严重污染、物种灭绝的速度加快、原始森林资源枯竭、植被减少与沙漠化迅速扩展等，严重威胁着人类的生存与发展。

人类社会所赖以生产的自然环境出现了严重的问题，这使得人类社会一切有见识、有良知的思想家纷纷发出呼吁，要求拯救地球、拯救自然、拯救动物和植物、拯救人类社会自己。这就形成了生态文明这一越来越强烈的世界精神追求的趋势。为此，如何在人类社会的现实生活中，形成建设生态文明的共识、扩展生态文明建设合作的空间，就成为包括艺术设计在内的各行各业必须为之努力的历史任务。

习　题

1. 艺术设计在我国社会迅速兴起的原因是什么？
2. 目前我国艺术设计中所存在较普遍的问题有哪些？
3. 什么是生态文明与低碳社会？二者有什么关系？
4. 为什么说艺术设计应体现生态文明的时代主题？

第一章　生态设计与生态文明的关系

教学要求和目标：

- 要求：学生掌握生态文明与生态设计的互动关系。
- 目标：建立生态设计的基本观念，了解生态设计的美学内涵，掌握生态文明与生态设计的互动关系。

本章要点：

- 生态设计的概念。
- 生态设计的美学内涵。
- 生态设计在生态文明建设中的作用。

如果把艺术设计广义地理解为效用和形式、技术、美的结合，那么它在很早以前就产生了。每个时代都有具有特色的建筑以及器皿，罗马教堂、中国的古刹等，这些都是功用与美的统一产物，像法国的埃菲尔铁塔(图 1-1)，只要从电视上看一眼，就可以认出它来，就可以知道那里就是法国。严格来说，艺术设计只是现代工业的产物，艺术设计作为英语 design 的译名，指“现代工业批量生产的条件下，把产品的功能、使用时的舒适和外观的美有机地、和谐地结合起来的设计。”所以，艺术设计就是要追求美与实用的结合，现在市场上充斥着各种各样的商品，如果只追求实用的话，杯子只要是杯子就可以了，不用管它是否美观，但是进入工业社会之后，变成了大生产、模板化的时代，许多商品都是一个样，而且供消费者购买的商品种类越来越多，要想在如此激烈的竞争中脱颖而出，必须加入美的样式。而艺术设计不仅能够创造出巨大的经济效益，而且能对人的生活方式造成强烈的冲击。曾任国际工业设计学会联合会主席的美国艺术设计师普洛斯说过：“设计师每一种重要的发明，都明白无误地改变着人们的生活方式。”设计师设计的不仅是艺术品本身，设计的更是人和社会，改变人和社会的风貌才是艺术设计师们真正的目的。艺术设计受到文化的制约，同时设计又对文化产生影响。“艺术设计产品的形式不仅要符合它的功能，而且要符合审美文化某个阶段所特有的器物形式。”所以，艺术设计一旦脱离了时代的文化追求，就实现不了它的最大价值。在当代，由于受到工业的污染，人们普遍的愿望是追求环境与人的和谐共处，也就是崇尚生态文明，因此，艺术设计也应当遵循这一时代要求，努力地表达生态文明这一时代主题。

图 1-1　法国的埃菲尔铁塔

第一节　生态设计的概念与美学内涵

在一般看法中，所谓生态设计“是指将环境因素纳入设计之中，从而帮助确定设计的决策方向。生态设计要求在产品开发的所有阶段均考虑环境因素，从产品的整个生命周期减少对环境的影响，最终引导产生一个更具有可持续性的生产和消费系统。”这实际是把生态设计与绿色设计等同起来。生态设计当然包含了绿色设计的概念内涵，它也是从生态意识和环境为本的理念出发，以保护自然环境和人文环境、维护生态平衡、创造健康的居住环境为目的的艺术设计。生态设计同样意味着节约原材料、使用的材料可以回收、在使用过程中不会产生污染环境的废气、不会造成对水资源和自然生物的破坏，以及具有人类健康的安全性能等。生态设计也要求具有安全性、节能性、生态性、社会性等基本特征，并以生态文明为指导思想，它要求形成“人——自然”的整体价值观和生态经济价值观，从而使得艺术设计不但能满足人们的物质需要和精神需求，还有满足自身生存发展、休养生息、享受自然美、安全、健康舒适愉快的生态需求。因此，生态设计的标准必然更多考虑其健康、环保和道德等因素，这正如许多国家现在把健康和环保纳入到室内设计的法规之中，制定了严格的政策来限制那些不符合环保的产品和材料用于室内和环境设计，同时也制定了严格的法规限制那些不符合人体健康的材料使用。

然而，对于生态设计这样的理解是不够的，它只强调了人类对于自然的道德责任与绿色意识，而忽略了人类审美活动本身的生态性与自然对人类审美的巨大贡献。彻底的生态设计观还应包括人类向自然学习，了解不同物种在长期进化过程中的生存技巧与不同的生态特性，以及由此而产生的独特的形式。在这里，生态设计有着一个十分广阔的天地，它以大自然亿万年生态进化的积淀为背景，以无数“鬼斧神工”为原材料，给人类带来无穷的感觉享受与审美欣赏。例如，人类仅仅从动物的运动曲线与体态中不自觉地获得了一点灵感，就创造出了“流线型”这样独特的形式设计并广为流传。同时，艺术设计也必须了解不同个体特殊的社会生存环境与审美需求，并力争去满足这些极具个性的审美需要。

从以上分析来看，所谓生态设计，是指一切按照自然环境存在的原则，并与自然相互作用、相互协调，对环境的影响最小，能承载一切生命迹象的可持续发展的设计形式。生态设计活动主要包含两方面的涵义，一是从保护环境角度考虑，减少资源消耗、实现可持续发展战略；二是从商业角度考虑，降低成本、减少潜在的责任风险，以提高竞争能力。

根据产品设计的一般步骤，可将生态设计过程分为 4 个阶段：产品生态识别、产品生态诊断、产品生态定义与生态产品评价。

(1) 所谓产品生态识别，即首先根据产品的用途、功能、性质及可能的成本、原材料选择等建立一参照产品模型，然后对该参照产品进行定量化识别，对各种环境因子的影响大小进行科学评估，对产品的总体潜在环境影响进行综合与评估。

(2) 所谓产品生态诊断，是指通过生态识别，对产品的生态环境影响有了定量和定性的初步结论，就必须进一步进行产品生态诊断。其目的在于确定参照产品最重要的潜在生态环境影响分析、潜在影响的主要来源，从产品生命周期角度分析确定哪一阶段的环境影响最重要，从产品结构角度分析确定哪一部分造成的环境影响最大。根据生态诊断的结果，需要进一步进行替代数据模拟，如改变产品中对环境影响最大的某个部件的结构或选择新的材料等，然后比较新的替代设计方案与原型方案之间对环境影响的差别，为进一步进行生态产品定义提供科学依据。

(3) 所谓产品生态定义，是指根据生态系统安全与人类健康标准，选择未来生态产品的生态环境特性指标。其目的在于确定产品的生态环境属性，使整个产品的商业价值中包含生态环境设计。产品生态设计必须根据生态识别和生态诊断的结果来进行。

(4) 所谓生态产品评价，是指根据生态诊断的结果，参考产品生态指标体系，提出改善现有产品环境特征的具体技术方案，设计出对环境友好的新产品，对这一生态产品设计方案重新进行生命周期评价和生命周期工程模拟，并对该方案的生命周期评价结果与参照产品的生命周期评价结果进行对比分析，提出进一步改进的途径与方案。

既然生态设计并不仅仅意味着绿色设计，那么它的审美根据是什么呢？

(1) 生态设计所强调的个性化设计，是每个人独特的社会生态环境与自然生态环境的必然体现或者说是客观要求。什么是美？为什么会有审美？这是困扰了人类几千年的谜。在人类历史上，对于美的认识可以说五花八门、浩如烟海，但总体说来有 6 大类：第一类是美的神秘说，认为美是不可言说的，是神或上帝才能知道的东西，人类越追求美的本质就越迷茫；第二类是美的形式说，如毕达哥拉斯就认为美是和谐的形式；第三类是美的主观说，认为美是不同人的主观感受，它随着人的心情和思想不断发生变化，所谓“感时花溅泪，恨别鸟惊心”；第四类是美的典型说，孟德斯鸠认为只有具有广泛代表性的才是美的；第五类是美的关系说，美是依照事物的不同关系而呈现出美丑特性的；第六类是美的生活说，认为只有那些让生活美好的事物才具有美的特性。这些说法各执一词，虽然都有一定道理，但又都没抓住美的本质。应该说，只有马克思主义才最终给予了我们关于美的肯定的答案。

马克思主义强调只有人才有美，客观世界中无所谓美，人类产生之前的长江黄河因为“无人喝彩”而不是美的。这样，审美成为人类特有的一种品质。人类为什么会审美，因为人意识到了自己与环境的不同，在于自己有能动的实践能力，也就是说有自己独特的价值。当人在实践中实现了自己的理想与目的，人就把自己的本质对象化了，“从而在他所创造的世界中直观自身”，人也就能够欣赏到自身的价值，感受到自己的能力，人因此而获得一种肯定与力量，并因此而产生愉悦的心情，而这就是审美。正因为如此，审美的对象必须是“熟悉的陌生”。熟悉是因为人在对象中看到了自己，陌生是因为对象毕竟是异己的。在一些现代艺术设计的作品中，设计者往往可能很陶醉，因为他在这些作品中看到了“自己”。然而，对于那些欣赏者，由于这些作品与欣赏者是那样的遥远，并且在其中“看不到自己”，自然就不能引起他们强烈的美感与共鸣。生态设计打破了这一模式，它不是忙于让欣赏者为设计者喝彩，而是让欣赏者感受到了“自己”，因为那里有他独特的生长土壤，有熟悉并能够理解的环境，并因此而能够展现出自身的价值。因此，这样的作品对于欣赏者而言是美的，设计者把自己的“小我”溶入了服务对象的“大我”之中，在尊重他人的个性中展现了自身的境界与价值。例如，罗中立的油画作品《父亲》，让很多人发现了自己父亲的独特品质，也因此发现了自己。正因为这样，人们才肯定了罗中立的艺术创意。

(2) 生态设计不仅满足了每个人独特的社会生态与自然生态的审美需要，更为设计服务对象提供了广阔的审美空间。前面说过，审美对象应该是“熟悉的陌生”，其中的陌生是人类认知本性的需要。完全的熟悉，没有新的刺激，不能引起人们审美的冲动，人们就会说这样的艺术设计作品没有“冲击力”。然而，人的思想是不能凭空产生新的事物的，这就是所谓“物质决定精神”，没有生活的积淀，没有客观的基础，任凭设计者想破了头，也不会有新的形象产生。有人说，创意不就是凭空想象吗？艺术设计能力强，就是想象力强，越是不受现实的约束，想象就越自由、越丰富，所谓“天马行空，独往独来”，这是艺术创造的规律。这话当然也有一定道理，如果一切只能在现实事物中寻找，哪里还有艺术创造？不过，丰富的想象，绝对不是凭空臆想，现实中虽然没有孙悟空或猪八戒这样的人，但孙悟空和猪八戒绝对离不开人、猴子与猪，因为后三者是孙悟空与猪八戒这样艺术形象的现实基础。例如，太空人是谁都没有见过的，因而应该是最容易想象的，但迄今为止，所有太空人的形象都只是人的变形，无非是五官或肢体的不同排列组合而已。

这样说的意思，是说艺术创造是需要现实根据的，自由是人们对必然的认识与应用，也就是说，一个人能够驾驭越多，这个人所具有的自由度就越大。同样，艺术设计所掌握的现实根据越多，其进行艺术创造的空间就越大。为什么老一代的艺术家总是提“深入生活”，就是这个意思。大自然为人们准备了丰富的现实根据，那里有数不清的“鬼斧神工”，正如费尔巴哈所说：自然界是一本不隐藏自己的大书，只要我们去读它，我们就可以认识它。这主要是因为人类迄今所认识的物种还非常有限，而每一个物种，就是一种新的生存方式，新的活法，因而具有新的形式。艺术是文化，文化的多样性正是根源于物种的多样性的，因为艺术最早的词源是技艺，是人类处理不同物种的特殊技术与方法。生态设计要求设计者向大自然学习，就是要从不同的物种那里去获得智慧，那里有新的生命、新的形式、新的途径与方法，从而能够给人以无穷的启迪与灵感。

因此，从产品生态识别到生态评价是一个多次重复、优化调整的过程，其目的在于能真正开发和设计对生态系统友好的生态产品。

第二节　生态文明建设呼唤着生态设计

1. 生态文明是一种文化

对于什么是文化，从古到今都有各种各样的说法，从不同的视角出发会得出不同的答案。而广泛意义上的文化，是指人类在社会历史发展过程中所创造的物质财富和精神财富的总和。这就是说，自从人类步入原始社会以来，所有的一切都可以称之为文化。可想而知，文化所包含的内容是多么广泛。如果要准确界定文化是很困难的，许多人类学家、文化学家等都试图对文化作出一个大家都认可的解释，但至今为止没有人能成功。著名历史哲学家斯宾格勒把文化比作是一种活生生的有机体，强调文化运动变化的生命力，但却缺乏准确的界定；另外一种说法就是将文化看做是人类文明的总称，这样理解文化的缺陷是容易偏重于文化的特征，而没有揭露出文化的深层含义，同时还涉及了文化与文明的关系问题，这个将会在后面提及；还有一种说法，是蓝德曼提出的“文化是人类的‘第二天性’，每一个人都必须首先进入这个文化，必须学习并吸收文化。”人由于器官没有专门化，要想在大自然中存活下来，就必须创造文化，动物们传授给下一代的只有本能，但人类却可以将以往的经验作一个总结流传下去，因此文化作为人类生存的有力武器是人的“第二天性”，这个提法对文化起源的解释起了一个很好的启发作用；还有美国的文化人类学家本尼迪克特的文化模式理论，她指出“文化行为同样也是趋于整合的，一种文化就如一个人，是一种或多或少一贯的思想和行动的模式。”

不管怎样，人们始终都无法给文化一个准确的定义。A.L.克鲁伯和克赖德·克拉克洪于 1952 年发表了著名的《文化——关于概念和定义的评论》，他们通过深入和广泛的引证与研究，竟然列举了 161 种关于文化的定义。虽然文化的定义人们无法把握，但是文化的特征还是有的：①文化是一种“人为”的结果。没有人类就没有文化的出现，也就是说，文化的主体必须是人；②文化具有内在的创造性与外来的补充性。文化必须不断地自我创造才可以延续下去，中国古代的四大发明就是个很好的例子，由于生存发展的需要，就必须对某些制度、技术等进行改革，中国古代的人才选拔制度也是历经了多年的改革才最终定型，从举孝廉到科举制度，然后到科举制度的完善，最后灭亡，这期间就是文化的不断自我创造的时期。而文化的外来补充性更容易把握，新文化运动就是在内忧外患的情况下中国人的一次向西方学习的文化变革，尤其在当今世界文化交融的时代，文化的外来补充这个特征尤其明显，有时候本土文化甚至会被外来文化所取代；③文化的群体特征。一个人喜欢做某件事，例如，每天早上 7 点去跑步，这是他的个人习惯，但如果是一个村的人都喜欢每天早上 7 点去跑步，这就形成了一种文化。所以，文化是具有群体性的，也正因为如此，文化才有着规范与约束的力量。假如一个外来的人进到这个村子，看到全部人都在 7 点准时出去跑步，开始的时候会不适应，但慢慢地他也会和村子里的人一样每天 7 点去跑步，因为没有人喜欢当异类，如果不跑的话别人就会当自己是“外星人”一样看，这是谁都不愿意的。

著名哲学人类学家蓝德曼指出:“文化创造比我们迄今为止所相信的有更加广阔和更加深刻的内涵。人类生活的基础不是自然的安排，而是文化形成的形式和习惯。正如我们历史所探究的，没有自然的人，甚至更早的人也是生存于文化之中。”这就是说，我们的日常生活中处处都存在文化，我们的衣着打扮，我们的举手投足，我们的价值取向，这些全都是文化，但由于长期以来人们的生活环境都相对稳定，很少接触其他的文化，因此那时候的人都以为全世界的人的生活习惯也差不多，正如清朝以天朝大国自居一样，国家的封闭性在一定程度上阻碍了人们发觉文化的差异，直到近代，文化才被许多人所重视。从新航路开辟之后，世界人们的交流开始频繁起来，到了新世纪，互联网、移动通信工具的普及道路交通网的发展更加使世界“越来越小”了，世界文化也在急剧地发生碰撞。人们开始会产生疑问，究竟怎样的文化才是正确的呢？改革开放刚开始的时候，我们学习了西方市场经济体制，其实从那时候开始，我们就在不知不觉地接受着西方的文化，我们吃的麦当劳、肯德基是西方文化，我们住的房屋、建的高楼大厦是西方文化，我们开的别克、宝马是西方文化，随着市场经济的深入，西方文化大举进入了我国，而且不断和我国的传统文化发生冲突。其实不单是我国，其他各国也是如此，在西方文化作为强势文化的当代，它随着西方的商品入侵到各国，然后与当地的本土文化发生冲突。总结来说，这几十年，甚至几百年，都是西方文化扩张的进程，在扩张的过程中必然会遇到反抗，两种文化或者冲突或者融合。但随着信息时代的到来，人们走进了一个信息大爆炸的时代，我们的视野比以前任何一个时代的人都开阔，人们不用出门就可以知道发生在世界每一个角落的事，在这种情况下，世界文化开始向着一个大融合的方向走去，西方文化在某种程度的失败导致了它必然会被其他文化所填充，而文化的世界化正加速这个进程，在曾经是殖民地的地区更加能体现这个趋势。中国的香港，沦为殖民地一个多世纪，在即将回归的前十年，他们是深深地体会到这种文化的冲突的，在殖民地期间，他们过的是英国文化和本土文化所交融形成的生活方式，也可以称作是香港的文化特色，但如果回归祖国，那必定会对这种固定的文化体系产生冲击，那将是三方文化的交汇，生活方式必定会发生巨大的变化，大部分香港人对这种未知的变化持一种恐惧的态度。有人曾经分析，正是这种不安心理造就了周星驰无厘头搞笑剧的成功，而到了今时今日再反观当时，文化的融会是必然的，而最重要的是对文化交融要保持良好乐观的心态，勇于接受现实是我们在文化变革的大潮流中首先要做的工作，现在香港人也积极地学习普通话，接受内地人的想法和事情，同时对内地某些现象提出不同的看法，如果拒绝文化的交融与冲突，那么即使自己的文化是有缺陷的也不能知道，多样的文化给我们的生活提供另一种可能。

那么文明与文化究竟又有什么差别呢？在西方学者中，关于文化和文明的关系有两种不同的见解。一种强调两者的差异性，它认为文化是精神性和价值性的规范，而文明是人类所创造的各种有形创造物的总称。另一种观点则强调两者的统一性，倾向于文化与文明是两个相同的概念，前面提到的文化的定义是人类文明的总称就是基于这样的理解。前一种观点忽略了文化的广泛性，强行将文化的含义压缩了，而后者却大大地扩大了文明的外延，所以说，二者各有不足。其实文化与文明最主要的差别就在于文化的范围比文明大，而且文化是包涵着文明这个概念的，文明指一种较高级的、较发达的文化形态或者较特殊的文化。所以，泰勒有一本书叫《原始文化》，它并不叫做《原始文明》，就是因为在原始时代，文化根本不可能发达到进入文明的程度，而我们常说的巴比伦文明、印度河文明(图 1-2)、埃及文明就有文化高度发达的特点，人们学习埃及文明，不单是学习它所创造的物质财富，还有它的精神财富，如制度、风俗习惯等，这就是说文明不止包括人类所创造的有形创造物，还包括精神上的创造，在这种情况下，文化与文明是等同的。但是还有许多落后的村庄、部落仍过着野蛮人的生活方式，而且还存在人吃人的现象，这些地方就不能称作是文明的地方了，如果文化与文明是等同的话，那这些地方不就没有文化了吗？但实际上它们却存在着文化，而且人吃人也是他们的文化之一。所以，文化是一个广泛的名词，它既包括物质的创造，也包括精神的创造，而文明是文化的一部分，是文化发展到高级阶段的产物(图 1-3)。

什么是生态文明呢？生态文明观念，产生于现代环境运动以及人类对可持续发展的不懈探索。从 20 世纪 70 年代起，西方生态运动和社会主义思潮相结合，产生了如下共识：资本主义制度是造成全球生态危机的根本原因；生态危机成为转移经济危机的新手段；环境问题的本质是社会公平问题；要想摆脱生态环境危机，就必须超越传统工业文明的逻辑；用生态理性取代经济理性；未来社会应该是人类文明史上的一场质的变革，应是一个经济效应、社会公正、生态和谐相统一的新型社会。在我国，生态文明概念的提出，最早见于 20 世纪 90 年代中期发表在《中国环境报》上的一篇论文，在这篇文章中，论者颜孟坚提出应“将未来人类社会建成一个以物质文明、精神文明和生态文明相统一相协调的节制型新社会。”这篇文章引来讨论，生态文明概念也就此流行。

中国共产党第十七次全国代表大会将建设生态文明提高到我国社会战略目标的高度，应该怎样解读生态文明这一范畴呢？一般说来，生态文明是指人类遵循人、自然、社会和谐发展这一客观规律而取得的物质与精神成果的总和，是指人与自然、人与人、人与社会和谐共生、良性循环、全面发展、持续繁荣为基本宗旨的文化伦理形态。它将使人类社会形态发生根本转变。生态文明是农业文明、工业文明发展的一个更高阶段。从狭义的角度讲，生态文明与物质文明、精神文明和政治文明是并列的文明形式，是协调人与自然关系的文明。

图 1-2　恒河的洗浴者

图 1-3　南非的狩猎者

对生态文明概念的理解，将进一步带来以下一些共识。

(1) 生态文明强调人类对于自己生存与发展最基本条件——生态环境的责任意识，这种责任即通常所说的绿色责任，它来自于以往文明的教训。人类以往文明的发展表明，人类文明越发展，人类所赖以生存的生态环境就越是遭到破坏，这种破坏有时反过来对该文明构成威胁，有的甚至消灭了该文明本身。例如，环境学者普遍认为正是环境灾难毁灭了柬埔寨的中世纪文明，其原因在于吴哥窟当时的密集型发展，再加上农业的高度密集型开发，引发了一些非常严重的环境问题，正是森林开伐、人口过剩、水土流失和洪灾的沉积物等给中世纪吴哥窟地区的人们带来了灾难。至于扑朔迷离的玛雅文明湮灭的原因，越来越多的研究者也认为是公元 8 世纪后由于过度开发、粮食不足而引发的。

(2) 生态文明强调保护生态环境的生产力，即现有生产不得以损害环境的自然生产力为前提，它要求人类的生产是可持续的。与生态生产力相对应的概念是绿色 GDP，这一概念要求把每单位 GDP 的增加与环境资源的消耗相减，以此方法得到的 GDP 才是实际的经济增长率，从而限制在经济社会发展问题上的短视行为。

(3) 生态文明要求尊重物种的多样性，保护物种，反对狭隘的人类中心主义。人类自诞生以来，由于逐渐培养起来的生产力，或者说改造自然的能力，人类逐渐形成了强烈的人类中心主义意识，以为“万物皆备于我”，只是当一个又一个古代文明随着自然环境的破坏而逐渐衰灭的时候，人们才惊恐地发现大自然有自己的意志。于是人们这才开始关注自然，关注其他的生命，并逐渐意识到其他物种生命的内在价值，其中一部分人开始呼吁尊重物种的多样性与多物种之间的共生共存与共同发展。

(4) 生态文明要求人类对自然资源的利用要合理、平等并有节制，反对由少数国家和人群垄断自然资源的做法。

(5) 生态文明要求我们的经济是可以循环的经济，提倡绿色工业、绿色农业、绿色观光旅游、绿色消费。

(6) 生态文明还要求人类科学发展，反对无限制的经济增长方式，反对把经济增长作为少数人攫取高额利润的途径，而把社会经济发展建立在满足人类共同需要的基础上。

总之，在生态文明理念下的物质文明，将致力于消除经济活动对大自然自身稳定与和谐构成的威胁，逐步形成与生态相协调的生产生活与消费方式；生态文明下的精神文明，更提倡尊重自然、认知自然价值，建立人自身全面发展的文化与氛围，从而转移人们对物欲的过分强调与关注；生态文明下的政治文明，尊重利益和需求多元化，注重平衡各种关系，避免由于资源分配不公、人或人群的斗争以及权力的滥用而造成对生态的破坏。生态文明是对现有文明的超越，它将引领人类放弃工业文明时期形成的重功利、重物欲的享乐主义，摆脱生态与人类两败俱伤的悲剧。

在今天，生态文明的社会作用集中体现在促进我国社会主义的全面发展。马克思主义是对资本主义的超越，包含着对工业文明的反思，从而使生态文明成为马克思主义的内在要求和社会主义的根本属性。恩格斯说："人们会重新感觉到，而且也认识到自身和自然界的一致，而那种把精神和物质、人类和自然、灵魂和肉体对立起来的荒谬的、反自然的观点，也就更不可能存在了……但是要实行这种调节，单依靠认识是不够的。这还需要对我们现有的生产方式，以及和这种生产方式连在一起的我们今天的整个社会制度实行完全的变革。"生态文明体现了社会主义的基本原则。社会主义生态文明首先强调以人为本的原则，同时反对极端人类中心主义与极端生态中心主义。极端人类中心主义制造了严重的人类生存危机；极端生态中心主义却过分强调人类社会必须停止改造自然的活动。生态文明则认为人是价值的中心，但不是自然的主宰，人的全面发展必须促进人与自然和谐相处。另外，在可持续发展与公平公正方面，生态文明也与当代社会主义原则基本一致。

生态文明为社会主义理论的融合提供了平台，社会主义为生态文明的实现提供了制度保障。生态文明作为对工业文明的超越，代表了一种更为高级的人类文明形态；社会主义思想作为对资本主义的超越，代表了一种更为美好的社会和谐理想。两者内在的一致性使得它们能够互为基础，互为发展。

生态文明应成为社会主义文明体系的基础。社会主义的物质文明、政治文明和精神文明离不开生态文明，没有良好的生态条件，人不可能有高度的物质享受、政治享受和精神享受。没有生态安全，人类自身就会陷入不可逆转的生存危机。

资本主义使人们摆脱封建枷锁和宗教禁锢的同时，却带来新的剥削和压迫，这促使社会主义应运而生。社会主义只有超越资本主义工业文明模式，追求生态文明，才能有效应对资本主义全球化所带来的全新挑战。社会主义与资本主义制度孰优孰劣，比的不是谁更能斗争，也不仅仅是比生产力谁更发达，还要比谁更公平正义，谁更共同富裕，谁更有道德文化，谁更能带来人的全面发展，谁更能使社会更加和谐。在当今全球环境危机空前严峻时，更要比谁更能可持续发展，而资本主义逐利自私的本质注定其很难主动承担全球环境责任。

针对全球化所带来的诸如生态问题等系列难题，发达国家社会主义进行了新的探索，诞生了生态社会主义等新的理论，不仅在学术上对社会主义进行了创新，也在实践中把马克思主义与当代全球问题具体结合起来，给未来人类社会指出了新的方向。这一探索为社会主义回应全球性问题提供了理论和实践的创新空间，能够对科学社会主义进一步完善。因为当代生产力的飞速发展，使得社会主义不能只研究工业文明基础上的阶级关系，还必须研究人与自然的文化伦理关系。生态文明的重要意义正在于此。生态社会主义由于将生态文明与社会主义相结合，是对社会主义本质的又一重大发现。正因为如此，生态文明成为推动我国社会主义发展的新动力。

当人们看到生态文明为中国社会主义带来新的动力时，人们更应看到生态文明也给艺术设计带来了新的天地。生态文明讲和谐，并且是人与自然、人与人、人与社会的大和谐，这就为艺术设计高层次的美奠定了基础，因为艺术把追求和谐作为自己的天职；生态文明强调尊重自然，这就要求人们的艺术设计更多地去关心自然、了解自然，从而掌握自然规律，应用于艺术设计的创造；生态文明要求人与自然和谐的前提是人与人和谐，这就要求艺术设计更好地去表达人们的普遍追求，实现艺术设计应有的善。

生态文明作为一种文明，必须建立在高度发达的文化土壤之中。生态文明的划分和上述的巴比伦文明等不一样，因为它是按照时间来划分出来的。按时间的划分，人类历史可以分为以下几种文明。首先是狩猎文明，也就是原始时代所出现的文明，当时由于人类没有能力征服自然，因此人与自然是和谐相处的，用色彩来描述这一种文明，可以称为“绿色文明”；其次是农业文明，这时候人们以农业为主，人们希望每一年都风调雨顺，因此在很大程度上都要依靠自然界的恩赐，像中国，尽管有“人定胜天”的论调，但文化的潮流都是“天人合一”，与大自然融为一体，这才是最高境界，而人们称这种文明为“黄色文明”；接着，来到了工业文明，在这个时代中，生产力有了极大的发展，人类社会的发展突飞猛进，在带来丰富物质生活的同时，人们的生态环境却受到了极度的伤害，污染十分严重，因此人们将它称作是“黑色文明”；现在，人们即将进入生态文明，在这个时代里，人与自然和谐相处，但并不是退步回到以前的农耕时代，而是发挥人的主观能动，积极运用客观的规律来改造环境，使人与环境能相互促进、相互发展，这就是“绿色文明”。这是一个“逻辑的圆”，走了一圈，最终又回到了原点。虽然都叫做“绿色文明”，但两者已经完全不同了，在狩猎文明时期，人与自然的和谐更多的是出卖人类自身利益才得到的，人与自然是处于不同的地位的，然而生态文明却是建立在相互合作的基础上的，这样才是真正的和谐发展。

虽然这 4 种文明有低级与高级的差别，但是并没有谁优谁劣之分，它们都是文化发展到一定高度的结果，尽管都有各自的优缺点，但这都是发展的必然产物。生态文明也是如此，它首先是一种文化，而且是文化发展的高级产物，它是人类经历“黑色”的工业文明后反思的结果，更是世界文化交汇与冲突之后的产物，尤其是西方文化与东方文化之间的相互对比与吸收，人类文化于是向着更高层次进发，所以说，文化的世界化导致了生态文明的产生。

生态文明在当今时代具有十分重要的意义。

(1) 生态文明能够遏制生态环境的继续恶化。文化的其中一个特点是对其中群体的规范性，正如蓝德曼所说的“我们是文化的生产者，但我们也是文化的创造物”。每一个身处其中的个体都会感受到它所带来的压力，生态文明作为一种文化也有这个特点，一旦有人越过了生态文明的界限，那这个人的生存空间就会缩小。在生态文明时代，每个人都以保护生态环境为最高行为准则。虽然这样的时代还没有到来，但人们可以设想一下，在生态文明时代，所有的规章制度都向有利于生态环境的一方倾斜，法律会明文规定保护环境的措施，所有的宣传都是利于环保的，而且物质上的东西，如建筑物、生活用品用的都是环保材料，假如有一天，一间工厂排放了大量的浓烟，这间工厂不但会受到法律的制裁，而且这件事会在社会上造成极坏的舆论效果而导致产品的滞销等，这虽然只是设想，但相信在即将到来的生态文明当中一定会得到实现。

(2) 生态文明能够促进社会发展。不损害环境并不代表不发展，而是希望更好地发展。在“先污染，后治理”的工业时代，社会发展只注重眼前的利益，但是事实告诉人们，在经济腾飞的多年之后，这些国家以及地区都为当年的经济发展买了单，在 20 世纪 60 年代之前， 伦敦称为“雾都”是世人共知的，伦敦烟雾缭绕、迷茫一片，尽管街头路灯明亮，但能见度仍然很差，可如今，伦敦上空已基本难见其滚滚浓烟和弥漫黄雾，应归功于近 30 多年来对污染的治理。可见，我们发展经济不能再走老路子了，应该走“可持续发展道路”，而“可持续发展道路”反映的正是生态文明的理念。

(3) 生态文明可以提高个体自身素质。有一个理论叫做“破窗理论”：如果有人打坏了一栋建筑上的一块玻璃，又没有及时修好，别人就可能受到某些暗示性的纵容，去打碎更多的玻璃。“破窗理论”体现的是细节对人的暗示效果，以及细节对事件结果不容小视的重要作用。如果有一个脏乱差的环境，街道两旁全是垃圾，人们来到这样的环境之后，本来一向都遵守传统教育、不随地扔垃圾的人们也会不自觉地将垃圾扔在街道上。18 世纪的纽约以脏乱差闻名，环境恶劣，同时犯罪猖獗，地铁的情况尤为严重。1994 年，新任警察局长布拉顿开始治理纽约，他从地铁的车厢开始治理，车厢干净了，站台跟着也变干净了，站台干净了，阶梯也随之整洁了，随后街道也干净了，然后旁边的街道也干净了，后来整个社区干净了，最后整个纽约变了样，变整洁漂亮了。现在纽约是全美国治理最出色的都市之一(图 1-4、图 1-5)，这件事也被称为“纽约引爆点”。

(4) 生态文明对世界的未来作出巨大贡献。随着生态环境的日益恶化，人们的“世界末日论”重新抬头，许多人对此不屑一顾，但如果真的不采取有效措施，这些预言就不再是危言耸听了，图瓦卢(图 1-6～图 1-8)已经给人们一个很好的教训了。图瓦卢是世界上第一个被海水淹没的国家，由于温室效应，海平面升高，许多海拔较低的国家成为了危险地带，这些都是环境破坏所带来的恶果，“人类不要过分地陶醉于对自然的胜利，对于每次这样的胜利，自然界都最终报复了我们”。

图 1-4　纽约干净的街道

图 1-5　纽约中央公园

图 1-6　图瓦卢海拔最高的地点只有 4.5 米

图 1-7　大雨过后的图瓦卢

图 1-8　图瓦卢的民居就建在海边

2．作为文化的艺术设计

艺术是文化的一部分，同时也是文化的重要表达形式。艺术来源于生活，反过来又作用于生活，就像前面所说的艺术是时代的产物，它总是会顺应时代的要求来生产自己。古往今来，许多著名的艺术作品都是它们那个时期的产物，谁的作品越能体现出时代的特征，谁的作品就越成功。在文艺复兴时期，那个时期的主流是倡导理性与人的回归，达·芬奇之所以会成功，就在于他的艺术作品无不都在表达那个时代的特征，例如，《维特鲁威人》、《蒙娜丽莎》这两幅画都是重在刻画人的描写，即使是《最后的晚餐》在叙述宗教故事的时候，也颠覆了原来故事的意思，而重在表达人的心理。所以说，即使一个作品的艺术价值很高，但没有表达出时代的特点的话，也只能被历史的海洋所淹没掉，后唐皇帝李煜的许多作品都很不错，但他真正流传千古的却是他寄托亡国之情的那几首词。因此，艺术作品如果不能体现时代潮流的话，永远都登不上艺术的顶峰。

时代潮流聚合在一起，就成了一种文化，文化包括了物质财富和精神财富的总和，而艺术作品首先是一种物质财富，它是可以用金钱来衡量的，许多艺术作品不过就是用画纸、石头、木头、铜器等材料造成的，但艺术作品最重要的是它所包含的精神财富，这可是无价之宝。艺术作品兼有了物质财富与精神财富，可以说，它是文化的最佳代言人。它既有表现文化的载体，又蕴含着文化内在的精神，文化就会跟随着这些艺术作品而保存下去，即使这个文化有一天消失了，但以后的人们都可以通过这些艺术作品来推测当时的文化状况是如何的。人们不能回到唐朝，但人们可以通过诗歌以及绘画等艺术作品来想象唐朝是如何的繁荣，人们还可以知道当时的女孩是以胖为美的，这些文化特征都是艺术品所传达给人们的，即使是像巴比伦文明那样已经灭绝了，但人们还可以通过它的艺术品来知道他们的文化是如何的，所以，艺术不但是文化的其中一员，更加是文化的重要表达方式，二者兼有的它肩负着传播文化的重要使命。

所谓艺术设计，就是将艺术的形式、美感结合社会、文化、经济、市场、科技等诸多方面因素，再现于和人们生活精密相关的设计当中，使之不但具有审美功能，还具有使用功能。换句话说，艺术设计首先是为人服务的，是现代化社会发展进程中的必然产物。艺术设计是艺术与现代工业结合的产物，是美感与实用的结合。艺术设计反映的是现代工业文明，它正是艺术与时代的结合产物。它由工业文明而诞生，同时它也反映工业文明。正是大生产的单一与乏味令艺术设计诞生到这世上的，它是带着将产品“与众不同”的任务而来到的，它代表的是一种文化，这种文化不同于工业文明所带来的机械化与商品化，它强调个体的单一与独立，就凭这一点，它绝对有资格成为生态文明的有力宣传者。

艺术设计对文化的作用很大，不但在于它可以表达文化，更在于它本身就是一种文化。

(1) 艺术设计可以改变世界的外观，增加美好的事物。过去，商品只注重实用性，著名设计师雷蒙德·罗维(Raymond Loewy)来到美国之后，惊奇地发现美国的商品都很好用，但是大多都是样子丑陋，于是他认为这里大有作为。结果真的如他所料，艺术设计发展到今天已经独立成为了一个行业。大工业生产出来的商品几乎都一样，人们选择商品只是在选择哪一种商品的性能更好。现代设计的创始人威廉·莫里斯(William Morris)公开反对没有“设计”的“工业”，倡导“工艺美术运动”，从艺术的角度批判了工业社会对美的漠视。所谓“爱美之心人皆有之”，可是进入工业社会以来，资本家唯利是图，凡是能赚到金钱的手段资本家都会尝试，那时候的商品是靠质量取胜的，单凭美丽的外表是吸引不了消费者的，因此根本不可能在商品身上看到艺术的影子。第二次世界大战之后，罗维成功地将艺术与商品结合起来，他所设计的商品充满了“流线型”，比如他设计的“灰狗”公共汽车、可口可乐瓶、火车头等(图 1-9、图 1-10)，符合当时人们的审美要求，因此大获全胜，许多企业也从中看到了巨额的利润，纷纷通过商品的设计来获取利润。艺术设计发展到今天，已经极大地改变了人们周围的环境，人们身边的每一件物品都很可能经过了设计师精心的设计，小至铅笔，大到房屋，无不显示出这些设计独特的内涵，尽管不是每个人都能够鉴赏，但是设计的一个很重要的特点就是面向大众，所以它都是以当代人的平均审美眼光来进行设计的，人们看了这些设计之后，大多数的人都会感到美的愉悦，这样的设计就很成功了。人们的世界也因为有了艺术设计而更加美丽。

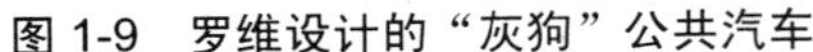

图 1-9　罗维设计的“灰狗”公共汽车

图 1-10　罗维设计的火车头

(2) 艺术设计可以改变人们的生活方式。设计以人为本，同时也改变人和教育人。现代设计是面向大众的，不再像传统设计那样只为贵族服务，因此现代设计可以深入到人民群众内部，它作为文化的一种，被创造的同时，也在创造着人。著名运动品牌阿迪达斯有一个广告语是“Impossible Is Nothing”，它所设计出来的运动装备也秉承这一理念，许多曾经或者现任的世界纪录保持者都是阿迪达斯的代言人，他们比赛的时候用的都是阿迪达斯的产品。许多消费者在购买阿迪达斯的鞋或者其他体育用品的时候，同时还购买了它的设计理念。许多人买它的产品有时就是认同它所提倡的价值理念，他们认为只要穿上它的鞋或者衣服，自己就可以创造奇迹，尽管具体是否有作用还不得而知，但是心理上的激励效果肯定是有的。著名的宜家家居城，它里面的家具的设计全部都是以节省空间作为最大卖点的，这样的设计在我国的绝大部分地区都得不到认可，因为在中国现阶段很多地方都是以自建房为主，一次就建三四层的楼房的地方很多，根本不需要考虑空间的问题。可是在中国香港以及内地的某些大城市，由于空间有限，对于每一寸土地大家都十分珍惜，因此这些地方的人会觉得宜家的设计理念好，这些人在看了它的设计之后观念就会有所改变，他们会认为其实只要安排合理，空间总会有的，因此在中国香港 1095 平方公里居然居住了 700 多万人口。

(3) 艺术设计可以影响世界文明的进程。艺术设计从诞生之初到现在几乎将所有的物品都囊括了进来，所有的东西都可以进行设计，所以艺术设计所涉及的领域是很广的，同时，如果连传统设计也算上的话，艺术设计的源头就不知道要从哪里算起了，汉谟拉比法典的柱子是一种设计，越王勾践的剑是一种设计，凡是物品都要通过设计才能形成，只是古代的设计不专业而已，所以，艺术设计从纵向来说也是很广的。可以说，艺术设计在世界文明史上占了十分重要的地位。以刚才香港的例子为例，香港的商品都有一个普遍的特点——微且精，反映在香港人身上就表现为其所提倡的精英文化，不知道是因为精致的商品导致了香港人的精英化，还是香港人的精英化导致了精致的商品，但有一点毋庸置疑，这两者有着相互促进的作用，所以商品的设计肯定对香港的文化有着一定的影响。而艺术设计现在要承担更加巨大的任务，就是努力地推动生态文明的进程。

3. 生态设计与生态文明的文化关系

艺术是文化的外衣，它既是文化的一部分，同时具有表达文化的作用，生态文明是文化的内在，需要表达形式来表达自己。当下时代的潮流是生态文明，这是本时代的最强音。生态文明建设呼唤着艺术设计的到来。尽管生态文明建设已经被大家所共识，人们也都十分欢迎生态文明，但要建设好生态文明，任重而道远，最关键的问题是当前生态文明还缺少一种强而有力的表达方式。以往的生态文明建设总是依靠国家的帮助，2007 年中国共产党第十七次全国代表大会报告提出："要建设生态文明，基本形成节约能源资源和保护生态环境的产业结构、增长方式、消费模式。"倡导生态文明建设，不仅对中国自身发展有深远影响，也是中华民族面对全球日益严峻的生态环境问题作出的庄严承诺。可是一味地依靠国家的政策来建设一种文明，收获是很有限的，这种建设只能孕育出一种畸形的发展。有的地方为了表现出当地政府的政绩，特意地追捧建设生态文明，单单地从提高城市绿化率出发，整个城市的绿化率是很高了，但是却没有可以遮挡阳光的大树，几乎全部公路两旁都换上观赏植物，整个城市给人的感觉就像是一个拼凑起来的绿色城市，这是一种虚假的生态文明，过分计较功利的文明是要不得的。因此，当今时代十分需要艺术，需要艺术来构建一个真正的生态文明。

如前所述，艺术设计可以充当生态文明有力的宣传者，为什么这样说呢？因为艺术设计从诞生之日起，就与工业文明有所区别了，最重要的是它的理念与生态文明不谋而合，生态文明强调保护环境、节约资源，而艺术设计都可以表达这样的信息。艺术设计追求个性反对大批量生产，这样就可以极度地节约资源，不让资源被大生产所浪费；其次，艺术设计崇尚与高科技结合，这样就可以利用高科技的手段制造出绿色材料，并且可以节约能源与资源。所以说，艺术设计有着其他宣传手段不能比拟的优势，它仿佛天生就是为了生态文明而降生的。因此，生态文明很需要艺术设计的加入，而艺术设计也渴望引入生态文明的概念，因为生态文明作为一种高度的文化形态已经深深地影响着现代人。这两种文化的碰撞必将产生共鸣的火花，擦亮整个世界。这种相互需要的关系十分奇妙，也许它们就是为了对方而存在的。

艺术设计与生态文明可以相互促进。

艺术设计与生态文明不但相互需要，而且还可以起到相互促进的作用。艺术设计可以促进生态文明的发展，而生态文明反过来也会促进艺术设计的前进。生态文明发展需要更多人的参与，需要在更大的范围内得到推广与传播，而艺术设计正日益深入民心。艺术设计的一个重要特点是它走平民化的道路，艺术不再是贵族的专利，艺术设计品正在源源不断地涌进市场供消费者选购，它的影响力可谓渗透到社会的每一个角落。人们也需要艺术设计来改变乏味的生活，按照马斯洛的需求理论，人类在满足了物质上的需要之后，就会向精神的需要迈进，在满足了商品给他们带来的功能需要之后，人们便会向更高的需求层次迈进，人们开始要求商品不但是一个性能好的商品，而且更要是一个拥有艺术感的设计品。中产阶级是首先在这场“思想风暴”中觉醒的那部分人，因为他们正处于从物质需要到精神需要过渡的阶段，此时的转变恰恰符合了艺术设计的价值观：通过艺术设计而让本来是物质世界的商品得到升华。而随着艺术设计品在中产阶级的普及，它们最终必将融入到全社会里面去，使人们的精神境界得到进一步的提高。所以，生态文明融合在艺术设计这股普及全人类的浪潮中必将得到发扬光大。

与此同时，艺术设计也会由于融入了生态文明的精神而取得绝大多数人的认可。当今，保护环境、节约资源是全世界人们关心的主题，2009 年 12 月在哥本哈根举行的气候变化大会几乎吸引了全世界人们的目光，人们都十分关心将来世界的发展会何去何从。艺术设计必须把握这次重要的契机，紧密地与生态文明结合起来，现在许多大型的企业，如西门子、大众等国际品牌，都纷纷标榜自己的产品在设计的时候是充分考虑了对环境的污染、破坏的，因此选择这样的产品就等于为世界的环境保护作出了贡献。现在我国的家电的旁边都会贴上一张有关该电器的能效等级图，一级能效最省电，对环境的污染也是最少的(图 1-11)。因此许多厂家都看中这一点，纷纷推出一级能效的家电作为一个卖点。可是，这些产品大多是外观根本没有变化，可能只是内核变了，除了旁边附带的一张“标榜”着该产品属于一级能效的卡片外，其他的基本没有改变。有理由相信这样的产品推出到市场后是没有足够的竞争力的，人们宁愿花少一点的钱去买台能效高的电器都不会去光顾这些节能电器，原因在哪里呢？原因就在于人们对于自己看不见的事情是没有把握的，尤其是中国人，所以电影刚在大上海登场的时候，也是要让许多中国人进去看一段，觉得片子好，继续看下去的人才会收费，对于家电，人们的认识更加不深，除非这人是专门研究电器的，否则都会认为这些所谓的节能电器都不知道是否它真的会节能，而且就算真的节能，看上去也就和其他电器一个样，根本没有什么特别。有些极端喜欢炫耀的人更加会想到，买了节能电器就应该让大家都知道自己是一个爱好环保的人，但它的外表却这么平凡，买了就等于白买。让这些家电产品引入艺术设计是必然的趋势，人们只有在艺术的熏陶下才会觉得购买节能产品是自己精神的一种升华手段(图 1-12)。所以说，艺术设计必须在生态文明的时代发挥出自己独特的优势。

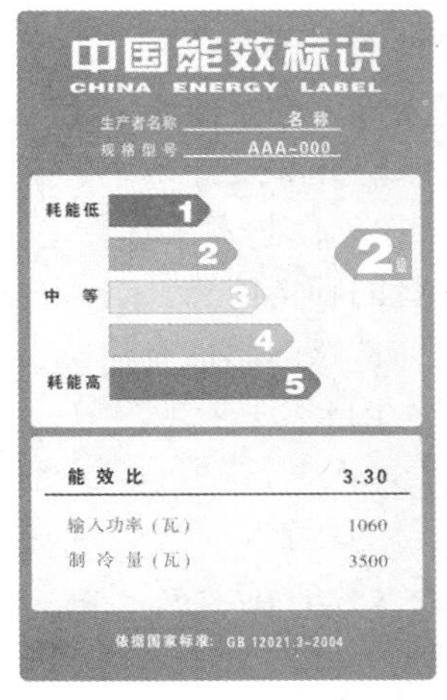

图 1-11　中国能效标识

图 1-12　节能电冰箱

第三节　生态设计在建设生态文明中的作用

为了了解艺术与传统文化之间的关系，有必要首先了解艺术的社会功能。所谓艺术，是人们以直觉的、整体的方式把握客观对象，并在此基础上以象征性符号形式创造某种艺术形象的精神性实践活动，它最终以艺术品的形式出现，这种艺术品既有艺术家对客观世界的认识和反映，也有艺术家本人的情感、理想和价值观等主体性因素，它是一种精神产品。正因为艺术是一种精神活动，也就决定了艺术的功能也是精神性的，其主要目的在于与人进行精神沟通，这种沟通包括以下几个方面。

1. 激发与培育环境情感

生态文明是一种观点，但同时也是一种情感，即环境情感。人都有环境情感，正如俗话所说：谁不夸俺家乡美？只要在一个地方生活久了，人就会对这个地方产生感情，因为在这里度过了自己生命的一部分，人珍惜环境，是因为人珍惜自己的生命。既然人的生命与其环境相关联，环境情感的产生就有了基础。因此，生态文明的建设，不仅要树立生态文明的观念。更应该激发与培养生态文明的情感。

在这方面，艺术设计大有所为。艺术是人与人之间情感沟通的桥梁，这正如苏珊·朗格所说："艺术"是人类情感的符号形式的创造"。艺术作为一种精神活动，其目的就是要与观众一起分享艺术家从现实世界所获得的情感，其中特别是分享喜悦的情感。文学家用文字、音乐家用声音、造型艺术则用视觉形象来与他人沟通，述说自己对世界的感受与看法，并且希望与观众一起来分享他认为有价值的东西。王勃的诗歌，是让人体会赣江那美丽景色带给人的喜悦情感；罗中立的油画《父亲》，是让人体会他对普通农民的同情；宋祖英的一首《越来越好》，则是表达对生活水平不断提高的祝愿之情。

人类历史就是美的历史，而时代背景不同，美的内涵也各异。在人类的历史中，人类为了寻找美的内涵，经历了一代又一代的努力，每个时代所得出的结论，有的相互联系，有的迥异不同。每个探索美的艺术家的想法也不尽相同，无论是美术家、音乐家还是哲学家对美都有着不同的理解。无论是时代不同还是个人不同，在追求美的过程中都付出了同一种东西——情感。情感是意境表现的重要因素，而技术是达到艺术高度的手段，“形而上者谓之神，形而下者谓之器。”情感来源有两种：一是间接，如读书修养所得；另一种是自然环境，包括个人生活经历所得。这两种途径综合一个人的总体灵感，在创作艺术品时会完全体现出来，所谓艺术创作也是情感表达。品位高的作品中还包含着作者的真实情感，因为有感受才有意境。诗是诗人的情感写照，画是画家的情感体现，音乐是作曲家的感情寄托。

在中国寓情于景、于画、于诗有着久远的历史。情感在自然中表现为象征。自然物和自然现象之所以令人感到美，就因为在它们的形式外观上，人们常常可以发现某种人的品格、情操、精神的理想象征，从而获得美的享受和熏陶。宋代诗人周敦颐《爱莲说》赞美荷花“出淤泥而不染，濯青莲而不妖，中通外直，不蔓不枝，香远溢清，亭亭净植，可远视而不可亵玩焉”，荷花这种不污不妖，亭亭玉立的形式，象征了人的高尚品格。中国人素来称松、竹、梅为“岁寒三友”，又称梅、兰、竹、菊为“四君子”(图 1-13)。作画写诗赞美它们，同样是因为这些植物审美外观象征了所珍视的品质。松的雄伟清高，象征了仁人志士和长者的高风亮节，竹的虚空有节，象征可谦虚的气节，而梅的悠远孤清、风华超绝，则象征了人的高洁的志趣，由于自然物和自然现象、自然属性是多方面的，与人的关系也有所不同，因而在主体审美的层面上，自然美就具有了某种多面性。同是雨，同一个人，诗人杜甫就有了“好雨知时节，当春乃发生”和“床头屋漏无干处，雨脚如麻未断绝”。同一种动物——青蛙，在车尔尼雪夫斯基和中国诗人、画家笔下又是不一样的情况。

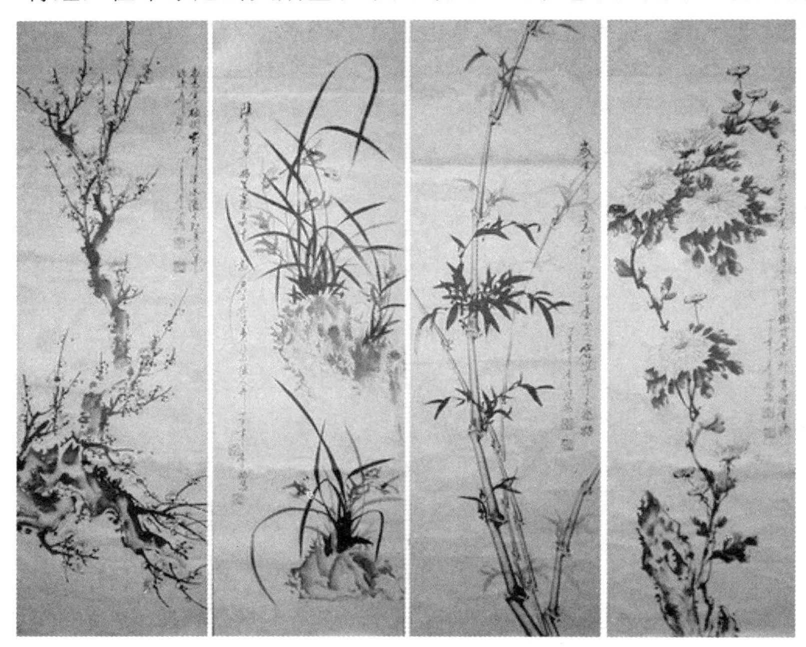

图 1-13　“四君子”国画

在艺术设计中，有真情才能使其借物抒情，造型中才能体现真情，才能使观者动情。艺术主体要善于体察万物之情，创作者才能真情感受，有意境烘托，意是对情的提升，境是对景的提升，意境是对情景的提升，意境浑圆比情景交融有更高的品位。真实情感体现也是人格体现，它的实质在于真诚而不是伪装。它不是复制出来的而是亲身体验所感，不是模仿别人的情感，主体自身情感是随着时代发展而变化。艺术品之所以有价值是因为艺术品永远无法重复，因为主体感情是无法重复的。

作为观赏者，艺术鉴赏时最先靠感觉，其次动感情。所起的感情有材料感情、形式感情、内容感情 3 种。例如看见桃花红的色彩与五角星的形状觉得美，是形式感情，因此而想到美人的脸红是内容感情。三者各有特色，材料感情大概最初发生，因形状而发生最静，因声音而发生的最动，因色彩而发生则介于动静之间。在批评家形式感情最先发生，在一般人则内容感情最先发生。人们鉴赏艺术品时先由感觉，次生感情，就会产生一种感情的移入。感情在人们心中，但人们似乎觉得这感情是对象所有，看到盛开的玫瑰花而起愉快的感情，似乎觉得玫瑰花是具有这愉快感情的；听了活泼的进行曲而起的爽快的感情，似乎觉得进行曲具有这爽快的感情，于是人们把感情移入玫瑰花与进行曲中就叫感情移入。德国美学大家利普斯就是以感情移入说为基础的。人们欣赏艺术品时感觉艺术题材与内容有感情，其实无非是人们的感情移入艺术品中，如描写悲哀的人物，起悲哀之情的是看画的人，并非画本身。感情移入，艺术品就有生命，例如，笛中的一支乐曲，听笛的人把悲哀的感情移入笛中，就听见笛声如泣如诉犹如有生命的人。人们的感情移入艺术中就成了艺术的感情，二者相融而发出艺术鉴赏的最高调。同时感情又具有主观性，如观月亮，它的形象随观者的性格和情趣变化而变化。个人所见到的月亮全是自己性格和情趣的返照，所以艺术风格是水到渠成自然流露而非做作。另一方面情感源于自然，情感是借物来的，不是编造的，是言之有物的，只有通过自然环境与生活中找到自己的真实感受，使之升华为别人不可替代的感情将其抒发在艺术品中，才能给予艺术品的造型以个性及恰到好处的把握，所以创造性来源于心，感于目，创造的精神是情感物化的一种技巧，所以，高品位的造型是形成高品位艺术的外部形式的主要因素，是产生高品位艺术品的前提，是艺术家人格的综合体现，如米开朗基罗花费 4 年时间雕刻而成的《大卫》，那勇敢、刚毅、坚强、智慧被体现得淋漓尽致，同样是《基督受难》，达·芬奇表现得无可挑剔，而在巴赫的歌剧中由独唱、重唱，两个合唱队、两架风琴、两个管弦乐队演出，其强烈的史诗性和宏伟壮阔的气势在宗教音乐中又是无与伦比的。塞尚年轻时期绘画，通过人物的动态暗示一种运动并且表露着某种情绪性质。

情感在艺术审美中的地位是经由两者的复杂关系而融为一体的。不妨从情感的复杂性分析入手，情感是由比较明确的价值判断引起的情绪体验，它包含两种心理活动成分，一种是价值判断的思维活动，一种是情绪体验活动。情感体验是一种心理现象，是人对客观事物的态度以及相应的行为反应，它能积极地影响和推动人的认知，激发想象与联想，提高思维的能动性与创造性。外界事物作用于人的大脑是情感产生的外部条件，但情感并不停留在外部影响的层面，它还是有生理变化相伴随的某种情绪的表现和对外界客观事物的态度的总和。情感的复杂性对艺术审美表达具有影响甚至是支配作用。例如，音乐是人们情感交流的一种高级形式，人类语言所无法表达或暂时不宜表达的情感可以通过音乐来完成，奥地利音乐评论家汉克立斯也“完全同意，美的最后价值永远是以情感验证为根据”。音乐也可以看做是人们在复杂的情感生活中一种内心的体会与表达。声乐作为音乐表现的特殊形式，将音乐、语言、文学、思想、肢体动作通过情感结合为一体，通过演唱者的演唱，力图将作品中喜怒哀乐等错综复杂的内心世界展现出来。人们将情感作为艺术审美的灵魂，这在深层次上是对两者复杂关系的总体把握与体会。

在艺术审美的理论谱系中，情感兼具价值属性和表达手段的双重身份，也就是说艺术审美不但需要丰富情感内涵来彰显其存在价值，而且要凭借情感表达手段来展露其艺术风格。艺术的情感具有两个特点。

(1) 情感运用的普适性，即人与人的情感普遍相通性。正是因为有了这一特点，艺术设计应强化其情感的感染性，而不应过度炫耀技巧。艺术设计虽然与艺术技巧相伴而生，但不能片面突出技巧，而是应强化对技巧的超越。艺术的本质是有感而发，完美的艺术设计是美妙的艺术形式同真挚情感的结合，单一的侧重于某一方面是无法达到艺术设计的高境界的。

(2) 情感创造的传递性。艺术是艺术家“有感而发”的结果，它贯穿于情感创造过程之中，主要是对艺术创造者主体情感意识的唤醒与情感力量的倾注。当这一过程完成后，艺术的情感就有了真实的基础，这个基础将对艺术设计作品的欣赏者产生情感熏陶作用，使得艺术设计作品的欣赏者在欣赏作品时对艺术设计作品进行二度创作，从而使其情感与观众产生共鸣，获得艺术享受。

艺术的情感要有感染力还要求艺术的情感要适应于作品风格。作品的内在风格是情感把握与运用的基础。艺术设计者由于生活环境、生活经历、生活态度和个性特征的不同，在处理题材、表现手法和技巧运用方面各有不同的特色，从而形成不同的地域风格和艺术格调。以风格审视和定位情感，是体会作品、进行二度创作的主要环节。例如，在民歌中，山东高密的《绣荷包》，旋律质朴淳厚、优美抒情；陕西晋北的《绣荷包》，旋律徐缓流畅、轻松开朗。民间流传的《绣荷包》，内容都是反映青年男女爱情生活，刻画少女为情人绣荷包时的内心活动，但曲调并不相同，四川的《绣荷包》比较高亢，云南的《绣荷包》比较委婉，而陕西的《绣荷包》两者兼有，流传最广。作品风格的生成是有规律可循的，由于地域特点、风俗习惯、居住环境、气候条件的不同，出现了我国南方音乐婉转秀丽，北方音乐高亢嘹亮的基本格调。同样，世界范围内的音乐也有其鲜明的地域和民族特色。情感基调的奠定应伴随作品风格的变化而变化(图 1-14)。

图 1-14　陕西绣荷包

另外，艺术设计作品中所表达的情感还要适应于生活情状。生活艺术作品诞生的母体，不应该随着作品的问世而消亡，更不应该成为学院派随意曲解和解构作品的托辞。艺术设计者应善于观察生活、体验生活，从原生态的生活情状中去体味作者的创作意图、作品的艺术风格与情感张力。因为对作品体验得越深入、越细致，知识积累越渊博，艺术的想象才会越自由、越宽广、越有创造性，从欣赏中所受到的感染就越深。值得强调的是，情感来源于生活积累。只有经过长期的积累，并结合艺术审美实践的磨练，才能克服机械和程式化的学习方式，在艺术设计中通过理解作品的深刻内容，把自己融入作品的情感世界之中，并借助自己的丰富经验与艺术修养演绎作品，实现艺术的二度创作。

最后，情感要适应于艺术创造。艺术设计者充分地调动起自己的情感积累，唤起真实的情感记忆，以其作品的热情去拨动观众的心弦，依赖于创造的意识与激情，也需要理性的支持和引导。在艺术设计中，过于理性会阻碍艺术家通向无意识的道路，给人以冷漠和无动于衷的感觉；过于感性又会使艺术作品中的激情泛滥，使技术控制失去常态。因此，要在艺术设计作品中达到宣泄激情与控制激情的辩证统一，必须对作品有个总的构思、总的布局，并在日常的生活中对局部、细节进行审视、取舍、提炼与安排。在艺术审美与情感的二元关系中，两者既彼此独立又相互渗透。以情感及其适应问题研究为中心线索，不难发现，以往的研究者过多地把情感作为声乐演唱的“偏方”，过分夸大和渲染了情感表达的作用。事实上，情感作为艺术审美表现的重要元素，也有其自身的特征，为此，揭示情感在艺术审美中的价值，进而阐述情感的价值属性和表达手段上的双重身份，对于当前的艺术审美理论及教育无疑是一种有益的探索，不过这一探索浪潮的来临仍值得期待。

总之，艺术是激励人、鼓舞人的舞台。艺术对人的精神作用在于能够鼓舞人和激励人向上，正如黑格尔所说：“艺术的任务与目的是触及我们的感官、我们的感情、我们的灵感，一切能在人的思想中有一席之地的方面……因此它的目的在于唤起和激励沉睡中的感情、倾向、激情，在于填补心灵的空缺，在于迫使无论有无文化的人们都感觉到人的心灵深处所能体验和创造的广阔天地，以及能调动和激发人心中多层可能性的一切力量”。这正像一本《汤姆叔叔的小屋》的书导致了南北战争和黑人的解放那样。正是由于艺术有完善心理、陶冶情操、净化心灵方面的独特作用，用艺术设计的作品去打动观众，能很好地激发和培育人们的环境情感，起到其他文化形式所不能起到的作用。因此，发挥艺术的情感作用，就成为艺术设计在生态文明建设中的一个重要功能。

2. 树立生态理想

生态文明是一种社会理想，而要树立这样的理想，就需要包括艺术在内的社会各行各业共同努力才能达成。所谓社会理想，是人们对未来社会的设想，是激励人前进的精神动力。

例如，诗人流沙河在其诗歌《理想》中说：“理想是石，敲出星星之火；理想是火，点燃熄灭的灯；理想是灯，照亮夜行的路；理想是路，引你走到黎明。饥寒的年代里，理想是温饱；温饱的年代里，理想是文明。离乱的年代里，理想是安定；安定的年代里，理想是繁荣。理想如珍珠，一颗缀连着一颗，贯古今，串未来，莹莹光无尽。美丽的珍珠链，历史的脊梁骨，古照今，今照来，先辈照子孙。理想是罗盘，给船舶导引方向；理想是船舶，载着你出海远行。但理想有时候又是海天相吻的弧线，可望不可及，折磨着你那进取的心。理想使你微笑地观察着生活；理想使你倔强地反抗着命运。理想使你忘记鬓发早白；理想使你头白仍然天真。理想是闹钟，敲碎你的黄金梦；理想是肥皂，洗濯你的自私心。理想既是一种获得，理想又是一种牺牲。理想如果给你带来荣誉，那只不过是它的副产品，而更多的是带来被误解的寂寥，寂寥里的欢笑，欢笑里的酸辛。理想使忠厚者常遭不幸；理想使不幸者绝处逢生。平凡的人因有理想而伟大；有理想者就是一个‘大写的人’。世界上总有人抛弃了理想，理想却从来不抛弃任何人。给罪人新生，理想是还魂的仙草；唤浪子回头，理想是慈爱的母亲……”。

从这首诗歌中，可以看到理想对人的巨大作用。社会理想包括对未来社会的政治制度、经济制度、科学文化制度、社会面貌等的预见和设想。生态文明的社会理想，就是要实现人与自然的和谐、人与人的和谐，而人与人和谐是人与自然和谐的前提，因为人与自然的不和谐首先是因为人与人的不和谐。因此，如何实现一个具有公平正义、诚信友爱、充满活力、安定有序、人与人相互合作与相互帮助的社会理想，就成为生态文明建设的核心。理想作为一种思想意识，是一个人的政治立场、世界观和人生观的集中表现。人们的政治立场有先进与反动，世界观有科学与不科学，人生观有崇高与卑下。因此，人们的理想也有先进与反动、崇高与卑下之分。先进的、崇高的理想是建立在对客观规律的正确认识基础之上的，是符合社会历史发展的基本趋势的，是符合广大人民群众的根本利益的理想。否则，就是反动的、卑下的理想。生态文明就是一种先进的、符合自然规律的社会理想。要实现这样的理想，关键在于培育全社会奋发向上的精神力量和团结和睦的精神纽带，这是生态文明共同理想的作用体现。艺术的社会功能首先是一种情感教育，那些以现实生活为题材，具有强烈的政治、伦理倾向的艺术作品，可以产生直接的、巨大的情感冲击力，渗入伦理心理结构，使人充满道德激情。观众在欣赏艺术作品时，有过热泪盈眶的经历，有过热血沸腾的体验，有过心旷神怡的满足，有过刻骨铭心的思考。强烈的情感活动往往使人的身心为激情所弥漫，强烈的激情还会直接冲击和改变人原有的情感倾向，从而达到启发思维、激发想象、振奋精神、鼓舞斗志的作用。有时，长时间的说理还不如一个艺术展览、一部电影甚至一首歌曲来得直接，它能使个体的认识和愿望获得充分的满足和提高。艺术作品在滋润人的心灵世界、陶冶人的思想情操、激励人们对美好事物的追求上有着十分巨大的作用。美育是造就完美人格的必经之路，它主要作用于人的感性、情感，包括无意识的，在熏陶、感发中对人的精神起激励、净化、升华作用，不知不觉地影响着人的情感、趣味、气质、情操、胸襟。健康、积极向上的艺术作品，对人们品质产生着巨大的感染、启示作用。艺术教育以蕴含情趣的艺术欣赏启迪人，使人们在艺术文化深邃内涵与美感的熏陶下，在潜移默化中自觉提高道德水准、陶冶高尚情操，在体验艺术享受的同时，激发出高尚的理想，从而激励着人们去追求更高的社会理想与人生目标，更好地强化环境意识。

3. 建立环境伦理

生态文明建设的一个重要任务，就是要建立生态伦理观，培育环境道德意识，培养良好的环境行为。道德是伦理学中的概念，以善恶价值为主题。人只有具有了道德意识，才能对人与人、人与社会之间利益的益损、利害、好坏等基本价值取向作出判断和认识，才能自觉遵守所在社会的道德规范。环境道德就是以是否尊重一切生命、尊重所有人的环境利益为善恶标准而建立起来的道德体系，没有这样的道德基础，生态文明就是一句空话。

在现实社会中，人与环境是相互作用的。自然环境是人类和其他一切生命体存在和发展的物质基础，因而大多数自然环境都打上了人类活动的烙印。反过来，自然环境对人类的心理也会产生直接或间接的影响。直接的影响是自然环境作用于人的感觉器官，引起特定的认知、情感、态度，决定人对环境的适应方式；间接的影响是自然环境通过社会环境对人的心理和行为产生影响。环境污染对人类的身心健康产生的影响是长期的。有关研究证明，生活在城市中的居民患慢性支气管炎、肺气肿、哮喘等病的比率要大大高于生活在郊区的居民。环境污染除了对身体有严重的危害，还对心理产生影响。在英国进行的一项研究表明，试验者在呼吸了污染区的空气后，感到烦闷、疲倦，作业成绩受到了消极影响，并且对周围环境和他人表达了消极的感受。自工业革命开始，人为的环境污染就开始危害人类的身心健康。城市中居民各种疾病发病率的直线飙升，儿童铅中毒死亡率增加，酸雨腐蚀建筑物和耕地，河流、湖泊、近海水产品大量死亡并引发食物链断裂生态平衡被打破等。这一切都是人们不良的环境行为所导致的。

在现实生活中，不良的环境行为是由于长期缺乏环境意识而形成的。有这么一个小故事：一个刚入佛门的小和尚学剃头，老和尚让他削冬瓜皮来练习，每次练完之后他就随手把刀扎在冬瓜上，老和尚多次劝说，小和尚充耳不闻，置之不理，久而久之养成了坏习惯。有一天，老和尚让他给自己剃头，小和尚完事后照样顺手把刀插在老和尚的头上。可怜人脑不比冬瓜，这样一刀下去，老和尚自然一命呜呼了。如果当时老和尚能严厉批评，加大惩罚力度，自己也不会因麻木不仁而断送了自己的性命，可惜没有后悔药可卖，自己种下苦果只能由自己来尝。这个故事也给了人们些许启示，一些平时不注意的不良行为，任凭其发展下去，渐渐形成坏习惯，最终就会酿成大祸。以 2003 年春天席卷我国大片地区的“非典”为例，为什么在不到一个月的时间里，病毒在我国蔓延如此之快？而日本至今也没有发现一例“非典”，为什么会有如此大的差距？经分析人们发现，从总体上来说日本人普遍注意个人和环境卫生。比如日本人很少随地吐痰，大街上从没痰迹斑斑的现象。研究证明，很多病毒和细菌藏在痰里，所以禁止随地吐痰是消除传染疾病的重要手段之一。而在我国，不管是在大街上、在公园里、在旅游景区等，都随处可见随地吐痰的人，平时随便吐习惯了，不管是哪儿都照样吐出去。比如日本城市内上下水道设施完善。日本自来水的洁净标准高，饮用生水不担心病毒或者细菌感染。城市污水也有健全的排污系统处理，生活废水或工业废水都要经过净化，没有冒着臭气的河流，也不见下水道脏水在路面流淌。而在我国，生活废水、工业废水大多都因为经济利益不按要求进行处理，水污染的问题仍然没有得到解决。比如在对待垃圾细分类的问题上日本也尤其细致，住户必须按可燃和不可燃分别装入袋子，避免暴露在外，等到固定的垃圾收集日前一天晚上再扔出去。我国虽然也提出垃圾分类处理，但居民缺少相关的知识和约束，也没有意识把垃圾分类处理。再比如日本较好地处理了汽车尾气，空气中悬浮颗粒物少，居民把自己所处环境内绿地多、汽车少、空气新鲜引为自豪，而我国，尽管许多学者提出要生态出行，大多数人还是把拥有私家车作为奋斗目标。图 1-15 所示为日本北海道公路。

图 1-15　北海道公路

日本的例子给中国人的一个教训就是：人们缺乏环境审美的意识，进而使得人们没有环境意识。在这里，人们应该看到在培育环境意识、建设环境道德中艺术的独特作用。当然，不能说我们的艺术不注意道德的培养，在我国很长一段历史时期内，艺术被视为道德的寓意画，成了道德教育的直观工具之一，艺术和道德的关系密切相连，具有“以艺寓德、以艺育德、辅德引善”的重要作用。然而，这样的理解是对于艺术道德教育作用的歪曲。艺术教育不是直接对人们进行环境道德教育，而是通过音乐、美术、舞蹈、戏剧、文学等许多栩栩如生的艺术创造和艺术形象，寓环境道德教育于生动的形象、强烈的情感与美妙的娱乐之中，以唤起人们的环境美感，影响人们的环境情绪、环境思想和环境品德，使人们受到真善美的感染，思想上受到启迪，情操上受到熏陶，在耳濡目染中受到生态文明信念和环境道德的教育，从而不知不觉地树立起了环境意识、培育了环境道德和良好的环境习惯。

4. 培育和谐的人际关系

生态文明不仅是人与自然的和谐，而且也是人与人、人与社会的和谐，没有人与人的和谐，就没有人与自然的和谐。事实上，在现实中人与自然的不和谐，正是人与人的不和谐或者说是人与人的对立的反映。怎样理解这一点呢？马克思主义认为，一个社会不外乎存在着两种基本关系，即人与自然的关系和人与人的社会关系。这两种关系是人类与生俱来的两大基本关系，其中人与社会的关系具有重要的意义，它制约和影响着人与自然的关系。因此，人与人关系的对抗与和谐又决定着人与自然关系的对抗与和谐，换言之，和谐社会的前提基础也在于人与人关系的和谐。

人本身并不是非物质的存在，而是一种物质存在，并且是一种有生命的物质存在。因此，不能把人非物质化或观念化，更不能把人看作是一种精神的或意识的存在。人一旦作为有生命的物质存在，就具有了自然力和生命力的欲望，同时也就具有了与自然发生关系的可能性，成了一个具有能动性的物质存在。也正因为如此，才有了人对自然界的能动的对象性关系，才有了人与自然矛盾关系的存在。在自然界具有优先地位的条件下，人的存在是人与自然发生关系的必要前提，而人与自然的关系又是人与人关系存在的绝对的必要前提。这就是人们认识人与自然关系的本源和起点。

但是，并不能由此推论出人是一种纯粹的、一般的自然存在物。从现实性和本源的意义上说，人又是一种社会性的物质存在，即社会存在物。这样一来，才会有了人类社会的第二个基本关系，人与人的社会关系，同时也就具有了人与人的社会关系的和谐问题。人只有作为自然存在物存在，同时又作为社会存在物存在时，才会使其“作为人”的人存在，才能按照人的方式去从事人的活动，并与自然界发生人的关系，生产自己的人的生活，形成自己的人的规定性和本质。人总是生活、活动于一定的社会联系和社会关系之中的，并且是这一定的社会联系和社会关系的承担者、载体或主体。这就是说，人在与自然发生关系时，必须首先作为人的社会存在，也即有了人与人的社会关系之后，才会同自然发生关系。

如果说人类社会与自然存在着种种不和谐的话，那么这种不和谐主要表现在人类与自然的物质生产关系领域内；如果说人类在某一个时间或空间范围内得以与自然和谐生存的话，那么也一定是在这样的时间和空间范围内，建立了一种使人类得以和谐生存的、人与人和谐相处的社会关系。固然，从人类历史上的一切冲突中都可以看到人与自然的矛盾，但其根源仍然在于人类社会在政治领域和社会生活的其他领域内存在有大量的不和谐表现，比如，种族冲突、民族冲突、阶级冲突以及围绕着国家权力之争的暴动、战乱等。从阿拉伯民族之间、第一二次世界大战各国之间、发展中国家与发达国家之间的种种矛盾和冲突中，人们都能看到对资源和领土的掠夺，人与自然关系的紧张与对抗。从归根到底的意义上说，人类社会与自然的不和谐的根源应该是人与人之间利益的差别和不平等。在任何一个时代以及任何一个社会，由于资源分配、利益分化等方面的原因，使得社会成员在其生存方式、生存条件和社会地位等方面，都会不同程度地存在着差别。这些差别是社会不和谐产生的原因，甚至也是社会矛盾和社会冲突产生的根源。正因为如此，恩格斯才指出：为了做到人与自然的和谐，“需要对我们的直到目前为止的生产方式，以及同这种生产方式一起对我们的现今的整个社会制度实行完全的变革”。

毫无疑问，人与人之间关系的和谐是需要沟通的，而艺术在这方面有着其他活动所不能比拟的独特作用。艺术是追求和谐的活动，它能在社会生活中的种种不和谐甚至是对抗中发现和谐，它也能把社会中种种不协调与相互对抗的事物通过艺术化的处理而和谐相处。这里关键在于寻找共同点，或者说寻求共同利益，进而进行有效地沟通。沟通是人类生存和发展不可缺少的基本行为方式。今天的国际主义平面设计正是在沟通中寻求人类进步与人际关系和谐的契机的。这一时期形成的国际主义平面设计风格是通过对无衬线字体和数字网格的运用来塑造一种功能的、理性的设计风格(图 1-16)。版面的公式化、标准化和规范化，使得作品具有简明而准确的视觉特点。这对于国际化的沟通非常有利。设计先驱们希望以此加强国际沟通，推动世界进步。例如，国际主义的招贴设计在这种融入人文关怀的探索中就采用了大量新的无衬线字体，希望在对字体间及字体内的空间研究的基础上可以使无衬线字体发挥更好的信息传达功效。霍夫曼(Armin Hofmann)在为芭蕾舞剧——吉赛尔所做的招贴中就采用了无衬线字体及字体间的非对称排列，同时在招贴的右边突出了一个正在舞动的芭蕾舞者的动态形象。他希望通过这种动静、曲直、明暗的对比来达到画面的平衡与和谐，在实现传达功能的同时也向人们展示了一种理性的形式美。凭借这种客观的展示，公众很容易了解到招贴中所展示的事物本质。正因为如此，广大艺术设计工作者应以科学理论指导，以和谐社会发展需求与人的自身和谐发展为宗旨，协调并优化艺术教育各种因素，设计出和谐的感人氛围，使观众在欣赏艺术作品时身心得到健康、全面、和谐的发展，为和谐社会的建设作出应有的贡献。通过形式多样、风格迥异、丰富多彩的艺术设计作品能够形成清新文明的风尚，具有强大的吸引力和凝聚力。高品位的艺术作品熏陶，不仅可以激励人，培养人的艺术兴趣，还可以调动学生自我发展和自我教育的积极性、主动性和创造性，陶冶人的审美情操，从而形成艺术的、审美的人生观，和谐地处理人与人的一切关系。

Architype Gridnik
architype fodor
architype stedelijk

ABCDEFGHIJKLMNOP
QRSTUVWXYZabcdef
ghijklmnopqrstuvwx
yz1234567890
(.;!?&$£€)

图 1-16　包豪斯时代出现的以几何元素为基础设计的 Architype 和 Futura

5．传播环境知识，培养生态文明意识

生态文明作为一种观念，是以科学的、理智的精神为基础的。为了树立生态文明观，人们当然应开展认知教育。在这方面，科学普及教育、环境知识的推介有着十分积极的作用。一般说来，这样的环境教育似乎只是课堂上和书本里的事，与艺术没有关系，因为艺术是以作用人的情感为特色的活动。不过，尽管艺术教育主要是通过情感熏陶来实现的，但艺术的启智作用绝不能小看。一般说，艺术的社会认知功能有三个方面：启迪人了解事物本质、帮助人发现生活中的美好面、教育人追求真理。

(1) 艺术往往通过典型的艺术形象反映出一个时代生活和人们的精神面貌，欣赏者可以从不同的艺术作品中认识不同时代、不同国家、不同民族的具体生动的生活场景，以及生活在那个时代的各种人物形象，了解他们的性情思想和精神面貌，从而扩大自己的生活事业，认识现实、认识历史、认识真理。马克思在评价19世纪英国作家狄更斯、萨克雷等人的作品时说，他们“在自己的卓越的、描写生动的书籍中向世界揭示的政治和社会真理，比一切职业政客、政论家和道德家加在一起所揭示的还要多”。例如，欣赏绘画《清明上河图》(图1-17)，人们就可以了解很多知识。据齐藤谦所撰《拙堂文话・卷八》统计，《清明上河图》上共有各色人物1643人，动物208头(只)，比古典小说《三国演义》(1191人)、《红楼梦》(975人)、《水浒传》(787人)中任何一部描绘的人物都要多。《清明上河图》全图可分为三个段落，展开图，首先看到的是汴京郊外的景物。中段主要描绘的是上土桥及大汴河两岸的繁忙景象。后段则描绘了汴京市区的街景。人物大不足3厘米，小者如豆粒，仔细品察，个个形神毕备，毫纤俱现，极富情趣。《清明上河图》大至原野、浩河、商廊，小至舟车、人物、摊铺、摆设、市招文字皆统一，真实自然，令人有如临其境之感。整部作品长而不冗、繁而不乱、严密紧凑、一气呵成，充分表现了画家张择端的过人笔力，不愧为中华艺术宝库中的稀世珍宝。根据李东阳的题跋考据，《清明上河图》前面还有一段绘远郊山水，并有宋徽宗瘦金体字签题和他收藏用的双龙小印印记。通过对《清明上河图》这些知识的了解，可以帮助人们了解北宋末年汴梁社会的真实情况。同时，艺术作品也能帮助人们了解大至天体、小至细胞等自然科学知识。以电视艺术为例，专门以传播科学知识为主要内容的美国国家地理频道和“发现”频道等，之所以在全世界拥有大量观众，就是因为它们充分调动了电视的先进手段与艺术手法，使人们在欣赏电视精美画面的同时，不知不觉地学到许多科学文化知识。

图1-17　清明上河图

(2) 艺术作品能够对人们起到思想教育和道德教育的作用。优秀的艺术作品总是在帮助人们认识生活的同时，也教育人们对生活采取正确的态度和看法，培养人们美好的道德情操，促进人们奋发向上。例如，孔子曾经用绘画比喻“礼”，用雕刻比喻教育，用诗歌和音乐比喻他的政治理想，希望以艺术为手段，通过诗教和乐教达到“克己复礼”的政治目的。艺术还能够使人相互了解，彼此学习。由于艺术不同于一般说教，而是让人从情感上接受，这就使得人有意愿进一步了解这一对象的内在意义与对己的关系，并最终推动人去争取更高的目标，去实现更大的价值。托尔斯泰说：“艺术的任务是要把现在的在社会最优秀成员间享有的同胞情谊和邻里之爱变为全人类的习惯乃至本能……艺术注定要传播这样的真理：人类的幸福包含着要团结，要帮助建立上帝(即爱)的王国，这是我们都肯定的人生最高目标。”

(3) 科学使人认识抽象真理，艺术使人认识形象真理，同时能够激动人的情绪，使人产生美的感受与感动；科学作用于人的理智，艺术则不仅作用于理智，同时作用于情感。艺术这种不同于科学的特殊作用叫做审美作用或美感作用。艺术的审美教育功能，主要是指人们通过艺术欣赏活动，在潜移默化中，思想、感情、理想、追求发生深刻的变化，从而正确地认识事物和理解生活，树立起正确的世界观和人生观。艺术作品对人的教育，常常是在毫无强制的情况下，使欣赏者不知不觉地受到感染，心灵得到净化。例如，屈原《离骚》中“路漫漫其修远兮，吾将上下而求索”凝聚着强烈的爱国主义精神，体现出诗人忧国忧民的博大胸怀，这种强烈的感染力和冲击力，确实是其他社会意识形态所达不到的。

正是由于艺术有着以上的特殊功能，人们认为艺术设计对于生态文明的认知也有其不可替代的独特作用，并因而成为推动生态文明建设的重要领域。

第四节　生态设计与生态文明建设的互动机制

生态设计与生态文明建设作为社会发展的两个重要内容，它们在时代不断发展的条件下，越来越显现出相互之间的影响和作用，二者之间有着密切的互动关系。

1. 需要与回应

生态文明建设需要艺术设计的传播，以达到预期的效果，从而实现它应有的文化和社会价值。生态文明建设需要增添艺术设计的内容，来丰富自身的内涵。现代社会，随着科学技术飞速发展和社会生产力不断提高，为产品设计提供了广阔的空间；同时，随着人民生活水平的持续改善，也为拓展产品价值提出了新的更高的要求：不仅要求产品具有使用价值，以满足人的物质需求，而且要求产品具有相应的文化品位和审美价值，以满足人的精神需求。产品的价值因此而发生倾斜和变化，产品的审美价值在逐渐提高，有时甚至会超过产品的使用价值和交换价值，而成为产品的主导价值。生态文明建设理论的提出，深刻地反映了人们对于物质文明、精神文明、政治文明价值的全面追求，而如何实现这种追求，无疑成了现代人类思考的重要问题。

艺术设计作为审美价值体现的核心观点，从其产生开始就与文化密不可分，它以其独特的物质表现形式——设计作品，承载文化观念，传播文化信息而存在。艺术设计所要实现的功能不仅包含物质功能，而且还包括精神功能。艺术设计在不同时期、不同地域、不同民族中创造出各种各样的物质产品，不仅提高了人的生活质量，而且最终还将改变人们的文化环境和文化氛围，形成一种文化现象，有人称它为“设计文化”。“设计文化”的五大基本特征包括贯穿美的原则、科技与艺术结合、明确的消费者定位、超前性和经济性，正好契合了生态文明建设的主题思想——实现人与自然、社会的共同进步。无可厚非，生态文明建设只有增添艺术设计这一重要内容，才能闪耀光辉，形成丰富多彩的内涵。

另外，生态文明建设需要通过艺术设计的方式来呈现。生态文明强调物质和精神的统一性，强调人与自然、社会的统一性，它之所以与以往的经济文明、精神文明不同，是因为它旨在通过艺术的方式来融合人与自然、社会之间的关系，以达到和谐发展的效果。如绿色设计理念的提出，利用艺术设计来实现经济发展与保护环境之间的和谐。在资源贫乏的日本，稻草是一种传统包装材料，新一代的日本设计师用稻草捆扎鸡蛋的包装设计获得国际声誉；日本设计师还以稻草为原材料做清酒的包装，制作一次性快餐盒，这种设计独特而有个性，经济实用而且环保，体现出绿色设计的概念。绿色设计中一个更重要的方法便是通过增加成品的使用寿命来减少产品的总体数量，进一步减少资源浪费与环境污染，从而达到保护环境的目的。在国内，传统手工艺制品越来越多地受到人们的青睐，极具个性的艺术作坊和工作室不断出现。“谭木匠”、“食草堂”这些具有浓厚手工艺特点的产品正逐渐被大众接受。“谭木匠”的梳子以质地坚硬的天然木材为原料，完全以传统木工技艺加工完成，木材本身所呈现的色泽与纹理给人以生命的气息，使人产生怀旧的情绪和温暖的联想(图 1-18)。“食草堂”的皮革制品也借用传统制作工艺，选用的牛皮不做分层切割处理，手工打孔缝制，并且保留缝合线，显得质朴粗犷，极具个性。这些绿色设计出来的产品，一般都具有结实耐用的特点，使用寿命长，生产过程中相对塑料原料放出的污染气体要少得多(图 1-19)。

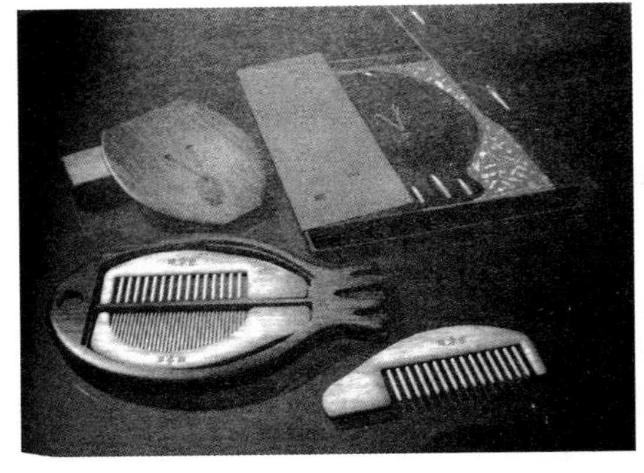

图 1-18 “谭木匠”产品

图 1-19 “食草堂”皮具

生态文明建设在艺术设计的作用下，将取得更加显著的成果。众所周知，生态文明建设离不开人的积极参与，只有全民参与，才能使这一系统性的建设顺利、健康、有效地进行，所以，吸引大众显得十分重要。艺术设计者能够以一种艺术的理念，将现实中的作品，以一种艺术的形式呈现出来，从而提高了作品的审美情趣和文化韵味，吸引广大群众的目光。

另一方面，艺术设计要回应生态文明建设这一重大社会主题。艺术设计要发展，要前进，就必须紧紧遵循社会发展的规律，符合时代发展的主题。不同时期对艺术的要求不同，人们的物质、精神需求也有所差异。从某种意义上说，设计主题就是设计作品的灵魂，它既是人们的情感与审美心理的表现，也是一个民族的文化传统在一个时代里得以创新的集中体现，还是设计者自身艺术修养、审美水平、意志宣泄、情感抒发的直接表现，与一定时期的社会生活方式和流行思潮有着千丝万缕的联系。随着现代社会文化和科技的高度发展，各种工艺水平的提高以及现代艺术流派的影响，现代艺术设计试图对古典、乡土、生态、生活、艺术等概念做出当代意义的诠释。

生态文明理论是21世纪兴起的社会思潮，在与人们的生活方式紧密相关的前提下，提出了建设人与自然、社会和谐发展的建设方针，是在社会生产发展的条件下，而提出的利用现代科学技术手段来改造人类生存和生态自然环境的重大理论。艺术设计要与时俱进和创新，就必须要紧密结合这一重大的理论和主题，才能实现它的艺术和社会价值，才能展现一个民族，一个国家，乃至于整个社会人的审美心理，满足人们的物质、精神文明需求。

那么，艺术设计应该如何回应社会建设主题的呢？从内容上而言，艺术设计的领域不仅渗透到人们生活的物质生产、生活层面，也涉及文化传播和文化产品的层面；大至社会工业、农业、服务业的各个环节，小至人们日常生活的每一个细节。无论是现代工业、农业、服务业，还是人们生活的方方面面，都越来越强调生态文化的建设，追求一种健康、和谐的生存和发展空间。于是，艺术设计在新的历史条件下，创新性地回应了生态文明建设。环保购物袋的发明，正是艺术设计与生态文明建设互动的完美体现(图 1-20)。

图 1-20　环保购物袋

塑料购物袋是日常生活中的易耗品，中国每年都要消耗大量的塑料购物袋。塑料购物袋在为消费者提供便利的同时，由于过量使用及回收处理不到位等原因，也造成了严重的能源资源浪费和环境污染。特别是超薄塑料购物袋容易破损，大多被随意丢弃，成为“白色污染”的主要来源。为了保护生态环境，实现可持续发展观，响应其减少资源浪费和绿色文明建设的号召，设计师通过创新思考，利用现代生产技术，推出了环保购物袋，并在质量和外观的设计上增添多种多样的元素，以赢得广大消费者的喜爱。目前越来越多的国家和地区已经限制塑料购物袋的生产、销售、使用，而倡导广泛使用被称为“绿色使者”的环保购物袋。小学、初中和高等院校每年都会举办环保购物袋设计大赛，甚至城市、小区、街道社区等各个角落都有关于推广环保购物袋的宣传广告和标语。无论是宣传广告，还是简单的标语，都越来越成为艺术设计者的精心投入出发点和创作内容。艺术设计为落实科学发展观，建设资源节约型和环境友好型社会，从源头上采取有力措施，督促企业生产耐用、易于回收的塑料购物袋，引导、鼓励群众合理使用塑料购物袋，促进资源综合利用，保护生态环境，为进一步推进节能减排工作做出了巨大的贡献。

从形式上而言，艺术设计的形式可谓非常多样，在色彩、材料、工艺、外观等元素的调配下，体现生态文明建设主题的现代艺术作品也越来越成为时代的潮流。例如，生态园林景观的不断完善(垃圾桶、果皮箱的合理摆放等)，工业生产中产品的外观、形状的多样化(食品包装、装饰品设计等)，餐饮服务行业的服务系统(饮食导向宣传、垃圾回收等)，还有上面所提到的日常生活用品——环保购物袋，都为了迎合社会广大生产者、消费者的物质和审美需求而在形式上不断地创新和变革。社会主义新时期，我国科学发展观、可持续发展观、绿色文明建设方针的提出，对艺术设计的形式产生了重要的导向作用，绿色食品包装成为了艺术设计回应生态文明建设的重要范例。

绿色食品是指遵循可持续发展的原则，按特定方式生产加工的，经专门机构认证、准许使用绿色食品标志的无污染、安全、优质、营养类食品。它因其概念的特殊，而有别于其他的商品，其包装设计应体现其特有的品质和文化特征。根据《绿色食品包装通用准则》中对包装的要求，绿色食品包装表面不得涂蜡、上油；不允许涂塑料等防潮材料；金属类包装、玻璃制品不应使用对人体和环境造成危害的密封材料和内涂料；塑料制品不允许使用发泡聚苯乙烯、聚氨酯等产品；纸箱上的标记必须用水溶性油墨，不允许用油溶性油墨；外包装应有明示材料使用说明及重复使用、回收利用说明及绿色食品标志，印刷外包装的油墨或贴标签的黏着剂应无毒无害，且不应直接接触食品等。这些严格的要求直接规定了绿色食品包装设计时注意的问题。在选用包装材料和后期印制过程中，应严格参照《绿色食品包装通用准则》的要求，不可因考虑成本问题而采用劣质和有毒有害的材料。造型结构非常重要。合理的造型结构才能使包装在运输和销售上发挥作用。很多包装产品外表华丽，而实际包装物却不符合包装的设计。文字、图形图案编排的严谨合理性也是绿色食品包装设计的重点。《中国绿色食品商标标志设计使用规范手册》中的商标标志系统是规范标志在包装上的使用。绿色食品标志、文字和使用标志的产品编号、组成整体的绿色食品标志系列图形应严格按规范设计，出现在产品包装(标签)的醒目位置，通常置于最上方。如果原包装与绿标系列图形色彩设计过分冲突，可在标签中选择醒目位置印制，体现了环保性：实行绿色包装，即低消耗、开发新绿色材料、再利用、再循环和可降解。例如，日本高崎造纸公司用食品工业废弃的苹果渣生产出果渣纸，方法简单，除去果渣中的籽粒，将其捣成浆，加入适量的木质纤维即可制成，这种果渣纸使用后容易分解，可焚烧或做堆肥，也可以回收重新造纸，不易污染环境。英国开发出的胡萝卜纸以胡萝卜为基料，添加适当的增稠剂、增塑剂、抗水剂，利用胡萝卜的天然色泽，可制成价廉物美的可食性彩色蔬菜纸(图 1-21)。众多绿色食品包装的设计形式要求和原则，都追求达到一种环保、卫生、节能减污的效果，积极地响应了生态文明建设的号召(图 1-22)。

图 1-21　胡萝卜纸

图 1-22　绿色食品包装

2. 理性认知和社会实践

在艺术设计与生态文明的互动关系中，理性认知和社会实践的关系构成了又一重要内容。艺术设计不仅是艺术感性思维创造的产物，还不可或缺地需要理性思维的分析、接收和传递。生态文明建设在科学文化方面要求的发展水平为艺术设计的理性知识需求提供保障。艺术设计的发展离不开理性的支持，特别是在科学技术日益成为推动社会进步的主导力量的前提下，艺术设计与科学技术之间的联系日益密切，设计观念和设计方法的创新越来越多地与科学技术观念和方法的创新相联系。在当前设计多元化、动态化、多媒体化的趋势下，应用工具理性的观念和方法解决复杂的设计课题是必不可少的。

"设计科学"概念是1969年美国著名学者赫伯特·亚历山大·西蒙首次提出的。"设计科学"的提法虽然不能使所有设计艺术工作者接受，但是，至少在设计教育中有助于"建立一套学术上过硬的、分析性的、部分形式化和部分经验化的、可教可学的设计学教程。"作为一种学科，设计逐渐成为需要专门知识和技能才能实现其价值的独立学科，并日趋成为一门独立的科学，而设计本身综合了艺术学、信息传播学、材料学和心理学以及媒体科学等多种学科，是多种学科横向交叉的产物。两个矛盾的发展方向构成了设计学科的现状，也是设计学科的科学化发展所面临的尴尬处境。所以，有学者认为设计学科还不具备作为一门学科的条件，与此相反的观点则认为设计艺术学科这种既独立又不完整的状态正是所有学科迈向成熟的科学的必由之路。托马斯·门罗在《走向科学的美学》一书中认为"科学是逐步地和缓慢地从一个领域发展到另一个领域的"，"某些学科可能长期处于向科学过渡的阶段，不断向科学迈出明显的步子，但却不能得到合乎逻辑的证明或精确的测量。"

现代设计对于理性的呼唤最早在《包豪斯宣言》之中提出："艺术不是一种专门职业，艺术家和工艺技师之间没有根本的区别，艺术家只不过是一个得意忘形的工艺技师……让我们建立一个新的设计组织，在这个组织里绝对没有使工艺技师与艺术家之间树立起的职业屏蔽，同时让我们创造出一幢建筑物、雕塑和绘画结合的新的未来殿堂，利用千百万艺术工作者的双手，将其树立在高处，变为一种新信念的鲜明标志。"包豪斯思想的核心是把设计作为"艺术和技术的统一"，设计并不是单一的艺术的产物，而是把最新的科学技术与艺术相统一的产物，准确地说是设计不能简单地区分什么是技术、什么是艺术，而是技术就是艺术、艺术就是技术，艺术与技术高度结合的形式。包豪斯的思想对于现代设计教育的影响尤为深远，设计教育的课程设计从此增加了手工作坊的实习、技术原理、材料科学等课程，让设计成为一门更加规范和理性的学科(图 1-23)。继承了包豪斯思想并把它继续发展的是第二次世界大战之后成立的乌尔姆设计学院。

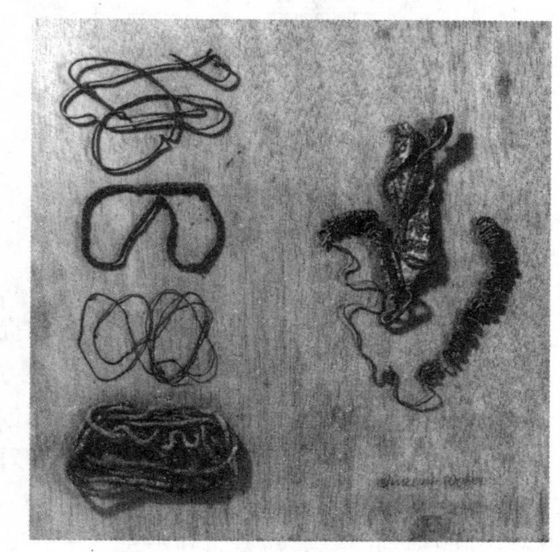

图 1-23　包豪斯材料课程学生作业

乌尔姆设计学院的负责人马尔多纳多和古戈洛特创新性地提出了"系统化设计"的设

计方法，希望通过高度理性的次序化系统设计来整顿混乱的人造环境，使杂乱无章的环境变得比较具有关联和系统性。此外，他们还提出“新功能主义”，认为“最好的设计是最少的设计”，希望通过设计实践和舆论宣传“清除社会的乱”。这些观点都具有强烈社会工程意味，并在一定程度上反映出对设计艺术中价值理性的觉醒和关注。“系统化设计”和“新功能主义”都是令设计在更为理性、严谨的方法论指导下进行，进一步促进了设计向理想主义方向的发展。德国新理性主义设计便是“系统化设计”的产物，其代表是乌尔姆设计学院为博朗公司设计的一系列电器产品。这是一系列完全没有装饰“减少主义”风格，外型简洁、线条明朗、形式感非常强，这种高度简约，注重功能而抛弃装饰的特征成为德国工业设计的基调(图 1-24、图 1-25)。包豪斯和乌尔姆设计学院这两所德国设计学校对现代设计做出的最大贡献就是使得设计更加科学化。设计或者说工艺美术在一开始是在人的美好愿望和审美、实用需求的初衷下产生的，并纳入实用艺术的范畴之中，为的是提高人的生活质量。当设计发展到一定程度的时候，特别是在科学技术和工业文明发达的背景之下，设计就产生了自我知识更新和科学发展的需求，在这样一种背景之下，设计与技术和理性认知的结合就更为紧密。

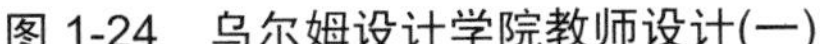

图 1-24　乌尔姆设计学院教师设计(一)

图 1-25　乌尔姆设计学院教师设计(二)

生态文明建设要求人的全面发展，科学精神和人文精神相统一。科学精神即实事求是的精神，坚持以科学的实事求是的精神去认识世界和改造世界，努力排除人的不符合实际主观因素对认识和实践活动的干扰。科学精神把追求真实看作人们进行科学认识和实践的基本品质，包括人的文化、知识、智慧的提高。在生态文明中，思维方式的生态化是探索全面发展中的人的思维发展的成果。思维方式的生态化是一种新的思维方式，是在对传统思维方式进行怀疑和批判的基础上，开拓创新而形成的。整体性思维是科学的批判精神和创新精神的结晶。传统的思维方式把世界看成是彼此孤立的、没有必然联系的结合体，导致人们认识世界的偏差，“只看树木，不看森林”。科学界对这一思维方式表示怀疑，并坚持批判的精神。随着科学迅速发展，尤其是近代科学 3 大规律的发现，人们惊喜地发现真实的世界是一个复杂的有机联系的整体。因此，要正确、全面认识世界，必须开拓创新，运用一种新的整体性的思维方式。

认识的客体是世界，包括自然界、社会和人类思维。作为认识的主体人，既具有理性认识又具有非理性认识。如果在认识事物时，只侧重于一种认识，导致认识片面性、盲目性。同时，科技作为一种价值理性使人们认为一切符合技术合理性的生存方式才是一种合理的生存方式。针对这一情况，学者们已日益认识到科技发展对自然环境的破坏而导致的对人本主义的挤压，并不是科技本身所固有的，这一切源于人们对世界的认识缺乏整体的思维方式。进而使人们认识到人并非单纯的理性存在物，人也具有丰富的非理性的意志、情感、欲望。理性与非理性是人同时具有的两个内在方面。因此，人是理性与非理性的统一体，偏离了任何一方都会造成对人的片面性发展。

生态文明建设为艺术设计的科学发展提供了理性认知的保障，同时，艺术设计的发展也培养了人和社会在解决问题方法上的理性化，从而为生态文明的社会实践奠定了基础。从艺术设计的功效性角度来看，艺术设计中的工具理性价值正是出于高效社会的需要。设计创造是自觉、有目的的社会行为，它必须适应社会需求，受到社会的限制，为社会服务。设计的最终目的是解决问题。设计的工具理性是指“功利、实用、普遍有效和可操作性”。表现在理论上是形式化、数学化；在方法上则是精确化、程序化；在实践上则是可操作性。工具理性作为实用主义的一部分，与艺术设计相互结合，促进物质文明的创造和社会的运转。同时，设计中的理性价值与人类社会健康、合理发展的需求相联系，对精神文明建设和社会关系的良性运转起到积极作用。这有助于提升设计自身的价值，促成设计活动与社会需求之间的良性互动。例如，发达国家为了提高机构部门的绩效，纷纷成立了各种各样的设计管理和协调组织。韩国隶属于国家产业资源部的产业设计振兴院，是推动设计产业健康发展的执行指导机构；美国的国家设计委员会，则以政府为主导推动设计在社会发展中的作用。此外，越来越多的公司企业引入设计管理部门，旨在分析、定位企业内部面临的问题及其解决的途径，以达到企业内部整合资源，提升运作效率和经营目标的实现。

3. 情感交融

从一定意义上讲，艺术设计与生态文明建设的互动关系，也体现了二者之间情感的交织融合。这种交织融合，主要是指它们的目标存在一致性，所表达的主题思想具有共通性。

生态文明建设主张实现人与自然、社会之间的和谐关系，传达现代人们生活物质和精神文明需求的情感，存在着很明显的一致性。李泽厚在《美学四讲》中，从心理学的角度将美感划分为“知、情、意”，也就是感知、情感、意识。情感是艺术设计表现中永恒的主题，亲情、友情、爱情是艺术设计表达的常用主题。特别是高度工业化的现代社会，人们希望在个性化的设计中宣泄多彩的情感：狂喜、愉悦、欢乐、痛苦、悲伤、愤怒、思念……现代艺术设计无形中起到了情感的物化的作用，将人的思绪、理念、意向的多层面展现为多种形象，常常表现的是设计师对生活中感人至深的性情时刻和难以忘怀的情景定格，充分表达出每个人的个性爱好，设计作品中流露出丰富的情感。如1994年德国设计师设计推出的Lucellino(天使桌灯)模仿小鸟的造型，灯盏两旁安上了两只逼真的翅膀，给高科技产品带来温馨的自然情调(图1-26)。还有意大利设计师马西姆·约萨·吉尼设计的“妈妈”扶手椅，他把设计的扶手椅称为“妈妈”(Mama)，这一饱含深情的名字使这一造型简洁但厚重，柔软的扶手椅产生了特别的意义，给人感觉温暖、舒适，进而获得一种安全感，而这也正是消费者内心所期待的(图1-27)。不过就设计的情感来讲，它强调的并不只是美，而是产品与人之间的情感交互。

设计的情感体验，不可能如同纯艺术作品那样，仅仅是艺术作品与欣赏者之间的情感关照，其最终的价值还是归结于它能实现某一既定的目标或目的。正如《设计艺术心理学》中对情感设计的描述："情感设计"不是那些以情感体验为基本目的的设计，而主要是艺术设计师通过人们心理对话，特别是情绪、情感产生的一般规律、原理的研究和分析，在艺术作品中有目的、有意识地激发人们的某种情感，使其设计作品能更好地实现其目的性设计。

图 1-26　天使桌灯

图 1-27　妈妈扶手椅

艺术设计要表现对于生活、自然的情感，做到情理相融。特别是对于人类居住的环境，在建筑与环境艺术设计当中就要关照到人对周边环境、自然的情感。空间因为人而有情，空间环境作用于人，有时人也将自己的心情作用于空间环境。人在凝视秀丽山色或如镜的水面这样一些自然景色时，似乎会发现自己处于一种十分宁静的心理状态中。在现代，人们对建筑环境所怀的感情需求显然是人对大自然的感情和人对人的感情，人们希望这两个方面都能在建筑上得到反映，而不被由人自己创造出来的"现代物质文明"所"奴役"。这种需求既是精神的，也是物质的。当今的欧洲，有些住宅做成二至三层高的低矮且是坡屋顶的小型联立住宅，前面是小院，有水、绿化、小路，环境既宁静又能够相互交往，如台阶式住宅，其目的是很清楚的，反映了人类对大自然的情感追求。勒·柯布西耶设计的朗香教堂，内部空间着意变化，并追求小洞投射的光感效果，具有相当大的摄灵性，运用特殊的建筑形态表达了特殊的情感特征(图 1-28)。赖特说："建筑是包含在人们自己建造的世界中人类对自己的伟大感受。"从他的草原住宅、流水别墅及古根海姆美术馆等作品中，人们可以看出他刻意表现建筑的"人情味"的用心(图 1-29)。芬兰建筑师阿尔托则是直接地提出建筑要人情化，他说建筑设计应该"以解决人情和心理要求为目标"，认为现代建筑的最新课题是使用合理的方法突破技术范畴而进入人情和心理的领域。另外，我国的传统民居街巷、日本住宅室内外环境布局都可视作具有情感味的建筑。现代城市的市民广场，波特曼式的共享空间大厅、现代商业广场、商业步行街也都刻意表现与人的情感交流。因而，不论是物态化的艺术形象，还是非物态化的内心图像，都是形象与情趣的契合，都是情与景的统一。

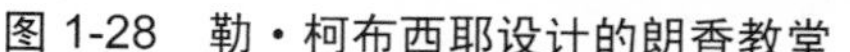

图 1-28 勒·柯布西耶设计的朗香教堂

图 1-29 赖特设计的流水别墅

根据现代艺术设计的审美倾向，它的一个重要主题和目标就是回归自然。大自然是人类创新的灵感源泉，人类造物的信息源都来自于对大自然的仿生模拟创造。当代社会随着科技的发展，电脑网络、信息传递导致了人们的生活日渐远离自然而人工化、机械化，所以人们的内心就更深刻地向往自然，在心灵深处希望得到一些抚慰和安宁，越来越多的人开始关注“绿色设计”，进而成为当代设计的时尚和潮流。在中国传统文化中，对于植物又往往予以人格化，许多花草都成为一种象征，表达着个人的人生追求和精神寄托，如云纹表示如意，牡丹表示富贵，荷花表示纯洁以及梅兰竹菊“四君子”、“岁寒三友”等。人们把生活中的花草、树木、飞禽走兽注入了丰富而生动的含义，用来表达人们美好的愿望，这些都可以用仿生设计体现出来。提倡仿生设计，让设计回归自然，赋予设计形态以生命的象征，是人类对精神需要的迫切需求，这反映了人类对自然的本能依赖。比如，支持环保主义者以绿色的叶片和饱满的果实为主题设计各种器具和产品等。设计师用理想化和完美求全的手法，寓形寄意，托物寄情，借自然事物表达了人们对生活的美好愿望。仿生设计蕴含的生命精神，使人感受到一种自我意识的扩张，从而唤起人们珍爱生活的潜在意识，并给人们以舒适和安全感。这种追求清新、淳朴，注重返璞归真和探讨个性自律的仿生设计，已成为现代艺术设计的潮流。在今天的仿生设计中，设计者不追求形象上的逼真，更倾向于“神似”，用简洁抽象化处理的造型给人以想象的空间，并刻意流露出手工加工的痕迹，借以强化设计主题，使其充满人的情感因素的渗透和鲜活的生命力。

用优美的造型，以无声的语言，使有形的设计作品给人以无形的情感遐想，把人们引入微妙的遐想和情思之中。情感主题的表现具有无限的活力和丰富的内涵，也是最能吸引观众的主要因素。这要求设计者要有生活的真实性感受，要有情节选择的情趣，要有造型效果表现的深度与力度。前两者是形象构成的源泉，要求设计者有生活中的真情实感及捕捉情节的敏锐性。没有生活感受的人其艺术表现的源流是枯竭的，因而也不会有设计者的情思意趣。没有捕捉生活情节的敏锐性也不行，作者要善于在极端复杂的现实中滤除次要的非本质的东西，而抓住本质的和典型的东西，而且还善于在人们司空见惯的东西上发现新东西，生态文明建设才能达到目标。

习　　题

1．生态设计的概念是什么？

2．怎样理解生态设计的美学内涵？

3．为什么生态文明呼唤生态设计？

4．生态设计在生态文明建设中有哪些具体的社会作用？

第二章　艺术设计与生态美学

教学要求和目标：

- 要求：学生掌握生态美学的基本概念、基本原则。
- 目标：建立生态美学的基本观念，掌握生态美学的基本原则，并学会在艺术设计中应用生态美学的方法进行艺术设计的创作。

本章要点：

- 生态美学的概念。
- 生态美学的基本原则。
- 生态美学在艺术设计中的应用。

艺术是自然的延伸，一切艺术最终都是起源于自然。正是由于这一点，我国古代的智者才说出“道法自然”这样睿智的话来。然而，当人们的艺术逐渐远离自然后，却又遗忘了自然。结果出现了众多自诩为“天马行空”式的艺术设计，这些作品让人不知所云，更无从去感受美。为此，把艺术设计与自然的“道”结合起来，向大自然学习，这就要求艺术设计工作者去了解自然界中生命的美，即生态美，并通过对生态美学的把握，创作出具有生态美的作品来新人耳目。所谓生态美，并非自然美，因为自然美是一切自然形态事物的美，其范围比生态美要大得多，而生态美却是人与自然生态关系和谐的产物，它是以人及其他生命的生态过程和生态系统作为审美观照的对象。生态美首先体现了主体的参与性和主体与自然环境的依存关系，它是由人与自然的生命关联而引发的一种生命的共感与欢歌，反映了人与自然界，即人的内在自然和人的外在自然的和谐统一关系，它是人与大自然的生命和弦。生态美的本体特征在于生命关联和生命共感，它反映出整个地球生态系统是一个活生生的有机整体。生态美不同于艺术美，其区别在于审美主体的参与性。生态美不能单纯地从超功能的形式观照中产生，它总是以某种生态观的判断为前提的。

传统的西方美学理论是建立在主客二分的哲学模式上的。生态美的研究，把主客体有机结合的观念带入到美学理论中，对于现代美学理论的变革提供了启示，克服了主客二分的思维模式，明确肯定了主体和客体不可分割的联系，从而建立了人与环境的整体观，即现代生态观念把主体和环境客体的概念纳入了生态系统的有机整体中，主体的生命与客体生物圈的生命存在是共生的和相互交融的，人与生态系统之间的协同关系是生态美的根源和基础，离开了这种相互之间的和谐共生，生态美也就不存在了。

把生态美引入艺术设计，人们对具有生态美的艺术设计产品的欣赏，为生态文明的建设提供了直观的尺度和导向，为促进生态文明建设提供了生动的手段和感人的形式。对生态美的观照，不仅可直接促进生态文明的发展，而且还能促进具有生态美的产品的开发，并因此提高人们的生活质量，推进生活方式向文明健康和科学的方向发展，同时也推动了艺术设计的发展，为艺术设计寻找一条新的发展道路。

第一节 什么是生态美学

关于生态美学的定义，学界至今没有统一的定论，有的学者还对生态美学能否成为一门学科提出质疑。1866年，德国生物学家海克尔提出了“生态学”概念，原意是研究生物与环境关系的全部科学，但是发展到后来，生态学把人置于核心位置，研究人与生物，与自然环境、人造自然环境以及社会环境的关系的科学。生态学不仅仅是一门学科，更重要的是，它是一种适时出现的整体性思维方式，一种不同于以往的人类中心主义的生态中心主义思维方式。在这种思维方式转换之下，出现各种跨学科研究的理论形态，如生态经济学、生态哲学、生态伦理学以及生态美学。

从国外的情况来看，早在20世纪中期就产生了有关生态美学的某些理论资源。当然要首推德国的哲学家海德格尔，1936年后他逐步提出“天地神人四方游戏说”，被称为“形而上的生态理论家”；1978年，美国文学理论家鲁克尔特提出“生态批评”与“生态诗学”；其后，加拿大的卡尔松、芬兰的瑟帕玛与美国的伯林特提出“环境美学”；2007年，国际美学学会会长佩茨沃德提出“自然环境的美学”是“当代三种美学形态之一”。不过，尽管“环境美学”与“生态美学”关系非常密切，但“环境美学”并不同于“生态美学”。因为两者在研究对象上有着明显的差别。“环境美学”是将外在于人的环境与人的审美关系作为研究对象，而“生态美学”则将包括人在内的生态系统的审美属性作为研究对象。前者应该说还带着某种不自觉的“人类中心主义”的痕迹，而后者则是以“生态整体论”为其指归。“环境美学”是当代西方十分兴盛的美学形态，而“生态美学”则是中国学者在借鉴诸多资源基础上大力提倡的一种美学理论形态。

国内学者对生态美学表述各异，归结起来大概有两种。一种认为生态美学是研究人对于生态环境(包括自然、社会、文化环境)的审美观照，关注生态环境具有的美感形式，人对环境的纯粹审美活动和人的美感获得，并且根据生态世界观，按照美的规律，为人类营造和谐、平衡和诗意的生活环境，如聂振斌、仪平策、李欣复和陈望衡等就持这一观点。另一种认为生态美学是以生态学的整体性、主体间性的思维方式，反思当下美学领域的理论困境，以建立新的适应社会发展需要的存在论美学理论形态。持这一观点的有韩德信、曾繁仁、刘成纪等人。以上关于生态美学的表述各有侧重，前者关注人与自然的审美关系，后者侧重美学学科的学理建设。两种界定方式各有其论域和合理性。生态美学本身就是两种界定兼而有之，而不是两者分开。要对生态美学作较全面的界定，必须了解生态美学兴起的原因。不可否认，现代化进程取得了丰硕成果：物质丰富、科技进步、社会繁荣，但其就像一把双刃剑，现代化也导致了巨大灾难：环境恶化，文化、精神空虚，艺术与审美的媚俗化。面对人与生态环境的矛盾，人类重新审视主客二分思维方式的缺失，人类中心地位受到了普遍怀疑，主体地位的绝对性受到了质疑，人们反思“人是万物的尺度”的现实可能性。人们的反思是多方面和多层次的，既涉及根本的哲学层面，认为自然、社会与万物都有其自身的存在价值，而不以人的意志为转移，更不仅仅是为了满足人的功利性需要，也涉及对生态环境破败丑陋的外观的直接反思，试图重建美丽和谐的环境，生态美学的任务之一就在于此。在这种情况下出现的生态美学，其实是一种排除性话语，排除了从自然科学角度研究生态环境的生态学，也排除了从价值、权利义务角度研究人与生态环境的生态伦理学。

所以，生态美学是生态学与美学的一种有机的结合，是运用生态学的理论和方法研究美学，也是用美学的眼光审视生态环境，从而形成一种崭新的美学理论形态。生态美学研究既不是单纯研究人与生态环境的生态审美关系，也不单纯是建立新的适应社会发展需要的存在论美学理论形态，而是两者兼而有之。一方面，研究人对于生态环境的审美，按照美学的规律营造生态环境，并形成生态美这一重要范畴；另一方面，以生态学的整体性的思维方式，恢复美学的存在论意义。

在生态美学中最关键的问题就是：何谓生态美？所谓生态美，是指介于自然美和社会之间，是自然美和社会美的形态得到充分发展之后才产生的一种审美形态。但从形式上说，生态美更偏重于自然美，它的形式主要是“真”，是人类的“善”的目的合乎自然本身的规律性。从具体感性形态来说，生态美更注重和强调人对自然的回归和依赖。因而，无论是对自然的开发利用还是城市建设，生态美以“自然”作为最高的审美目标。从对自然的开发利用来说，那些未经开发、尚未染上人类足迹的原生态的自然形态，如原始森林、大瀑布，未经人类开发的河流、群山，荒凉的沙漠等更能体现生态美的理想，而在城市建设中，无论是城市的整体规划与布局，还是社区的设计，也同样都应该以最大限度地贴近和接近“自然”为上。卢梭曾经说过：“科学技术把它们的兴起归功于我们的堕落。”过度膨胀的贪欲把人类引向了技术的歧途，从而引发了“发展的悲剧”，然后才产生了医治生态紊乱和环境障碍的生态学，最后才有所谓的生态美学。

生态文明建设理论的提出对于生态美学的发展有指导性的意义，生态美学也是生态文明建设不可缺少的一部分。生态文明建设的理论告诉人们，人类的社会文明形态已经由工业文明前进到生态文明，人类社会文明形态的转型必然要求哲学、伦理学与美学等社会与人文学科与之适应。生态美学就是美学为适应生态文明新的社会文明转型所作出的适当调整与必要发展。在生态美学的科学性问题上，主要集中在生态美学能否成立的问题。今天来看这个问题，人们可以明确地回答：生态美学其实就是当代生态文化的有机组成部分，而生态文化又是生态文明的有机组成部分。众所周知，当代生态文明包括生态物质文明与生态精神文明两个方面，而生态精神文明主要是当代生态文化，包括各种当代生态理论形态、生态历史研究、生态教育与生态艺术形式等。当代生态文化属于社会主义先进文化范围，是整个生态文明建设的组成部分与理论思想保证。生态美学就是应该按照当代社会主义生态文化建设的方向来要求与规范自己。

第二节　生态美学的主要内容

生态美学从广义上来说包括人与自然、社会及人自身的生态审美关系，是一种符合生态规律的当代存在论美学。过去人们只是注重研究自然美、社会美和艺术美，忽略了这三者之间的关系，而生态美学正是将自然美与社会美结合起来，详细地研究自然与人之间的关系，生态美学的主要内容有以下几个方面。

1．生命的阶段美

不论是人，还是自然界的其他生物，它们的一生都要经历从出生、成长到死亡这几个阶段。在生命的不同阶段，包括人在内的生物都会展现出属于他们那个时期的美，生命的阶段美，既追求各个阶段的美，更追求全时空的美。人和其他生物都一样，为追求各阶段的美而生活着。每个生命都会经过孕生、青春、成熟和死亡这 4 个阶段，这就好像季节一样，必须经过春夏秋冬，正所谓春华秋实，春天反映的是孕生的美，而秋天就是一个收获的季节，它表现的是一种成熟之美。夏天里弥漫的是青春的气息，而冬天的万物沉寂则孕育着新的希望。每个阶段都有其自身的特点，而每个阶段也拥有各自的美丽，因为生命就是如此遵循着客观规律周而复始的运行着。艺术设计同样如此，从创意到实施、完成以及而后的社会影响，都要追求美。艺术设计者只有拥有发现美的眼睛，才能够看到生命在每个阶段的动人之处，才能充分感受到生命的美，从而设计出以大自然生命运动为基础的美的作品。

孕生美，生命在孕育与出生时所表现出的一种美(图 2-1)。这是一种创造之美，生命诞生到世界，这是一件神圣而神奇的事情，人们在惊讶生命的同时，也会为生命的降临而感到喜悦。许多生物在孕生的阶段都会充满活力，花蕾的形状让人联想到在层层的花瓣包围下必定存在着娇艳的花朵(图 2-2)，这就是希望，究竟这朵花会开成怎样？开得漂亮吗？会是红色还是黄色呢？花的形状会是怎样的呢？由于新生事物的发展是具有无限可能性的，因此人们对孕生的事物都有着一种特别的期待。在万物复苏的春天，处处充满了生机勃勃的景象，“一年之计在于春”，人们在看到自然界所带来的生气后，也倍感精神，有一种意气风发的感觉，所以，人与自然是息息相关的，大家都会为生命的出生而感到喜悦与兴奋。这种美丽带给了人们一种蓬勃向上的朝气，人们在欣赏这种美丽的时候，也会被这种美丽所感动，像一朵含苞待放的花朵，虽然不及盛开时的艳丽，但它却给人一种生气，看着它就会联想到生命的无限多种可能，这些可能都蕴含在一朵小小的花蕾上，这是多么奇妙的事情。

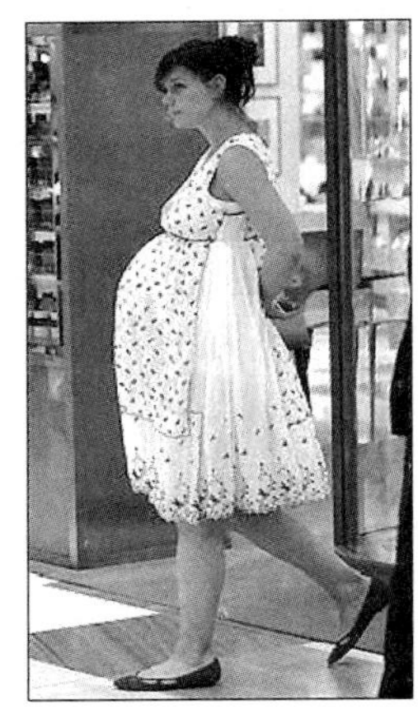

图 2-1　怀孕

图 2-2　花蕾

对于世界的诞生，人们同样寄予了厚望，许多文学都认为世界是个从无到有的过程。中国的盘古开天、女娲补天、后羿射日，西方《旧约》的上帝 7 天创世。这些都是人们对世界诞生的描写，同时也表现了人们被世界诞生之美迷住了。一个公司从无到有，诞生之际人们总会对其满怀希望，充满了想象与期待。人们总是对新生的事物抱着一种新鲜的态度，觉得新事物是具有无限可能的，进而将这种审美观带到了设计事业里。莫斯科的圣瓦西里是一个有着很多圆形拱顶的大教堂，外围由 4 个红色的墙围绕成正方形，尖状圆顶常被认为像洋葱而颇显特色，洋葱头的圆顶使人觉得生命力无限、创造力无限，表达了一种孕生之美，这是建筑设计上所表现出来的孕生美，一种期待之美。

青春美是生命充满活力的美。青春是生命个性开始形成并张扬的时候，它使得大地一片绿色、生机盎然。在动物界，这个时期的动物活力四射，精力充沛，仿佛有使不完的力气。小猫总是喜欢到处活动跳来跳去；小狗见到谁都会一阵激动，不知疲倦地叫个不停。人在青春时总喜欢挑战权威、超越极限。青春在生物的形态上就表现于它们不断力争上游的气魄(图 2-3、图 2-4)。许多人对自己青少年时代都十分怀念，青春对每个人来说都只有一次，那是人们的激情年代，不少人暮年回首的时候，都觉得自己的青年过得太疯狂了，其实是因为初生牛犊不怕虎，大家都没有什么心理负担，因此会有许多看似疯狂的想法。原来很多伟大的人物，他们理想的建立都是在青年这个充满激情的时期。青春之美就在于它的激情与胆魄，千百年来这都是永恒不变的规则。法国的乔治 • 库特林曾说过，“滥用青春，胜于虚度青春。”德国著名哲学家叔本华也说过，“青春是诗歌丰收的季节，而老年则更适宜哲学上的收获。”可见，青春一直被人看做是充满激情的时代，因此需要倍加珍惜。

图 2-3　充满激情的年轻人

图 2-4　夏天的荷花

在艺术设计上，表现青春往往也与活力相连。例如，广州的中学每年开校运会时，校园里都会兴起各个班级自主设计班服的热潮，这些班服是学生自己讨论、选择甚至是设计统一的服饰。他们有的自己到服装专卖店去挑选既简洁舒适又青春时尚的休闲服，有的则是将自己设计、绘画的班徽或是自己班级的集体照等印在挑选出的班服上。像这样漂亮的校服或班服，大家不仅想在校园里穿，更愿意在校园外穿，因为它体现着青春和时尚，展示了年轻人的青春活力。校运会总是因为大家的创意和激情让会场沸腾，让大会充满色彩。

成熟是指生命完全彰显以后的一种美。成熟是大自然收获的季节，在这个季节里，成熟的果实压弯了枝头，整个大地呈现出一片金灿灿的色彩，让人联想到黄金与财富(图 2-5、图 2-6)。“成熟是一种明亮而不刺眼的光辉，一种圆润而不腻耳的音响，一种不再需要对别人察言观色的从容，一种终于停止向周围申诉求告的大气，一种不理会哄闹的微笑，一种洗刷了偏激的淡漠，一种无须声张的厚实，一种并不陡峭的高度。”这段话摘自余秋雨《苏东坡突围》一文，他用感性的语言细致地描绘了成熟的美，有的人觉得成熟是一件很可悲的事情，成熟就意味着自己长大了，要老了，有的人却认为成熟是一件了不起的事，成熟就是说自己可以独立了，是一个有想法的人。如果将自然界的春季当做生命的孕生，将夏季当做生命中的青春期，那秋季就是生命成熟之时了。想起那金黄色的稻穗，就会想到农民在感受着丰收的喜悦，金色虽然没有绿色那样的青春活泼、富有生气，但是它那气派与稳重的美丽丝毫不逊色于青春之美，这是一种属于王者的颜色，老虎和狮子身上金黄色的衣服似乎在告诉别人，它们的生活即使没有激情，但却很威风，因为它们是成熟的。中国的帝王们或许也从老虎身上得到了启发，老虎身上的成熟美深深地打动了他们，他们认为只有成熟稳重之人，才能统领好一个国家，因此皇帝的衣服都选择了金色。

图 2-5　成年人的美

图 2-6　秋天的果实

一个人走向成熟是困难的。如泰戈尔所说："除了通过黑夜的道路，无以到达光明。"很无奈的一个事实是，成熟总是和人生的挫折联系在一起的，"传道授业解惑"并不能让你成熟，而需要时间与代价的付出。通往成熟的道路，没有终点，只有行程。这也是一种永无止境的美丽。成熟的设计也是一条没有尽头的路，人类是在不断发展、不断进步的，艺术设计也同样在发展、完善自己，正所谓是"路漫漫其修远兮，吾将上下而求索"，艺术设计总在不断的追求中走向成熟。松下 TC-L37X1 芯片组主板以成熟的设计受到了用户的欢迎，可见在设计工艺上成熟的设计总是备受青睐。在室内设计方面，追求自然是成熟的表现，给自己一个自然的家这种风气已经延伸到普通人家的居室，因为无论是样板房，还是普通白领的家，都已经是一片绿意盎然。把花园或阳台做成生态公园已经是一种潮流。除了绿色植物外，栩栩如生的园林工艺制品，以及那些能随季节变化而变化的盆景，都卖得不错。根据统计，喜欢这些园林设计的多是大学教授、美院老师及外企白领，都是比较成熟的人，这种成熟不仅是年龄和收入上的，还是欣赏上的。与普通的装饰材料卖场不同，能光顾这样园林装饰的顾客，大多具备一定的鉴赏品位。只有走向了成熟的人才能够欣赏到这份设计中的成熟之美。

死亡美，是生命完成其过程时所展现的美。生命的本质是机体内同化、异化过程这一对矛盾的不断运动，而死亡则是这一对矛盾的终止。死亡的美丽不但表现于生物在面对死亡时所展现的生命的力量的美，而且也包括了生命在老年阶段的形态之美(图 2-7、图 2-8)。革命战士面对死亡时所展示的大无畏精神是美的，因为他们有坚定的信仰，"杀了夏明翰，自有后来人"，何等的气魄！羊群被追捕时总是会牺牲一部分老弱病残来维持种群的生存，这种死亡换来了生命的延续与强大。从形态上看，老年人饱经风霜的脸上印记着的是生命的阅历，慈祥的神情透露着睿智与大度。"落红不是无情物，化作春泥更护花"，生命在终结的时候所绽放的并不是绝望的气息，而是生命永生不死的气息。生命没有因为死亡而终结，却因为死亡而延续，死亡并不代表结束，只是换了另外一种形式重新开始。如果自己以后死了，回归到自然，然后大自然将自己重新分配到另外的地方，这是一个多么奇妙的过程啊。新陈代谢的生命运动和生物进化、社会发展规律，是既真且善的，因而也是美的。用死亡来换取生命的延续，这种牺牲有着一种壮烈之美。“冬天”虽然很寒冷，但“冬天已经来了，春天还会远吗？”

图 2-7　冬天的美

图 2-8　枯叶的美

在设计史中同样有着对死亡美的赞誉，而且还源远流长。古代，每个人都对死亡有着一种崇敬之心，因为不知道自己死后魂归何处，于是大家对死都很重视，于是就出现了中国人的“重死”情节。体现得最明显的就是坟墓或陵园的设计——西方人用坟墓来展现死者的个性与价值，中国帝王用豪华的坟墓来安慰活着的人。在中西方的建筑文明史上，埃及的金字塔，印度的卒堵坡(Stupa)，中国的兵马俑、汉墓与塔林，南美洲的玛雅遗址，都是对生命的赞歌。死亡带给人们最初的感受是恐惧和焦虑。面对这时时出现在人们生活周围的必死的焦虑和恐惧，人们需要各种对死的解释，来安抚这种焦虑和恐惧，如宗教上的解释，佛教就认为人死了之后就要“六道轮回”，因此今生要行善积德才不至于堕入恶道。这就是用宗教来麻醉人们对死亡的恐惧，但恐惧却没有因为宗教而永远消失，金字塔就是为了法老复活而建造的墓室，人们总是希望自己可以永生不死，但自然规律却不会答应这样无理的要求。死亡，正是由于付出和奉献才显示出它的美丽动人。现在中国许多地方都建有烈士陵园，以纪念先烈为人们今天的幸福生活而抛头颅洒热血，在陵园里面人们感受到的是一种庄重的气氛，人们之所以有今天的生活，正是由于他们奉献了自己的生命，为了延续中华民族的火种他们牺牲了，但他们却永远活在人们心中。陵园的设计大多以白色的色调为主，显示出了一种肃穆的感觉，每次看到都会有一种油然而生的敬佩之情。

2. 生命的类型美

生命的类型美与生命的阶段美不一样，阶段美强调的是生命中的几个阶段，带有普遍性意义，而类型美则强调个体与环境之间的和谐，它是对个体特征形成的解读。每一种个体生长在一定环境下，就要受到该环境对其的影响。黑种人大多生活在热带地区，他们生活在如此炎热的地方，因此连皮肤都被晒黑了，但同时，这也是一种适应环境的结果，黑色肌肤确实有利于他们在炎热的地方生存下去。自然界同样如此，同样是老虎，华南虎与东北虎由于生长的环境不一样，因而他们的体态也不完全一样，这些都是为了适应环境，为了与周围的环境和谐一致而产生的结果。生长在相同环境之下的生物，则会显示出某些共同性，如南方的树木大多数是宽大的叶子，而且普遍到了冬天都不落叶，这就是同一个地方由于环境相同，而带来的某些共同性。正所谓“一方水土养一方人”，也是这个道理。总结了一下，生命的类型美主要有以下这几种。

(1) 生命的刚强。刚强的生命，是指坚强不屈，是指即使面对巨大的困难，都从不放弃。这种生命的力量足以使人畏惧。在自然界里面，刚强的生命比比皆是，比如青松，就有一首诗是赞扬松树的坚强不屈的：“大雪压青松，青松挺且直。要知松高洁，待到雪化时。”松树面对严寒的天气，毫不畏惧，而且还有一股欲与天公试比高的气概(图 2-9)。梅花也是如此，“梅花香自苦寒来”，在寒冷的冬季，梅花不但没有凋谢，而且还能发出诱人的香气，怪不得千百年来都被人们所敬佩。

人们通常用狮子作为刚强的典型，威严得丝毫不让人侵犯，为了自己高傲的名号可以抛头颅洒热血，尽管看上去并不理智，但这种一往无前的精神却永远使人感到震撼(图 2-10)。刚强的性格大多形成于恶劣的环境之中，白杨树由于生存于北国的荒漠，长年的风沙、恶劣的环境使它们不得不挺拔起来，在蒙古高原的蒙古人也是如此，游牧的生活以及艰苦的环境造就了他们不屈不挠的性格还有坚强的意志，最后凭借这精神征服了亚欧许多国家，缔造了一个横跨亚欧的大帝国。

图 2-9　雄伟的松树

图 2-10　威猛的雄狮

著名手机品牌诺基亚以前的黑白屏机子号称摔不坏。那种机子外壳硬度都是很强的，做工好，质量上乘，材料好。诺基亚出品的时候，都要经过暴力测试，曾经有人从 4 层楼向下扔诺基亚的手机都没有被摔坏，还可以照用不误。以前手机刚问世的时候，由于体积小，人们总是怕摔坏了，诺基亚就抓住了人们的这种心理，设计出了这种“抗跌”能力强的手机，虽然诺基亚现在的手机很少强调这种“刚强”的性格，但人们还是会缅怀这种手机曾给人们带来的“摔不坏”的自豪感。

(2) 生命的灵活。灵活，是生命张力的表现，它是生命适应环境的能力。在生物界，一切生物皆遵循着适者生存的规律，要适应环境，就必须不断地改变自己的生命形式与状态，以满足生活的需要。谁要是在改变自己方面有所怠惰，谁就会被自然无情地抛弃。说到灵活，人们总会想起猴子，它在树上那复杂的空间可以自由腾越，来回穿梭，给人灵动的感觉。当人们感觉猴子上树总是蹦来蹦去、让人眼花缭乱时，人们应该看到：不是猴子喜欢跳来跳去，而是环境迫使它们必须这样做，如果身手不够敏捷，它们就要被环境所淘汰。人类的祖先本来也是猴子，但由于环境的变化，树木逐渐减少，有一部分猴子不得不来到平原发展，平原的环境与树上不同，脚越来越多地作为承担起身体的重量与运动的功能，而手则解放出来做更复杂的事情，原来的尾巴因为没有树也不再实用了，所以身体各部分都发生了演变，最后这些猴子就进化成了人类，而另一部分留在树上的猴子由于没有改变自己的身体，结果在今天还是猴子。因为如此，所以说不是人类选择生活，而是生活造就了人类。

正因为如此，灵活体现了大自然的真，灵活也体现了一切生物对自己生命的善，因而成就了生命的又一种美。这种灵活艺术常常成为表现的对象。例如，我国古代名著《西游记》里的孙悟空就是一只猴子(图 2-11)，他要保护师傅在取经路上的安全，就必须要有敏捷的身手。艺术设计表现灵活体现在两个方面，一是表现其他生命的灵活，让人们能够在艺术设计作品中感觉到生命的这种张力；另一个表现是艺术设计本身的灵活，即适应不同对象、不同环境的需要。例如 HP-L2045W 型号的笔记本电脑，在功能方面，它与其他宽屏产品不同，HP-L2045W 作为 20 英寸(1 英寸=2.54 厘米)产品底座设计更加灵活多样，其底座具有上下仰角调整、显示器高度调节、屏幕左右旋转等几方面功能，用户可以根据对显示器的应用需要来自由调节，丰富的底座功能设计丝毫不逊色于专业级显示器的功能设计。设计师毕竟要时刻关注着是否方便人们，设计的灵活就显得更重要了。

图 2-11　活泼的猴子

图 2-12　植物的绞杀

(3) 生命的智慧。一切生命都有自己的灵性，它们在万物竞生中展示着自己特有的智慧。如纺织鸟会编织，医生鱼会“治病”、森林中的藤蔓会“绞杀”大树等(图 2-12)。当然，最有智慧的动物还是人类，他们是大自然真正的“精灵”。对人类而言，智慧与聪明也不是同一个层次的，聪明通常会表现出来，而且只关注细枝末节，但智慧一般说来都是不会显露出来的，像诸葛亮，他还需要刘备“三顾茅庐”才出山，未出山就已经知道将来必定是“三分天下”，这才真正算是个有智慧的人。人有主观能动性，会创造，这是人区别于其他动物的地方，但也因此而使得人类的动物本能退化。如果将某人赤身裸体放进热带原始森林，人就成为了动物世界的弱者了。由此看来，动物的“身体智慧”要远高于人。正是“物竞天择”使得大自然的生命智慧越来越高，成就了无数生命智慧的奇观。为此，向大自然学习各种生命的生存智慧，会使人们的艺术设计获得源源不断的灵感。仿生学就是一门向大自然学习的学科，同时也为人们的艺术设计打开了一扇获得灵感的大门。例如，对人脑的模仿人们设计出了电脑，对鱼的形状的模仿人们设计出了“流线型”的交通工具。特别值得一提的是人类从对动物机体自我调控的机能的学习，人们正在逐渐设计“智慧型住宅”。住宅是建筑设计中最基本也是最重要的建筑物，因为它不仅提供了生理上物质的庇护，另一方面也满足了精神上情感的寄托。智慧型建筑一般广泛应用于具有生产活动的办公空间，因其对于效率与咨询的需求最为迫切，然后再由自动化的发展，带动使用者对于居住品质的需求提升，从而有了住宅的智慧化系统。智慧住宅必须具备回应居住者的需求和期待，即调节灯光、温度及周遭的音乐等变化，智慧空间的构想已经逐渐成形于20世纪的科技中，如自动开关门、自动开关灯、自动开关的水龙头、自动调节室温等。在21世纪的今天，一切已逐渐开始实现，房屋就像一个为生活而存在的机器，是既有的电子科技与传统空间的结合，传统建筑的技术与智慧型空间的结合，最后变成21世纪的智慧型空间。

(4) 生命的韧性。坚韧，是一切生命所具有的又一种优秀品质，所有的生命，不到最后一刻，都不会轻易放弃自己的生命。这又是一种美，一种坚持的美(图 2-13)。在动物当中，牛给人的感觉很笨重，但在韧性方面却非常出色，它的生命活动就充满着韧性与坚持。一头牛一年四季不停地负重干活，体现出的是执著的精神，而它的生命也因此受到了赞誉。

图 2-13　坚韧的生命

在艺术设计中，与坚韧相对应的概念是坚固与张力。在产品设计方面，为了使产品感觉更坚固，国际社会现在有了掩饰工艺瑕疵的镀铬和抛光的工艺，并流行镀K金及镀黑金的工艺，还有各种靓丽色彩的聚氨酯粉末喷涂，有晶莹璀璨、华贵典雅的真空氮化钛或碳化钛镀膜，它们还可以是镀钛和粉喷两种以上色彩相映增辉的完美结合。这些工艺，把金属家具的档次和品位推向一个极高的境界。为了展示精钢材质的冷峻优雅，现在的全钢家具脱颖而出。由于薄壁金属不锈钢管韧性强、延展性好，设计时尽可依着设计师的艺术匠心，充分发挥想象力，加工成各种曲线多姿、弧形优美的造型和款式，使得这一工艺成为展现材质坚韧品质的新潮流。在多个品牌的户外家具上也看到，家具采用高品质的精钢骨架，深得许多消费者的喜爱，尤其是男性消费者，更加喜爱这种韧性给人的冷峻感。

2008 年北京奥运会的主会场鸟巢就体现着设计上的韧性美。鸟巢 2008 工程建设指挥部专家侯兆欣指出，“钢材最大承受 460MPa 外力，鸟巢所用钢材名为 Q460EZ235，它是顶级建筑用钢，‘460’指的是钢材的强度，表明这种钢的强度是普通钢材的两倍，‘E’指的是它的冲击韧性指标，表明此钢的韧性十足。Q460EZ235 保证了鸟巢在承受最大 460MPa 的外力后，依然可以恢复到原有形状。”这意味着假设北京再次遭受 20 世纪 70 年代唐山地震一样的地震波级，鸟巢依然能保持原状。

(5) 生命的协作。协作，是生命活动为了获得更大生存空间而产生的行为，它使生命变得更加有力，从而获得更大的生存空间，是生命张力的另一种表现，也因此形成了生命美的另一种形态(图 2-14)。蜜蜂的个头很小，但集体出动的蜜蜂足以让任何动物退避三舍。蚂蚁也很小，但蚂蚁却成为了自然界成功的生存者，其根源也是协作。以凶残而著名的鳄鱼从来不威胁一种叫千鸟的小鸟，即使千鸟自己走进鳄鱼的嘴里，鳄鱼也不吃它。有时，鳄鱼的大嘴一闭，被关在鳄鱼嘴里的千鸟只要用喙轻轻敲击鳄鱼的下颚，鳄鱼就会张嘴让千鸟飞出。这是为什么呢？原来，千鸟是在啄食残留在鳄鱼牙缝里的肉屑和寄生在它口腔中的水蛭，它是鳄鱼名副其实的“牙医”，千鸟还在鳄鱼栖居地垒窝筑巢，生儿育女，好像在为鳄鱼站岗、放哨。只要周围稍有动静，千鸟就会警觉地一哄而散，这样就使鳄鱼猛醒过来，做好准备，迎击来敌。这些行为体现了生命的协作之美，在不同的作品中欣赏这些行为，常常让人有赏心悦目的感觉，因为生命的相互依存和协作使人们感到温馨而美好。生命的协作之美也可以应用于日常生活的产品设计之中。例如，用游戏控制器协助游戏，这促使了游戏控制器设计迈向多元化。以前玩电脑游戏，只能依靠粗糙的键盘，但设计师很快就捕捉到了这个不足，为了满足消费者的需要而设计了许多符合人工学原理的游戏控制器，如手柄、方向盘等，在这些设备的支持下，人们玩起游戏来更加开心，与此同时，随着游戏的不断开发，许多游戏控制器也跟着一起进步，现在任天堂出品的 Wii 所附带的控制器更是多样化，而且为了配合一款网球游戏而新推出的手柄更是可以让顾客可以足不出户就能在家里享受网球运动的快感。一种设计需要另一种设计进行互补，否则就不能达到完美的境界，索尼公司所推出的 PSP 游戏机，它所采用的屏幕是夏普公司制作的，虽然索尼公司的屏幕制作技术成熟，但它却更欣赏夏普所制造的屏幕，因为他们不得不承认夏普公司的屏幕确实很精美，比他们强，于是不惜抛开身份去跟夏普谈合作，因为他们知道一项好的设计、好的产品如果有一个地方不够完美，所创作的艺术品是有缺陷的。当不久之前 MP3 流行的时候，大家都很喜欢买三星的 MP3，因为它不仅拥有三星的华贵设计，而且里面还是飞利浦的内芯，音质真的很好，后来三星不再和飞利浦合作了，它的 MP3 产业也一落千丈了。可见，一个好的设计必须通过相互协作才能完成，尤其是在专业化程度如此之高的今天。

图 2-14　生命的协作

(6) 生命的竞争。不论是在自然界，还是人类社会，都存在竞争，竞争有时会表现出很残忍的一面，要取得胜利，必须致对方于死地。胜利者固然高兴，但失败者却只能接受被淘汰的命运。所以，许多人常常说世界残酷，但这却是残酷之美，如果没有了竞争，世界上所有的物种都可以存活下去，那大自然要承受很大的压力，为了获取良好的自然资源，物种之间必须进行竞争(图 2-15)。人也一样，在社会生存，由于资源是有限的，为了个体的发展，就必须进行竞争，淘汰落后，推动进步。尽管竞争很残酷，但却符合自然的发展规律，并因此而成为一种美的形式。我们如果在竞争中看到的只是不公平，那么就不可能发现这种美的存在。有一种美学叫“暴力美学”，它从美学的角度看“暴力”的问题，由此看出一种与众不同的美。

例如，电影导演吴宇森的作品就体现着暴力美学，在他的作品中，充满了暴力与血腥，但却一点也不缺乏美感，因为在其中彰显着真与善——谁掌握了大自然的规律，谁就获得生存的智慧与力量，反之则被淘汰。洪七公和欧阳锋本来是正邪两道，但是在相互的竞争中产生了敬佩之心，只有他们两个才能体会到这种心情，其他人只会感到不解与困惑。

图 2-15　生命的竞争

在艺术设计中，不仅艺术设计应该表现生命的竞争美，艺术设计本身也遵循着优胜劣汰的竞争规律。当年伯明翰图书馆公开招揽世界著名的设计师参与设计，有 7 家著名的建筑事务所参与设计伯明翰图书馆设计的最后一轮竞争。在这样的竞争中，7 个设计方案都非常优秀，虽然只有一家获得了设计委托，但其他各个设计者都获得了提高，谁胜谁负在这里已经不重要了，重要的是艺术设计在竞争中得以成长。如果缺乏了这种竞争的机制，每个设计师都在夜郎自大，那艺术设计就失去了它的活力，而本来设计就需要创造力，这是它的灵魂，一旦它不再需要创造力了，随便遵循传统的做法也能成功，那时候，艺术设计可真到尽头了。在成都也掀起了一股创意设计热，“比冰激凌更缤纷的雪糕杯，齿轮式挂钟，可以随意反穿的拖鞋，拼图烟缸……”，一些生活中普通的东西，因加入了创意元素而备受人们热捧。售价 20 美元的普通榨汁机，设计成蜘蛛侠造型后，身价就陡增到 200 美元，这就是创意设计的魅力。创意设计是服务于制造业的新兴文化业态，具有促进产业升级，提高产品附加值的重要作用。目前，“中国文化创意之都”已被写入成都市服务业五年发展规划中，不单是成都，我国许多地方也在努力地发展创意产业，尤其是新兴城市，如深圳也把发展创意产业作为自己的追求。艺术设计应该表现竞争，因为那是一种美；艺术设计还应该参与竞争，因为那能促进艺术设计的发展和成长。

3. 生存状态之美

生命是一种状态，是生命在整个生命过程中与环境共同形成的生命空间与生命性质的表现，它们本身也体现出了应有的必然性与目的性，体现了和谐，因而也构成了美的一种形态。

(1) 合适的环境。环境是一切生物生存和发展所需要的自然条件的总和。生物是环境的产物，特定环境产生特定的动物(图 2-16)。正因为如此，任何一种生物的生存，都有自己的特殊环境要求。人需要清新、洁净、宁静、生机勃勃的自然环境，人还需要稳定、有序、文明和进步的社会环境，只有在这样的环境下，人才能生存并有所发展，如果社会动荡不安，到处充满了战争，那么人连最基本的生存都成了问题，更不用说发展了。不过，人需要的环境其他生物不一定需要，海洋动物需要超咸的水环境，而北极动物需要超低温的生存环境。因此，对于不同生物而言，适宜自己生存与发展的环境就是最美的环境，因为这个美体现着不同生物生存之道与善的统一。

对于艺术设计而言，还是应解决人的生活环境，这就需要遵循生态文明的发展原则，一定要从设计这个源头上保护自然资源，保护生态环境。因此艺术设计师设计产品或者建筑的时候要从环保出发，要千方百计考虑如何有效地节约资源、保护环境，这是一个急需解决的课题。为了环境保护、创造一个宜人的生态环境，现代设计师越来越多地尝试在城市建筑设计中贯彻绿色主题。例如，日本人往往喜欢在自己的屋顶做个“屋顶花园”，这一设计已成为了一种范式，同时也是新兴的最具潜力的绿化设计之一。由于屋顶绿化所使用的人工土壤具有优良的保温性和保水性，降低了空调的负荷，植物的蒸腾作用带走了热量，抑制了周边气温的上升，屋顶花园不仅创造了城市中优美的景观，还降低了环境的负荷，同时抑制了日益严重的城市热岛现象。位于智利首都圣地亚哥的 Concorcio 大厦是世界上最环保的办公大楼，外墙大面积覆盖的植物让大厦内冬暖夏凉，帮助楼内的办公室节约了 48%的能量，特别是夏季可有效削弱日光的辐射。到秋天的时候，植物从绿色变成红色，又是另一番美景。这样的设计正是从生态文明的角度出发，为人类创造合适的自然环境作出了巨大的贡献。

图 2-16　宜居的环境

同时，人还需要适宜人居住的社会环境的设计。例如，在城市规划时，就要综合考虑人的各种需要，让各种需要处于一种平衡发展的状态。目前，我国城市，特别是大城市存在着交通拥挤、住房紧张、垃圾增长速度太快、空气质量下降、缺少公共活动场所、绿化面积不足等问题。针对这些问题，除了主管政府部门应负责外，设计工作者也有不可推卸的社会责任。现在许多的设计行为，往往只是商业行为，这些不良的社会现象，艺术设计都应该插手来给予纠正，现代的设计是为了商业而服务的，许多设计的目的就是为了赚取更多的利润，很少有设计品是为了“人”而设计的。正因为如此，一些设计师总是显得浮躁，他们不愿意去了解人的需要，不去关心社会的发展，只是一味迎合商家的口味，把艺术设计应有的艺术品位与社会责任抛到了一边。所以，生态文明要求把艺术设计从商业的陷阱里面拉回来，还给艺术设计一片净土，还艺术设计于大众，真正做到为大众所服务，这是艺术设计发展的必然趋势。

(2) 彰显的个性。在生命世界里，处处充满着个性。鸟的生存之道不同于鱼的生存之道，老鹰有着不同于麻雀的生存方式，而金鱼也有着不同于亚马逊河中食人鱼的生活习惯。生命的个性，构成了生命世界缤纷的色彩，也形成了生命世界不同的美。生命世界中的这种个性之美，是艺术设计取之不尽的素材，也是艺术设计模仿不完的范式。生命的个性主要包括两个部分，首先是生物的整体个性，也叫整体特点，如长颈鹿的整体特点是脖子特别长，大象的整体特点是鼻子特别长，这些都是生命的整体个性，只有极少数的生物是不遵循整体特点的，这些生物都很快会因为适应不了环境而死亡。整体个性就好比是艺术设计中的科技力量，技术上的改造可以使产品在功能上具有某种特征，如洗衣机的整体个性特点就不同于冰箱，这是因为它们的技术不一样。其次是生物的个体特点，“世界上没有两片完全相同的树叶”，每个生命个体的样子都是不一样的，就连两只看上去一模一样的小猫，它们始终都存在着差别。生命的个体特征就好比艺术设计的样式，同是洗衣机，但样式也会不一样。艺术设计要在生态文明的大环境下表达个性也需要从技术与样式这两个方面着手，寻求二者的最佳结合点。

艺术是表现个性的行为，艺术设计必须彰显个性。要设计出有个性的艺术设计作品，就必须了解不同生命的生活环境。由于每种生命都有不同的生存环境，因此艺术设计就必须认真地去了解这些环境，寻找出这些个性的真实基础。只有这样设计出来的作品，才有生命力，也才能真正地创造美。例如，车的设计要反映不同个性的人的需要，一个性格内敛的人根本就不会去开一辆敞篷红色跑车。可见，每个人都有自己固有的风格，而艺术设计也应当遵循这个客观事实，通过设计的多元化尽量满足人们的需要。回想在上个世纪六七十年代的时候，人们穿的衣服都大同小异，吃着同样的饭，留着同样的发式，唱着同样的歌，看同样的书，做同样的事，每个人的个性都不能充分展现出来，生活显得单调而沉闷。在今天，改革开放为艺术设计打开了新的天地，艺术设计在中国也得到了发展。不过，如何展现生命的个性，将是艺术设计永恒的主题，也是生态文明永恒的主题。当今的社会环境现实是环境破坏、能源紧张，在如此的环境之下，艺术设计想要彰显个性就必须让个性能够存活在这样的环境之中。曾经称霸世界的美国在 20 世纪 60 年代的能源危机之后，将汽车头号制造大国的宝座让位给了日本，就是因为日本汽车省油的特点适合当今的环境要求。

(3) 自身的规范性。每个生命体自身都有一个合乎自己的规范。所谓的规范，是指共性本质对于个性本质的规范，还有环境条件对生命活动的规范。共性本质对于个性本质的规范，就是说，每一个物种都会继承自己上一辈的特点，一头猪不可能生出一只青蛙来，“种瓜得瓜，种豆得豆”也是这个道理，这是自然规律的继承性。而环境条件对生命活动的规范则包含着自然界的变异性，为了生存必须变化，“适者生存”是达尔文进化论的核心，以前的长颈鹿脖子并没有现在那么长，但后来气候的变化导致环境的改变，它们的食物都长在树的上部，因此短脖子的长颈鹿由于吃不到食物而逐渐死去，最后剩下的长颈鹿都是长脖子的，这个就是环境对生命的规范，这是一种变数。所以说，每个生命体自身都存在于变与不变之间，这也是一种宇宙的范式，变与不变之间不可调解的矛盾从来就是世界之所以美丽的原因，如果所有生物从起源到现在都是一个样子，那世界还有什么意思呢？但如果生命体不停在变化，就太恐怖了，因为不知道什么时候一头猪会生出一头牛来。所以，要好好把握住这美丽，要处理好环境与生物之间的关系，变数是周围的环境所赋予的，如果人们没有珍惜环境，致使环境受到污染，那人们自身也会被环境所规范、所污染，最终危害的始终是自己。

人们创造文化的同时也被文化所限制。生活在新中国，就应当遵循新中国的文化规范，绝不能继承旧的封建迷信的文化，每个人都会被自己生活的环境所限制，就如在中国，许多人都不能够接受同性恋，所以在国内同性恋只能偷偷摸摸地进行，而在外国，例如荷兰、德国、法国等，这些国家都已经颁布同性恋婚姻法，他们国家的同性恋都可以公开结婚了，这些国家大多是西方的国家。这些文化的规范性，归根到底，还是人们自身所设定的，因为文化具有创造性。艺术设计也同样具有文化的这种特征，设计出来的东西不断地引领出一个新的时代，从理性主义到后现代主义，艺术设计在创造一种风格的同时，也在被这种风格所束缚。德国著名的包豪斯设计学院的奠基人格洛皮乌斯认为包豪斯最宝贵的教育经验是培养学生的独立性、独创性和创新意识。它要求学生自觉地摒弃任何一种固定风格流派的模仿。因此，艺术设计在遵循一种规范的同时，也要勇于打破这个规范。对于生态文明的艺术设计来说，应当从各种不同的方法和设计手段来表现出生态文明这个主题，现今设计界最流行的是用环保材料来表现生态文明，可是一定还有其他方法，不一定大家都要按照这个固定的思路去设计，再走下去就是死胡同了。因此，生态文明在一定程度上规范了艺术设计必须走环保的道路，另一方面也在鼓励艺术设计可以通过更多的手段来表现这一主题。

第三节　生态美的基本特点

作为一种美的形态，生态美学有着鲜明的特点，它的存在是艺术设计表现力的物质基础。

1. 生命力性

生命的意义是无穷的。每一个生命相对于周围环境是客观存在的东西，是相对存在的事物。单个的生命并无任何意义，但一旦与周围的环境发生作用便有了它的意义，其价值是无可取代的。生命一出生，便带给了孕育生命的父母无限的快乐与期望；生命的存在给其他生命带来种种物质的和精神的需要；生命长大，继而结婚生子，繁衍了后代，又不断地创造了新的意义。正因为如此，生命是有力量的。

首先应该看到，生命是自然的一个过程，它不是人可以随意改变的。英国哲学家罗素说："生命宛如一道壮阔的洪流，从不可知的过去，汹涌的冲向不可知的未来，每个生命都只是这种洪流中的一粒水滴，一个泡沫。"这就是说，就整个的宇宙来看，生命的显现，只是一种过程，而这种过程，在整个宇宙进化中，仅占一个非常渺小的地位，生命无力改变这种地位，它既囿于空间，又囿于时间。生命活动的极度，完全为自然律所支配。其次，生命又是有创造力的。生命在自己存在与发展的过程中，不断地调整自己以适应环境，在其他生命活动的方式以外寻找自己的生存空间与生存方式。这样的结果是生命的内在性质、能力与外在形式的不断变化，最终达到与其他生命形式和生存方式形成一种力的平衡，并因而构成了自己独特的生命个性。

生命的这种特性构成了生态美的特殊表现——生命力性。所谓生态美的生命力，一般来说是从奇特的生命形态中表现出来的具有独特内涵的东西，它们还具有特殊形象的表面特征。艺术设计把握了这样的特性，加以典型的有力表现。借助于一定的表现技巧，就会使艺术作品产生神态和动感，赋予新的生命。生命的表现力存在于大自然中，它以多种多样的形式呈现出来。有表现力的生命所存在的美也是各种各样的，而能否发现这种美是和那双观察它的眼睛有关的(图 2-17)。

图 2-17　奇妙的生命

大自然能创造出各种美的形象，但你必须有审美的眼，方能认识它的美。生态设计者只有在大自然中寻找、发现、搜集到各种形态奇特的生命形式，才能诱发创作的契机，确立作品的主题，也才能通过运用自己的智慧、想象力和独创性创作出精美的艺术设计作品来。因此，生态设计者的寻奇觅美，是选择题材、做好创作的重要基础，是充分认识、利用生命的自然美的良好开端。

2. 规律性

生态美学作为研究人与自然和谐关系的美学原理和实践应用，生态自然观是它的哲学基础，生态科学则是对生态美学规律性的认识成果。生态美学的基本规律是：天人和谐规律，破坏创生规律，动态平衡规律，节奏合韵规律，自主调节律。

(1) 天人和谐规律。中国古代农业社会就萌发了“天人合一”的朴素有机系统自然观，认为“人道”应循“地道”，“地道”应循“天道”，最高的主宰是“自然”，这是《周易》哲学思想的渊源，其后又在儒道学说中得到发展。《老子》说：“万物负阴而抱阳，冲气以为和。”(《老子，四十二章》)“冲气”即含气，阴阳和谐方为自然生生不息、由一而多演化发展的根本。庄子认为“天地与我并生，而万物与我为一”。这种“天人合一”思想经过后代学者们演绎、发展，形成了“天人感应论”、“天人一本论”、“天人一气论”、“天人一理论”等不同形式，但都包含了人和自然有机一体，人应循自然、受自然规律支配的朴素观念。近代西方不少科学家、哲学家也根据大量科学事实描绘、论证、揭示了宇宙的和谐以及宇宙与人的和谐关系，如开普勒、康德、海克尔、爱因斯坦等。狄拉克提出的“大数假说”和现代宇宙学家提出的“人择原理”等，都是以科学猜想的方式表述自然界与人的和谐规律。当代生态科学以最系统、丰富的观察实验材料展示人与自然的系统关系。

(2) 破坏创生规律。生态系统的统一不是简单的统一，而是复杂多样性的统一。这种复杂性是自然界由一到多逐渐演变的结果。这个过程是旧的生物个体、种群不断消失和毁灭与新的个体种群相继出现的过程，是旧的生态环境不断被认识和改造与新的生态环境相继被设计和创建的过程。例如，地球上气候有过多次大的波动，冰川时期的寒冷气候可能导致大批生物种群的死亡，包括人类的祖先，但也可能迫使种群迁徙，促进生物进化。间冰期全球气温上升，海水淹没很多低地，洪水泛滥摧毁无数生物的家园。幸存者只能聚集在较高的地区，适应新的环境，人类的进化也因此获得新的跃升契机。这些都是自然环境本身的变化所导致的生态破坏和生态创造，而就人类而言，由于本身就具备着自然界其他生物所没有的主观能动性，对大自然的影响因而也有着独特的作用，那就是认识和改造。

谈到人类对于大自然的认识和改造，就不得不涉及艺术设计。在前面章节中，我们已经具体分析了艺术设计在生态文明建设中的6个方面主要作用，即吸引、价值彰显、教化、提供知识信息、行为示范和美的欣赏。人类通过艺术设计，充分发挥主观能动性来认识和改造大自然，一方面，营造了一种生态美感，达到人类主体追求的一定程度的知识、行为双重审美效果，构建了新的自然环境和生活环境之间的联系；另一方面，也相应地破坏了原本的自然环境和生活环境之间的联系。以苏州园林布景为例，我国近代著名学者叶圣陶先生专门写道：“设计者和匠师们因地制宜，自出心裁，修建成功的园林当然各不相同。可是苏州各个园林在不同之中有个共同点，似乎设计者和匠师们一致追求的是：务必使游览者无论站在哪个点上，眼前总是一幅完美的图画。为了达到这个目的，他们讲究亭台轩榭的布局，讲究假山池沼的配合，讲究花草树木的映衬，讲究近景远景的层次。总之，一切都要为构成完美的图画而存在，决不容许有欠美伤美的败笔。”自古以来，设计者不断地通过艺术思考，将原本的普通建筑和自然山水改造成一个令人流连忘返的文化景观，给游人骚客带来了无尽审美乐趣的同时，也改变了苏州园林的生态环境特点和意蕴。在自然本真的丢失下，发展了生态艺术。

(3) 动态平衡规律。生态美学追求一种生态平衡的美感，因为自然界本质上是运动的，人们所观察到的现实生态平衡系统，都是在动态中保持着自身特有的美。如一个山野中的池塘，清澈而富有生机。不断流入池塘中的雨水尽管含有泥土和腐叶，但它为池塘中的水草藻类提供了营养。经过微生物的分解，水被净化了。鱼虾有稳定的食物来源，维持着生态平衡。人们甚至可以从池塘中取水作为生活用水。因为这个小的生态系统是开放的，它同外界有物质、能量交换。当外界污染物超过了系统自身的分解吸收能力时，水过分富营养化了，水中的氧被消耗殆尽，生物因缺氧而死亡，系统的动态平衡被破坏了。

美国心理学家阿恩海姆指出，形式的结构使人的感应包含了一种心理上力的平衡，如果在某一特定方向上吸引占了绝对优势，平衡被打破，在这个方向上也就产生了运动感。“一件不平衡的构图，看上去是偶然的和短暂的，因此也就是病弱的。它的组成部分显示出一种极力想改变自己所处的位置形状以便达到一种更加适合于整体结构状态的趋势。”

(4) 节奏合韵规律。运动中的节奏性(周期性)是自然界和人运动的共同规律，但并不是所有的节奏都能产生美感。山水之美在于它们在时空中呈现的韵律，它们同生命本身的运动规律协调、和谐(图 2-18)。生命自身的运动方式，又是自然界长期演化的产物。从人体的机械运动到化学的、生物的运动，都是同人们生活的星系、地球运动相协调的。生与死、工作与休闲，都适应昼夜、四季变化的巧妙安排。由于节奏和律动是生命运动的固有规律，因此，人就以此作为美的原则。

图 2-18　大自然的韵律

音乐的美源于它用模拟、再造自然界和人们生命运动的节奏、韵律表达人与自然的和谐，激发人在情感上的共鸣。如音乐模仿自然界的松风、流水、鸟鸣、虫叫引发人对自然母亲一般的依恋、回归的情感；模仿人的心跳、欢歌、笑语、哀哭、叹息、呐喊等引发人心灵的激动。因此韵律和节奏是音乐的生命。同样，地球生命系统如果离开了节奏运动，生命的活动停止了，美也将不复存在。

(5) 自主调节规律。生态环境的自我调节包括自然的自主性调节和人类目标性调节。地球生物圈、大气圈、水圈、土壤组成一个反馈控制系统，可以通过自身调节控制寻求并达到一个适合于大多数生物生存的最佳物理、化学条件。这个大系统的关键是生物。地球上各种生物对其环境是不断主动起调节作用的。比如，地球上的有机体，特别是微生物把大气层作为原料库和废物库，逐渐改变了大气成分。经过长达数亿年甚至数十亿年的缓慢积累，为动植物和高等生物的出现创造了条件。地球生命系统的自主调节能力还可以从地球能量内稳态来证明。天文物理学家推算，自太古宙(45 亿到 25 亿年前)以来，太阳对地球热辐射强度至少增长 30%(有人甚至估计增长 70%～100%)，按照物理机制，太阳辐射强度只要波动 10%就足以引发地球海洋的干涸或冻结，其后果是很严重的，但实际上地质史上并没有发生过这么严重的灾变，根本原因是地球生命系统对地球表面的自主调节作用。“人类文明对地球生态的自主调节经过预测和设计的”，毋容置疑，人类的自主调节都具有一定的调节目标。就拿太阳伞、太阳能热水器的创新发明来讲，虽然大气层已经为人类地球生物圈挡住了绝大部分的紫外线，但是仅仅小部分的紫外线辐射就足以导致人类各种各样的生理不良效应，如眼疾、皮肤病、免疫系统等，特别是在太阳年照时间长的热带、亚热带国家和地区。因为人们无法消灭猛烈阳光的紫外线辐射，所以人类通过种种创新思考，设计发明了太阳伞。很早的文献中，《史记·五帝纪》就有关于伞的记载。然而随着时代的发展，人类的艺术思维也在不断地进步，为了满足社会越来越高的日常需要和审美需求，科学家、艺术家又相继地设计出纸伞、布伞、尼龙伞、塑料伞、折叠伞、自动伞等，从简单的装饰发展到多彩多姿的图案、配件装饰，从粗劣到优雅，从防晒所需到以防晒和质量、美观、独特等社会目标并兼。因为我们无法直接储存太阳光的光能，人类甚至设计了天然火炉，用于海拔高的地方炊食，又设计太阳能热水器，用于给自己生活提供和节省资源，还有利用太阳能发电，都为人类生活带来了许多便利，也相应地减少了木材的砍伐和其他能源的消耗，调节了能源在不同国家、不同地区的不均衡分配。

除此之外，人们还为维护自身生存和发展，自主地通过预测和设计，减轻和控制了一些自然灾害，如在我国长江三峡建立大坝以调节河水分配和利用。工程施工总工期自 1993 年到 2009 年共 17 年，分 3 期目标进行，到 2009 年工程全部完工。大坝为混凝土重力坝，坝顶总长 3035m，坝顶高程 185m，正常蓄水位 175m，总库容 393 亿立方米，其中防洪库容 221.5 亿立方米，能够抵御百年一遇的特大洪水。配有 26 台发电机的两个电站年均发电量 849 亿度。航运能力将从现有的 1000 万吨提高到 5000 万吨，万吨级船队可直达重庆，同时运输成本也降低了 35%。人类经过自主思考和设想实践，与生态环境的变化形成了和谐统一的关系。

3. 多样性

深层生态学在承认自然物、其他生命物种内在价值的生态自我和生态物种平等观念的前提下，主张生物的多样性和共生原则。在现代生态科学的视野中，保持地球生物圈中生命形式的丰富性和物种的多样性，对于为生态系统的动态平衡，以及生物之间、生物与环境之间的物质、信息和能量交换具有极其重要的价值。类似地，生态美学作为一门学科，它涉及的主要研究对象就是生态——自然——生物，所以生态美学基本原则的遵守，首先就要维护生物的多样性(图 2-19)。

(a) (b) (c) (d)

图 2-19　生命的多样性

生物多样性是地球经过 40 多亿年的自然演化而形成的，是地球上最宝贵的自然资源。它不仅给人类提供了丰富的食物、药物和一部分工业原料，而且在保持水土、调节气候、维持生态平衡等方面起到了举足轻重的作用。

所谓生物多样性是指所有生物种类，种内遗传变异和它们的生存环境的总称，包括所有不同种类的动物、植物和微生物以及它们所拥有的基因，它们与生存环境所组成的生态系统。美国技术监察局给予的定义为“生命有机体及其赖以生存的综合体之间的多样性和变异性”。

生物的多样性一般包括遗传多样性、物种多样性、生态系统多样性和景观多样性 4 方面的内容。生态美涉及生态循环、生态平衡、生态艺术的方方面面，所以尽管随着科学技术的日新月异，人们改造自然的方法越来越先进，控制生态环境的能力越来越强，我们追求生态美，就不得不维护生物的这些多样性，保持生态平衡，建立人与自然之间的和谐关系，否则将承受生态报复的恶果，如滥砍滥伐、滥捕乱杀、对动植物栖息地的破坏，以及入侵物种的引入等，人类的种种不合理行为都大大地破坏了生物的多样性，结果带来了一场又一场的沙尘暴，一次又一次的干旱和洪涝灾害。常见的鸟儿成了所谓的“稀有动物”，毒食秧苗的害虫大肆繁殖，到头来受损失的却是人类自身。

因此，人类除非为了满足自己生死攸关的需要，否则无权随意减少地球上生命形式的丰富性和多样性。维护生命的丰富性和多样性已成为人们重要的现代环境价值观念。1992 年通过的《联合国生物多样性公约》明确指出：“缔约国意识到生物多样性的内在价值，和生物多样性及其组成部分的生态、遗传、社会、经济、科学、教育、文化、娱乐和美学价值，还意识到生物多样性对进化和保持生物圈的生命及维持系统的重要性，确认生物多样性的保护是全人类的共同关切事项。”这正如罗尔斯顿所说的：“人们已经学会了一些种内的利他主义，现在面临的挑战是学习种间的利他主义。”一方面，生态美学要承认生物和物种的多样性，寻求动态平衡，意识到生物和物种的内在价值，同时也要保持生态结构的复杂性，以及各种环境因素的变化和调节。另一方面，生态美学的多样性基本原则表现还包括意识形态的多样性，即考虑各种各样的审美观点。

生物和物种的多样性是客观的，而意识形态的多样性则是主观的。“有一千个读者就有一千个哈姆雷特”，接受美学的这句经典名言在当今的意识形态讨论中出现的频率之高让人耳熟能详。在运用中多是仁者见仁，智者见智，各取所需。对于生态的审美认识，不同国家、不同地区、不同的生活环境、不同的社会价值观、人生观、审美观，不同的生活经历等都会造成观点的不一致，所以生态美学在意识形态领域本身就具备了多样性。

以建筑设计为例，基于热爱自然、尊重自然、与自然高度和谐的传统文化精神的中国建筑，仿佛是大自然的一个有机组成部分，它的美学主题可以归类于表情说艺术理论，以意境为极致，所以其美学主题可用“意境”二字来概括，创造的建筑形象强调神似、写意，与自然界参差相依而求得和谐，以“天人合一”为其终极指向(人与自然、个体与群体之间顺从、适应的协调关系)。这种和谐使建筑的外观融入自然之中，体现出一种虚幻的和谐意识，而趋向于认识自然、改造自然、战胜自然的西方建筑则强调人工与自然的对比均有所不同，“天人相分，天人相争”的成分更加浓烈，使建筑形象“冲突类”的趋势得到进一步强化。西方建筑理论强调逻辑，富于理念。早在古罗马时期的建筑家维特鲁维，就曾明确提出“实用、坚固、美观”的观点。在造型方面，西方建筑具有雕刻化的特征，其着眼点在于二维的立面与三维的形体。以勒·柯布西耶的朗香教堂为代表，整座建筑犹如整块巨石雕凿而成，极具体量感和透视感。西方建筑美学主题则基本上可以用“典型”二字概括，其建筑思想以“杂多的统一、不协调的协调”来对立统一而存在，以自然的人作为其终极艺术指向。在美学主题的追求中，美学思维使用了求异思维，力求在无尽的纷争中达到对立统一。从设计师的艺术文化来看，西方建筑的美学思想中所体现出建筑师的智慧大多是属于宗教型、信仰型的，而中国建筑创造者们的集体智慧则是属于审美型的。比如中国古代帝王宫殿的大规模建设、四合院的建筑格局、园林的巧妙布景，可谓匠心独运，别是一番审美的乐趣，也体现了含蓄、优雅、封闭的特征；而西方古代建筑则以教堂文化、宗教文化为主，体现出一种信仰观、大方、庄严的特征，如埃及金字塔的修建，古希腊、古罗马的雕像的摆设，澳大利亚园林景观的设计等。由于历史渊源、文化本质、哲学体系、艺术本质、审美观念、建筑历史等方面的不同，中西方建筑文化所追求的生态美学主题思想明显地存在着许多差异。

再者，由于地球经纬度不同所导致的地理环境特点多样性，也会造成建筑生态审美观的差异，如我国北方的别墅强调的是阳光，而南方别墅强调更多的是通风。虽然这两个字眼看似宽泛，但它却影响了建筑的体型设计、门窗设计和院落设计。对阳光的利用、对通风条件的改善，都会影响到一系列平面图、剖面图、立体图的设计。北方强调阳光，正因为阳光是它的优势所在。对比南方，以两个地方为例，一个是长江中下游地区，每年都有梅雨季节，非常潮湿，居住不是很舒服；另一个是广东，阳光又过于强烈。所以说，北方的阳光，从生活的角度来讲，能提供更高的舒适度，同时，又能塑造出一个建筑的阴影、轮廓，也即建筑学上常说的“阳光是真正刻画建筑特色的把式”；南方强调通风，主要通过大量的半室外空间解决。不同的生活需求、生态需求、审美需求，使人们在调节自然与人类的关系上增强了主观认识，充分发挥主观能动性去适应生活环境，营造良好的生态氛围。

著名美学研究学家岳友熙在他的《生态环境美学》一书中提到："生态环境美实质上是一种似文化美。生态环境美不仅承认自然的内在价值，而且还承认自然具有一种作为人生存和生活的环境的特殊价值，即环境价值。它认为人类具有一种天然的环境本性，并以其为尺度衡量自然环境的价值，将一切有利于维护和优化现有生态环境的事物和行为评价认为是有价值的，否则就评价为无价值或负价值。"因此，每个生命个体对于环境与生态的审美评价都有自己的衡量标准。例如，对于生态环境与人类关系的平衡标准评价。国家领导者可能会从生态环境整体发展的角度出发，来认识和评价过去、现在、将来的生态维护成就和失败，从法律、规章制度上来制定平衡的标准，科学发展观、可持续发展观以及近年来反响强烈的《国务院办公厅关于限制生产销售使用塑料购物袋的通知》(即"限塑令")的制定，都是重要的体现；艺术设计者则可能从艺术审美的角度出发，来评判每一项关于自然环境改造、人工环境的创建，甚至细致到每一处生态景观，每一种花、草、树、木的布置和养植，是否符合人类的审美需求；普通公民则可能会从生活需要的层次来考虑，是否适宜某种生态环境，是否适宜健康与成长，是否便利于生活中的各种各样的活动的正常进行，有 3 个主要的层次：基本生存需求——发展需求——享受需求的阶段评价。例如，对于人类资源利用与浪费的标准评价。人类利用资源，怎样才算达到浪费的程度呢？有人说"吃饱了还撑着"就是一种浪费；有人说"用过了就扔掉"是一种浪费；有人说"不该用的却用了，不该花的却花了"也是一种浪费；有人说"该用上的却没用"还是一种浪费；有人说……那么到底有没有一个统一的标准呢？至今人类还在不断的探讨之中。除此之外，还有对于生态污染与食物链破坏的评价标准，对于人类生活水平与绿色环境的评价标准，等等，都有不同的"度"，因而审美的结果也会出现明显的差异性和多样性。

4．统一性

生态美学的统一性，从概念上看，在一定程度上综合了生态学和美学各自的优点，两者内在的相通性是生态美学得以产生和发展的重要基础。所以生态美学首先是汲取了生态学和美学的精华，并将两者巧妙地统一起来，形成新的学科形态。

从学科上看，生态学自身的统一性主要体现在：一个生物群落中的任何物种都与其他物种存在着相互依赖和相互制约的关系。常见的有以下几种。

(1) 食物链，居于相邻环节的两物种的数量比例有保持相对稳定的趋势。如捕食者的生存依赖于被捕食者，其数量也受被捕食者的制约；而被捕食者的生存和数量也同样受捕食者的制约。两者间的数量保持相对稳定。

(2) 竞争，物种间常因利用同一资源而发生竞争：如植物间争光、争空间、争水、争土壤养分；动物间争食物、争栖居地等。在长期进化中，竞争促进了物种的生态特性的分化，结果使竞争关系得到缓和，并使生物群落产生出一定的结构。例如，森林中既有高大喜阳的乔木，又有矮小耐阴的灌木，各得其所；林中动物或有昼出夜出之分，或有食性差异，互不相扰。

(3) 互利共生。如地衣中菌藻相依为生，大型草食动物依赖胃肠道中寄生的微生物帮助消化，以及蚂蚁和蚜虫的共生关系等，都表现了物种间的相互依赖、相互统一的关系。以上几种关系使生物群落表现出复杂而稳定的结构，即生态平衡，平衡的破坏常可能导致某种生物资源的永久性丧失。

生态系统的代谢功能就是保持生命所需的物质不断地循环再生。阳光提供的能量驱动着物质在生态系统中不停地循环流动，既包括环境中的物质循环、生物间的营养传递和生物与环境间的物质交换，也包括生命物质的合成与分解等物质形式的转换。

生态美学的统一性还体现于审美主体内在与外在自然的和谐统一性。在这里，审美不是主体情感的外化或投射，而是审美主体的心灵与审美对象生命价值的融合。它超越了审美主体对自身生命的确认与关爱，也超越了役使自然而为我所用的实用价值取向的狭隘，从而使审美主体将自身生命与对象的生命世界和谐交融(图 2-20)。生态审美意识不仅是对自身生命价值的认识，也不只是对外在自然审美价值的发现，而且是生命的共感。例如，人们不可能只考虑自身生存、发展、享受的重要性而忽略大自然的环境承受能力，围湖造田，围田造厂，竭泽而渔，大量捕捉“山珍海味”；人们也不可能只为了保护动物植的多样性而让狂野的老虎、狮子、毒蛇，甚至小小的蚂蚁等泛滥繁殖，最终占据人们生活的空间，甚至于毁灭人类；人们要在每一项生态设计和改造过程中，兼顾人类、自然、生态平衡的发展利益，维护三者之间的动态平衡与统一，以追求生命的整体效应。景观设计就是一个很好的实践范例：德国萨尔布吕肯市港口岛公园(Burgpark Hafeninsel，Peter Latz 设计)是在第二次世界大战中被炸毁的煤炭运输码头上建造的，设计师用基址上的废墟瓦砾，在公园中构建了一个巨大的方格网，作为公园的骨架，在荒芜的草丛中，还有用碎石瓦砾堆放出来的简单的几何图形，以此来唤起人们对 19 世纪城市历史面貌片段的回忆。设计者结合人们的审美需求和地理环境的特点，创造了一道通向历史文化的风景线。

图 2-20　自然的统一

2002 年北京多义景观规划设计研究中心完成的青岛海天大酒店南部环境的景观设计，以一系列三角形的地面隆起塑造了整体而又剧烈变化的地形，构成景观的基调，形成深远的层次和强烈的地表变化。地形的隆起与大海中远处的小岛和礁石在视线上产生某种联系，从地形之间的竹丛中的飘出的雾霭与大海中的海雾又浑然一体，产生神秘的景象。设计者利用天然的条件和人类的智慧，完成了一项伟大的工作。

但是，尽管德国萨尔布吕肯市港口岛公园再艺术，再充满历史气息，再吸引人，人类都无法将它还原为第二次世界大战前的大景观，德国人民也不可能只为留恋历史而建造越来越多的德国萨尔布吕肯市港口岛公园，占据生活环境的更多空间；尽管青岛海天大酒店南部环境再独特，再壮观，再美妙，人类也无法把它当做唯一的欣赏景观，我国人民也不会在更多的地方，花费巨资来建设酒店建筑和风景，而不考虑生存和发展的更实际的空间和场所。因为作为审美主体的人类与作为客体的自然，要始终保持一种和谐统一的关系。绝不是只追求经济或文化效益而对自然“先污染后治理”，也绝不是只追求景观的与众不同而忽视人类生存发展的本质要求，而是追求生命的共通性，兼顾方方面面。

据不完全统计，目前我国25.4%的城市是临河设置的。21世纪80年代初，我国许多城市开始规划城市河岸，但由于规划思想落后，规划的城市河岸功能单调，且人工痕迹累累，在许多城市，城市河岸往往被渠道化，甚至把河流变成暗渠。渠道化的河岸大多只注重防洪，重改造轻保护，破坏乡土植被，不能体现河岸的综合功能。景观设计多采取传统的工程措施，即拓宽河道、裁弯取直、水泥衬地、石砌护坡、高筑河堤等。这些措施虽然能够立竿见影，使河道景观看上去“整洁”、“漂亮”，但是却忽略了许多缓慢的或不易察觉的负面影响，新疆塔里木河上游的胡杨林的死亡，内蒙古额济纳绿洲的消失，就是典型的例子。河流是维系西北干旱半干旱地区经济、生态建设的命脉，由于管理不力，流域内各地对水资源利用缺乏协作，造成上游、下游断流，植被干枯，导致沙化。

此外，回顾新中国成立以来各种人为破坏对土地荒漠化的加剧，更是令人痛心。首先，据《人民日报》报道，20世纪50年代到20世纪70年代，由于片面强调以粮为纲，围湖造田、毁林开荒高潮迭起；20世纪80年代以来，为追求地方经济的短期增长，又掀起新一轮开荒热。大面积毁林毁草垦荒的结果是得不偿失，导致土地荒漠化：“一年垦草场，二年打点粮，三年五年变沙梁”。据全国农业区划办公室对黑龙江、内蒙古、甘肃、新疆4省区遥感调查，1986—1996年10年间开垦面积为174万公顷，其中近一半撂荒，沦为沙化土地。其次，我国原本有非常广阔的天然草场，但由于长期以来盲目增加牲畜数量，大大地超过了草场的承载能力，不少地方草根都被饥饿的牛羊吃掉了。统计资料显示，当前西北地区已有近70%的草场因过度放牧而退化，草场超载率为50%～120%，有的地区高达300%。据统计，1949—1990年间，有235.3万公顷草地因此变为流沙。再者，过度樵采是破坏植被的又一原因。由于交通不便，经济贫困，不少沙区群众伐林割草作为薪柴，一些机关和驻军也以林木为生活能源，从而使防风固沙的天然植被屡遭破坏。在甘肃、宁夏、内蒙古等地，部分群众在高额利润的诱惑下，乱采沙漠中的甘草、发菜等药用、食用植物，成片的草地被破坏掉。种种原因导致了我国部分地区冬、春季节的沙尘暴天气。

由此可见，人类在生态改造的同时，忽略生态的长远发展和环境保护的统一性，人类生存处于模棱两可的危险状态，却后知后觉，只注重眼前利益，盲目地对自然资源进行开发和滥用，终究会引起环境的恶意报复。

另一方面，艺术化的生态环境对于人并非是一种外在性的存在，在本质上，它对于人更具有内在性。科学家海森堡指出：“我们复杂的实验所给出的不是自然界本身，而是为我们旨在求得的认识而采取的操作所改变了的和转变了的自然界。”并发出“自然科学的危急”的警告。人类内在的精神需求无法忍受人与自然环境的分裂状态，人类内在的需求要求实现人与自然的统一。因为人类就生活在“地球”这个大生态环境系统中，生态环境不仅是人类物质生活的家园，而且是人类精神生活的家园，人类对生态环境的依赖是人类生活的一种最基本的需要，满足和实现这种需要是人类的一种直接价值。由此看来，人与生态环境虽然存在着外在的统一性，但二者之间的关系不是外在的关系，而是一种内在一体性的关系。比如，对于生活环境的规划，人们在追求美观、舒适、卫生等前提下，相继地设计出格局优雅别致的建筑楼房，简单或者复杂，深色装饰或者浅色装饰，以及周围景区，像草坪、树木、楼台、阶梯、喷池、假山、围墙、小亭等的布局都越来越讲究主题效果，讲究艺术结构，而且由发展型需求越来越偏向享受型的美感追求。

保护高原珍稀野生动物资源成了现代人的一种责任。我国在设计和修建青藏铁路的过程中，充分考虑了青藏高原独特的极为珍贵的动物资源，在工程设计时，有关部门对穿过可可西里、楚玛尔河、索加等自然保护区的铁路线路，进行了多方案比选，采取了绕避方案，在西藏境内选择羊八井方案，绕开了黑颈鹤保护区。根据青藏铁路沿线野生动物的生活习性、迁徙规律，设计部门还在相应的地段设置了30多处野生动物通道，保障沿线野生动物的正常生活、迁徙和繁衍。在沱河中铁三局集团六队驻地附近，时常有藏野驴、黄羊出没。修路队员工都十分爱护这些国家保护的野生动物，没有人去侵扰它们。这不仅仅是一种对自然价值的肯定和维护，也是对人类自身价值的认识和提高，坚持了可持续发展观。

人们亲近大自然，也就体现了人热爱大自然本身，保护和美化自然环境也就成了人的一种内在本性，也就是保护和美化人自身，追求人与自然环境的和谐统一也就成了人的一种崇高美德。以这种美德来规范和指导人的实践活动，人们就会把破坏自然生态环境看成是人自身美德的丧失，对人自身存在价值的否定。因此，人在处理人与自然关系的时候，也就有章可循了。

总之，生态美学的原则要求应包括人与自然环境的外在性统一和人与自然环境内在统一性这两方面，并把二者有机地结合起来。

5. 节奏性

这是指生态的美感必然遵循着一定的节奏和发展的旋律(图 2-21)。随着时代步伐的不断加快，人们生活的日新月异，生态环境也随着人类的开发利用和改造而显现出崭新的风貌，作为意识形态领域的审美观当然也呈现出阶段性的变化。

图 2-21　自然的节奏

起初，当人类没有出现之前，洪荒中的宇宙和地球生命系统的结构演化也具有统一和谐性。在太阳系演化的这一特定阶段，地球上有了水的存在，生命系统由低级到高级，由简单到复杂，呈现一幅和谐的图景。但在没有人作为审美主体诞生之前，自发自在的宇宙和谐图景是没有审美价值的。人类产生后，逐步控制了生态生产链的最高端。人类的生产和消费改变了原始生态面貌。同时，又找到了新的平衡点，用生态生产和生态消费弥补了地球表层生态的恶化。一方面，大片的原始森林被砍伐，大片的绿色植被区变成了城市和居民区，一些农田和草场因过度开发而退化成了沙漠；另一方面，人类也运用科学技术大大提高了单位土地上的生产率。大量河流因为人工控制而减少了洪水泛滥，从而减轻了对流域内生态的破坏作用，森林、草原因为人类的保护而减少了天然焚烧的破坏。地球上天然生物种群的数量有下降趋势，但是，种群数量的减少恰恰为人工培育的、供人类直接消费的生物的高效生产留下了空间。从 20 世纪 60 年代开始，人类逐步认识到工业化社会中那种以消耗自然资源和一次性能源为基础的大规模生产造成对生态平衡日益严重的破坏，引发了污染、人口膨胀、物种减少和大气成分改变等不利的效应，从而形成了保护环境、节约资源、绿色主题、重建生态和谐的可持续发展观，反对先污染后治理的错误认识论，反对资源浪费和环境破坏，促进各个国家、各个地区之间的治理和维护经验交流。从全球整体上认识到促进自然、人类、生态建设的统一性，发展循环经济，推出环保政策，制裁破坏生态环境的不法分子，这是人类遵循自然规律和审美意识形态变化规律而进行社会生产和自身的生产实践的新阶段，也是生态美必须要把握的原则。

生态美学的发展始终遵循着人类生态意识发展的主旋律而日渐更新和完善，从人类的自然崇拜(如图腾崇拜、生殖崇拜等)到原始资源利用和改造的奴隶社会，到征服自然，到污染和破坏自然，到进入 21 世纪的今天，在人们走向文明走向辉煌的今天，在人们高扬着人的主体性的时候，那种人类中心主义的狭隘见解，严重威胁着人类与自然的和谐发展，人和自然的关系成为当代社会一个突出的问题。恩格斯曾说“我们必须时时记住我们统治自然界，决不像征服者统治异族人那样，不像站在自然界之外似的”，“我们不要过分陶醉于我们人类对自然界的胜利对于每一次这样的胜利，自然界都对我们进行报复。”

以污染气体对环境造成的严重威胁为例，设计者在电冰箱的最初发明和使用之前，并没有充分考虑到它运作时所放出来的大量“氟利昂”气体，竟然会是地球大气层中臭氧层的破坏者，更没有想到，臭氧层的变化竟然会造成一系列的光辐射加强效应，危害到人类的健康。设计者在 20 世纪之前的工业生产制造中，也没有顾及工厂所排放出来的二氧化硫、一氧化碳、二氧化碳等气体的毒害作用，于是酸雨降临了，全球变暖的趋势迫近了，人们也因为吸入过量的有毒气体而导致各种各样的疾病，如肺癌。

如今，环境和发展问题已成为人类所共同面临的一个越来越尖锐的矛盾，国际社会也越来越关注这一关系人类生存与发展的重大问题。1972 年，联合国在人类环境会议上通过了《人类环境宣言》，已经确认生态危机成为全球性问题。1992 年，联合国环境与发展会议通过了《关于环境与发展的里约宣言》及《世纪议程》，把可持续发展战略、加强环境保护和治理、改善人类生态环境作为世界各国共同的目标和使命，“非人类中心主义”、“生态中心主义”的呼声越来越高，正是在这样一个大背景下，生态美学问题也日益受到人们的关注和重视。

习　题

1．什么是生态美学？
2．生态美学的基本特性是什么？
3．生态美学的主要内容有哪些？
4．怎样在艺术设计中应用生态美学的基本原则？

第三章　艺术设计中的生态文明主题

教学要求和目标：

- 要求：本章要求学生掌握生态设计的几个主题并能够在设计实践中应用这些主题。
- 目标：理解并掌握生态设计主题的科学内涵，并能够在艺术设计的实践中较熟练应用这些主题于艺术设计的作品中。

本章要点：

- 生态文明设计主题的科学内涵。
- 生态设计的几个主题。

在流行的解释中，艺术设计是根据一定的需要发现和精心构造备选方案的活动。设计就字义来解释，是设想和计划的含义。现在所说的设计包括人类对自己将要创造的产品的前期构思，以及实现这个构思的整个过程，是一种创造性的活动，反映现代大工业社会的本质。

不过，这一定义没有揭示艺术设计的本质。从本质的意义上看，艺术设计是人类有目的性的审美活动。人类在进行艺术活动时有明显的目的性和预见性，是为达到某一明确目的性和预见性的自觉的行为。艺术设计也是一种问题求解活动。设计过程就是以问题求解、寻找问题答案为核心，它是人们为满足一定需要，精心寻找和选择理想被选方案的活动。同时，艺术设计还是一种智能文化创造形态。设计表现为某种文化创造活动形态，而这是特定的文化背景和进行设计活动的具有特殊文化素质的人所决定的。在这其中，审美与文化创造是最重要的两个本质规定。从审美的角度看，人类一切的审美活动都源自于自然，是对自然模仿与领会的结果。尽管人类的艺术设计在今天看来已经远离了自然，但其基本原则与规律仍然与自然一致，或者说艺术设计仍然必须遵循这些自然的规律与原则。遗憾的是，很多人在今天已经遗忘了这些规律与原则。因此，在我们的时代正在迎接新文明到来之际，重新阐述这些自然规律与原则就有了必要。在另一方面，作为文化创造的艺术设计，也不可避免地要体现并反映新时期的文化精神——生态文明。因此，如何把生态文明的精神品质应用到艺术设计中去，就成为一个值得探讨的问题(图 3-1)。必须指出的是，任何一种学术探讨，都很难做到系统与准确。相反，如果在探讨中一味求全求精，反而会妨碍了这种探新，而本章所有设想正是本着这样的一种想法。

图 3-1　设计中的绿色主题

当人们看到生态文明与艺术设计的内在联系后，人们也就为生态文明的艺术设计奠定了一个合理的根基。不过，生态文明是一个有着非常丰富内涵的概念，它不仅强调人与自然的和谐，也强调人与人的和谐、人与社会的和谐、人与自我的和谐。在现实生活中，生态文明既是一种观念，也是一种制度，还是行为方式、物质设施与情感方式。仅仅从生态文明的观念上，就有非常丰富的内容。面对如此丰富内涵的生态文明，艺术设计又该表现什么呢？从艺术设计可以表达生态文明这一原则出发，当然可以表达生态文明的一切，或者说生态文明的一切均在艺术设计的表达之中。如果从今天的社会现实条件与生活背景来看，人们至少应该主要把握下述一些主题。

第一节　人与自然的和谐

这是生态文明的重要内容，也是艺术设计在表达生态文明的时候必须表现的主题之一，艺术设计包含两个方面，一是表达的形式；二是表达的内容。要表达生态文明这一主题，就必须在表达形式和表达内容上符合生态文明的要求，主要表现为设计师们设计的产品开始以环保为主题，主张用无污染、可循环的材料。来自美国伊利诺斯州中西部的建筑师迈克尔·简森(Michael Jantzen)就在 1981 年的时候，为自己父母的结婚纪念日建造了一所大量采用废弃公共汽车部件为原材料的“夺目屋”(Dome House，圆屋顶的房子)(图 3-2)。他用 1980 年几乎一整年的时间构想设计这件作品。具体来讲，“夺目屋”是由四根直径为 7.92m (26 英尺)的连锁钢铁筒(Interlocking Steel Silo)构建而成，这样的建筑材料在美国中西部常常被用来建造混凝土贮仓(Concrete Silos)，以作存放谷物等农产品之用。因为特殊的形状、结构和建筑材料，“夺目屋”是非常有效能的房子，只需要很少的能源消耗，整个房屋内部就可以做到冬暖夏凉的效果。如果大量建造的话，“夺目屋群”还可以成为城市一道很特殊的景观，而且根据连锁钢铁筒的增减，房屋还可以自由变大变小。正是由于有了这样的设计，人与自然就巧妙地结合了起来，既不会对环境造成破坏，而且还和当地的环境进行了“无缝接合”，简直是一举两得。

图 3-2　“夺目屋”Dome House

目前社会的现状是人们大量掠夺自然资源、破坏生态环境，而设计师们正要承担起调节人与自然的关系的重任。首先要解决的是需要延长商品的生命周期，现在的商品的使用周期越来越短，像女孩子的衣服，有的用一个季度就会被淘汰。电子产品也是如此，手机的更新换代速率越来越快，人有一个心理，就是求新、从众。顾客的需求更加促进了产品的淘汰速度加快。因此要依靠设计，从材料出发，材料必须可回收、可拆卸、对自然资源需求少、对自然环境的破坏小。同时，由于独特的设计可以吸引人们延缓产品的淘汰时间。这样做，不但人与自然得到了和谐，而最终使人与人之间也达到了和谐，大部分资本家从破坏自然中谋取了利润，而无产阶级却什么也没有得到，但也要被大自然惩罚，与此同时还要为资本家工作，还要购买资本家出售的物品，在商品的大潮流中被物化掉。在这样的矛盾激发下必然需要有一种东西来缓解这种矛盾，而设计正是它所需要的。设计在赋予产品一种理念的同时，也使人重获人的价值，过去只是冰冷的器皿，但现在却传来了人文的气息，人们在这些产品的身上发现了符合自己价值观的东西。宝马和奔驰同是德国的高端车系列，但两者的设计理念完全不一样，宝马宣扬的是运动与激情，奔驰强调的是它的高科技，而正是由于有了设计才使这些车变得更有价值，一些爱好运动的人喜欢宝马系列的车，一些崇尚理性主义的人则偏向奔驰，人在驾驶这些车子的时候，也仿佛感觉到自己的价值观得到了实现。这就是设计的力量，设计不但可以使人与自然得到和谐，更重要的是使人与人之间的矛盾也得到了缓解。

第二节　尊 重 生 命

尊重生命是生态文明重要的观念，因为生命不可复制。从技术层面上讲，生命是可以“复制”的，因为现代生物学的克隆技术已经把“复制生命”的愿望变成了现实。不过，“复制的生命”与原有的生命之间却有着本质的区别，因为生命首先是一个过程，这一过程是特定自然和历史条件的产物，它是唯一的，历史在某些特征上可以重复，但历史绝对不可以完全重复。正因为如此，克隆出来的生命只是重复了原有生命的某些特征，不可能重复这一生命的全部生命过程与生命体验。重要的是，原有生命不能感受到被复制出来的生命体验，两个生命不能交换。正是基于这一原因，生态文明把尊重生命作为非常重要的一个原则。

对生命的尊重，不仅指尊重人自己的生命，更是指尊重自己以外的一切生命。不过，人类从尊重自己的生命到尊重一切生命的观念的得出却经历了一个漫长的过程。人在自然界中是唯一能够意识到自己存在的动物，因此，人必然要从自己出发来观察事物和思考问题。这正如马克思恩格斯所说：“对于各个个人来说，出发点总是他们自己。”从这个意义上看，人必然要把自己作为世界的中心，或者说人在对待环境上必然要采取人类中心主义的态度。在一般意义上，人类中心主义是指一切以人为中心，一切从人的利益出发，一切以人为尺度。不过，人类中心主义在人类社会的不同时期和不同的地区有着不同的内涵。在历史上，人类中心主义拥有一个自己的成长过程，以时间来划分，包括古代人类中心主义、中世纪人类中心主义、近代人类中心主义和现代人类中心主义。

第一阶段的人类中心主义，是古代的人类中心主义，我们亦可称之为自然中心论。这个时期，人还是自然的奴隶。随着人类在生产力的不断提高，人能够凭借自身的能力改变自然形态并借此为自己服务的时候，人们开始逐渐意识到自己的主体地位，并由此产生了人类的主体意识，也因此渐渐形成了人类要使用自然力、利用自然物质的欲望。这种意识，是人类中心主义的雏形，人们开始意识到人虽作为一个生物种类，但是其强大的潜力足以改变自然，在自然中终会占据优势地位。这时人类中心主义并不是作为一种观念存在，而仅仅只是人类的一种中心意识的萌芽，它还被自然神秘的外衣所掩盖。不过，这时的人虽然对自然充满着敬畏，但已知道通过对统治大地的神的崇拜来支配自然力量并且为其所用。例如，人们对河神、山神、战争之神的崇拜，就是希望统治山河和战争的神能够使得山河不要为害人类，使得自己在战争中获得胜利。

第二阶段的人类中心主义，是中世纪人类中心主义。在这一时期，占据统治地位的是基督教神学，它代表着这一时期人类中心主义的主要思想，认为人是上帝的创造物，人被赋予上帝的智慧，代表上帝来对“地”实现统治，从而与上帝直接治理的“天”相配合，实现天地和谐。在这个阶段，人类尽管仍然还崇拜神，但人类已经具有一定改造自然的能力，只不过这时的人们将自身改造自然的能力赋予了神，从而迫切地希望获得对自然更多的征服。这一时期人类作为中心的意识开始全面爆发，但生产力的缓慢提高却使得人类中心主义的发展缓慢。

第三阶段的人类中心主义，是近代人类中心主义。这一时期的人类中心主义是建立在近代自然科学基础上的。随着以大机器生产为特征的现代化生产的出现，人类真正第一次摆脱自然对人的奴役状态，并成为自然的主人，但是却因此产生了拜生产力教，人与人的关系、人与自然的关系开始扭曲，这种背景下的人类中心主义作为一种价值观念促使一部分人膜拜生产力，从自然界里无限抢掠，并通过领土扩张来增加资源量，将自然物质作为私有财产、发展资本，使得环境遭到污染和破坏。随着资本主义的发展和社会财富的两极分化，到后来，这种人类中心主义的意识实际上被私人化，人类中心主义被少部分人篡改为私人中心主义。

第四阶段的人类中心主义，是现代人类中心主义。近代以来的几次科技革命和工业革命带来生产力的巨大解放，但同时也带来巨大的环境问题和一系列全球化问题。由此形成了现代人类中心主义，其基本观点是强调从生态学的角度来处理人类与自然的关系，主张人同自然的和谐相处。这一形态的代表人物有美国的哲学家 B.诺顿和美国植物学家 W.H.默迪。诺顿认为，应该把人类中心主义分为两种，即强式人类中心主义和弱式人类中心主义。强式人类中心主义以满足人类的个体欲望和需要为最高目的，而弱式人类中心主义则是以个体的欲望或需要经过审慎、周全考虑后才加以肯定的那种需要和欲望。默迪认为，人类中心主义是可以现代化的，甚至它自身也处在不断进化中。在默迪看来，人就是以人类为中心的，所谓中心，就是将自身利益评价得比其他物种的利益更高。因为“物种的存在，以其自身为目的。它们完全为了其他物种的利益，就不能存在。从生物学的意义上说，物种的目的就是持续再生”，“一切成功的生物有机体，都是为了它自己或它们的种类的生存目的而活动”。默迪认为现代人类中心主义应该承认自然存在的内在价值，重视生态支持系统的健康和稳定(图 3-3)。

(a)

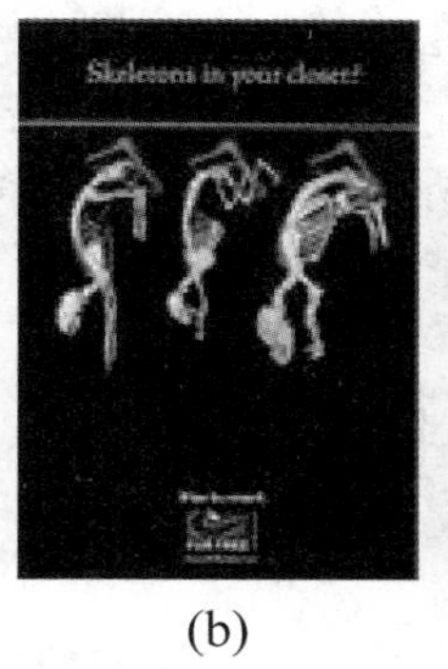

(b)

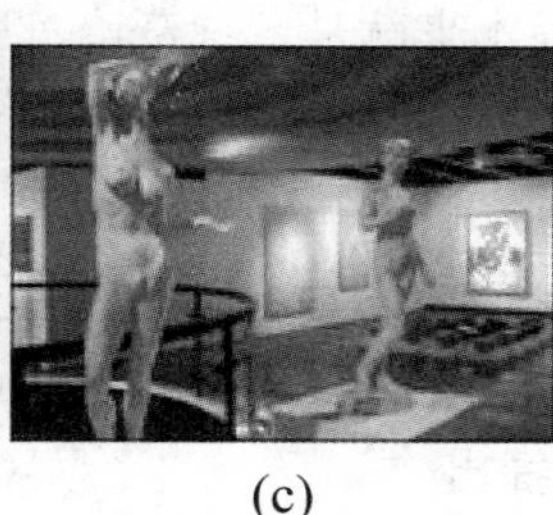

(c)

(d)

图 3-3　保护动物的公益广告

在今天，对人类中心主义的批判声不绝于耳，很多人甚至呼吁抛弃人类中心主义，而建立生态中心论。这种观点认为“生命是平等的”，生命没有高低贵贱之分，人只是生命世界中平等的一员，既没有所谓上帝赋予人主宰大地的权利，更不能因为人比其他动物聪明而自然具有主宰全体生命的权利。因此，人应该尊重其他动物生命的权利，这种权利不仅包括动物的生存权，还包括动物心理快乐、不被侮辱和伤害的权利。这种观点在西方发展成为一种运动，并出现了相应的社会组织，即动物保护组织，这些组织的成员活跃在世界各地，他们救助冲上海岸自杀的大型鱼类，他们也驾着小船阻止日本人在海上疯狂的捕鲸。在英国，他们也袭击穿动物皮毛的妇女；在韩国，他们在狗肉店门前抗议，放跑被捆起来的狗，并威胁要砸烂卖狗肉的店铺。这些行为与一些宗教组织的信条相吻合。例如，我国的佛教就有“众生平等”和“不杀生”的宗教信念和戒律。这些组织和运动良好愿望的出发点是可以理解的，但其观点却有偏颇之处：生命对所有的动物固然都是宝贵的，但动物世界的任何生命也是生命链中的一环，我们不可以谴责海洋中鲸鱼对其他更弱小鱼类的“残杀”，也不能谴责非洲草原上狮子对斑马生命的“扼杀”。

从以上分析来看，尊重生命不在于要不要消灭人类中心主义，而在于要采取什么样的人类中心主义。科学的人类中心主义把人类当做世界的主体，因为人类是唯一有意识和能力改造自然并且保护自然的动物，放弃这种态度实际上就是放弃人类对自然界应该负的责任。由于人类与其他动物相比具有超强的生存能力，同时，人是唯一能够意识到其他生命整体危机的动物，因而人类就必须承担起自然主体的责任，积极地去保护其他生命的存在。

对于艺术设计而言，尊重生命，就是要表现生命的特殊意义。每一种生命都有其特殊的价值和意义，都是地球生物圈所必不可少的，它们都有自己特殊的生存方式和生存技巧，当然也有独特的生存价值。每个生命都是有价值的。生态文明的这一主题，表现在艺术设计方面，首先，不要为了设计产品而谋取其他生物生存的权利，尤其是针对动物。曾经有一段时间，时装界兴起了一股“动物潮流”，大家都以能披上动物的皮为荣，而且这种动物越珍贵，这件衣服就越显得高贵，豹皮、鳄鱼皮、老虎皮等，凡是动物的皮都可以披上身，可是正是由于设计界的这股“不正之风”给许多动物带来了灭顶之灾，人们为了更大的利润而竞相捕杀这些动物，设计师们为产品增加额外价值的时候，也同时用无形的手去推动人们将生命一一扼杀。这些设计师就成了幕后的黑手，虽然他们没有亲自动手去杀死这些动物，但他们却是始作俑者，虽然他们也是为了设计事业作奉献，但他们在为设计界添砖加瓦的同时，也将鲜血带进了艺术的殿堂。如果连起码的尊重生命都没有做到，那么设计出来的东西也只会使人感到不安，有谁想穿一件充满了血迹的衣服上街呢，所以，设计师应当承担着这一方面的义务，在设计产品的时候，应当尊重生命，毕竟每个生命都是很可贵的，它们诞生到这个世界本来就是一种奇迹，所以不要轻易地扼杀这种奇迹。设计品如果不能表达尊重生命这一生态文明主题，就无法站到这个时代的顶峰上。

第三节　尊重生物多样性

1. 生物多样性概念的提出

20 世纪以来，随着世界人口的持续增长和人类活动范围与强度的不断增加，人类社会遭遇到一系列前所未有的环境问题，面临着人口、资源、环境、粮食和能源 5 大危机。这些问题的解决都与生态环境的保护与自然资源的合理利用密切相关。

第二次世界大战以后，国际社会在发展经济的同时更加关注生物资源的保护问题，并且在拯救珍稀濒危物种、防止自然资源的过度利用等方面开展了很多工作。1948 年，由联合国和法国政府创建了世界自然保护联盟(IUCN)。1961 年世界野生生物基金会建立。1971 年，由联合国教科文组织提出了著名的“人与生物圈计划”。1980 年由 IUCN 等国际自然保护组织编制完成的《世界自然保护大纲》正式颁布，该大纲提出了要把自然资源的有效保护与资源的合理利用有机地结合起来的观点，对促进世界各国加强生物资源的保护工作起到了极大的推动作用。

20 世纪 80 年代以后，人们在开展自然保护的实践中逐渐认识到，自然界中各个物种之间、生物与周围环境之间都存在着十分密切的联系，因此自然保护仅仅着眼于对物种本身进行保护是远远不够的，往往也是难于取得理想的效果的。要拯救珍稀濒危物种，不仅要对所涉及的物种的野生种群进行重点保护，而且还要保护好它们的栖息地。或者说，需要对物种所在的整个生态系统进行有效的保护。在这样的背景下，生物多样性的概念便应运而生了。

2．生物多样性的定义

生物多样性(英文为 biodiversity 或 biological diversity)是一个描述自然界多样性程度的一个内容广泛的概念。对于生物多样性，不同的学者所下的定义是不同的。例如 Onorse et al.(1986)认为，生物多样性体现在多个层次上，而 Wilson 等人认为生物多样性就是生命形式的多样性(“The diversity of life”) (Wilson & Peter，1988；Wilson，1992)。孙儒泳认为生物多样性一般是指“地球上生命的所有变异”。

在《生物多样性公约》(Convention on Biological Diversity，1992)里，生物多样性的定义是“所有来源的活的生物体中变异性，这些来源包括陆地、海洋和其他水生生态系统及其所构成生态综合体；这包括物种内、物种之间和生态系统的多样性”。在《保护生物学》一书中，蒋志刚等给生物多样性所下的定义为：“生物多样性是生物及其环境形成的生态复合体以及与此相关的各种生态过程的综合，包括动物、植物、微生物和它们所拥有的基因以及它们与其生存环境形成的复杂的生态系统。”综合各家的观点，我们认为，生物多样性是指地球上所有生物(动物、植物、微生物等)，它们所包含的基因以及由这些生物与环境相互作用所构成的生态系统的多样化程度。

3．生物多样性的主要组成

通常包括遗传多样性、物种多样性和生态系统多样性 3 个组成部分。

(1) 遗传多样性。遗传多样性是生物多样性的重要组成部分。广义的遗传多样性是指地球上生物所携带的各种遗传信息的总和。这些遗传信息储存在生物个体的基因之中。因此，遗传多样性也就是生物的遗传基因的多样性。任何一个物种或一个生物个体都保存着大量的遗传基因，因此，可被看做是一个基因库(Gene Pool)。一个物种所包含的基因越丰富，它对环境的适应能力越强。基因的多样性是生命进化和物种分化的基础。

狭义的遗传多样性主要是指生物种内基因的变化，包括种内显著不同的种群之间以及同一种群内的遗传变异(世界资源研究所，1992)。此外，遗传多样性可以表现在多个层次上，如分子、细胞、个体等。在自然界中，对于绝大多数有性生殖的物种而言，种群内的个体之间往往没有完全一致的基因型，而种群就是由这些具有不同遗传结构的多个个体组成的。

在生物的长期演化过程中，遗传物质的改变(或突变)是产生遗传多样性的根本原因。遗传物质的突变主要有两种类型，即染色体数目和结构的变化以及基因位点内部核苷酸的变化。前者称为染色体的畸变，后者称为基因突变(或点突变)。此外，基因重组也可以导致生物产生遗传变异。

(2) 物种多样性。物种(Species)是生物分类的基本单位(图 3-4)。对于什么是物种一直是分类学家和系统进化学家所讨论的问题。迈尔(1953)认为：物种是能够(或可能)相互配育的、拥有自然种群的类群，这些类群与其他类群存在着生殖隔离。我国学者陈世骧(1978)所下的定义为：物种是繁殖单元，由连续又间断的居群组成；物种是进化的单元，是生物系统线上的基本环节，是分类的基本单元。在分类学上，确定一个物种必须同时考虑形态的、地理的、遗传学的特征。也就是说，作为一个物种必须同时具备如下条件：①具有相对稳定而一致的形态学特征，以便与其他物种相区别；②以种群的形式生活在一定的空间内，占据着一定的地理分布区，并在该区域内生存和繁衍后代；③每个物种具有特定的遗传基因库，同种的不同个体之间可以互相配对和繁殖后代，不同种的个体之间存在着生殖隔离，不能配育或即使杂交也不能产生有繁殖能力的后代。

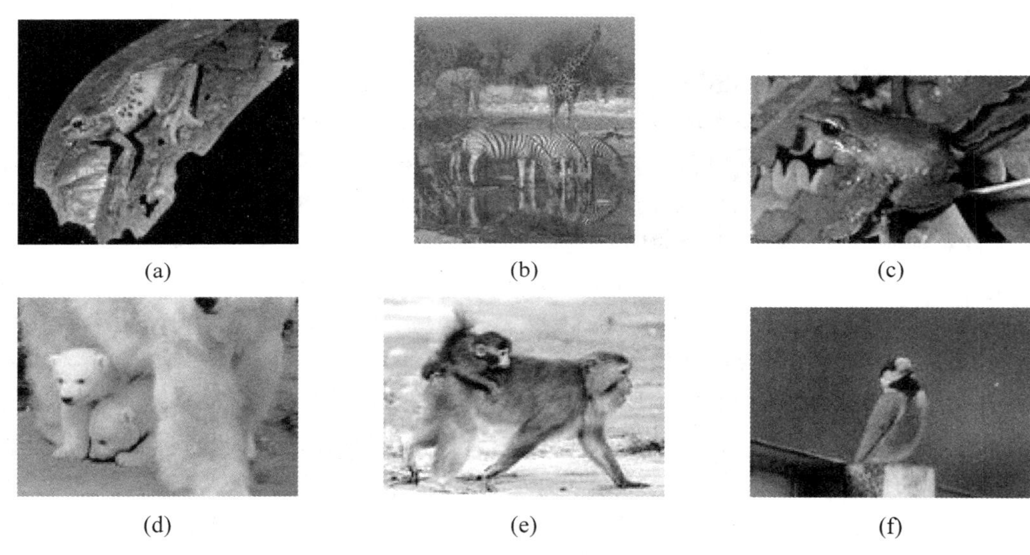

(a) (b) (c)

(d) (e) (f)

图 3-4　物种的多样性

物种多样性是指地球上动物、植物、微生物等生物种类的丰富程度。物种多样性包括两个方面，一是指一定区域内的物种丰富程度，可称为区域物种多样性；二是指生态学方面的物种分布的均匀程度，可称为生态多样性或群落物种多样性。物种多样性是衡量一定地区生物资源丰富程度的一个客观指标。

在阐述一个国家或地区生物多样性的丰富程度时，最常用的指标是区域物种多样性。区域物种多样性的测量有以下三个指标：其一，物种总数，即特定区域内所拥有的特定类群的物种数目；其二，物种密度，指单位面积内的特定类群的物种数目；其三，特有物种比例，指在一定区域内某个特定类群特有物种占该地区物种总数的比例。

(3) 生态系统多样性。生态系统是各种生物与其周围环境所构成的自然综合体。所有的物种都是生态系统的组成部分。在生态系统之中，不仅各个物种之间相互依赖，彼此制约，而且生物与其周围的各种环境因子也是相互作用的。从结构上看，生态系统主要由生产者、消费者、分解者所构成。生态系统的功能是对地球上的各种化学元素进行循环和维持能量在各组分之间的正常流动。生态系统的多样性主要是指地球上生态系统组成、功能的多样性以及各种生态过程的多样性，包括生境的多样性、生物群落和生态过程的多样化等多个方面。其中，生境的多样性是生态系统多样性形成的基础，生物群落的多样化可以反映生态系统类型的多样性。

近年来，有些学者还提出了景观多样性(Landscape Diversity)，作为生物多样性的第 4 个层次。景观是一种大尺度的空间，是由一些相互作用的景观要素组成的具有高度空间异质性的区域。景观要素是组成景观的基本单元，相当于一个生态系统。景观多样性是指由不同类型的景观要素或生态系统构成的景观在空间结构、功能机制和时间动态方面的多样化程度。遗传多样性是物种多样性和生态系统多样性的基础，或者说遗传多样性是生物多样性的内在形式。物种多样性是构成生态系统多样性的基本单元。因此，生态系统多样性离不开物种的多样性，也离不开不同物种所具有的遗传多样性。

4．生物多样性公约

生物多样性公约是国际社会所达成的有关自然保护方面的最重要公约之一。该公约于 1992 年 6 月 5 日在联合国所召开的里约热内卢世界环境与发展大会上正式通过，并于 1993 年 12 月 29 日起生效(因此每年的 12 月 29 日被定为国际生物多样性日)。到目前为止，已有 100 多个国家加入了这个公约。该公约的秘书处设在瑞士的日内瓦，最高管理机构为缔约方会议(CoP)。CoP 由各国政府代表组成，其职责为：按照公约所规定的程序通过生物多样性公约的修正案、附件及议定书等。

生物多样性公约的目标是：保护生物多样性及对资源的持续利用；促进公平合理地分享由自然资源而产生的利益。生物多样性公约的主要内容有以下一些方面。

(1) 各缔约方应该编制有关生物多样性保护及持续利用的国家战略、计划或方案，或按此目的修改现有的战略、计划或方案。

(2) 尽可能并酌情将生物多样性的保护及其持续利用纳入到各部门和跨部门的计划、方案或政策之中。

(3) 酌情采取立法、行政或政策措施，让提供遗传资源用于生物技术研究的缔约方，尤其是发展中国家，切实参与有关的研究。

(4) 采取一切可行措施促进并推动提供遗传资源的缔约方，尤其是发展中国家，在公平的基础上优先取得基于其提供资源的生物技术所产生的成果和收益。

(5) 发达国家缔约方应提供新的额外资金，以使发展中国家缔约方能够支付因履行公约所增加的费用。

(6) 发展中国家应该切实履行公约中的各项义务，采取措施保护本国的生物多样性。

生物多样性为艺术设计带来了非常巨大的生命活力，生命多样性所展示的，是大自然中神奇而丰富的生存智慧、奇特的生命形态，为我们的艺术设计提供了取之不尽的素材与范式。人类的设计史实际上就是一本人类向大自然学习设计的历史教科书。这是生态文明的一个重要的课题，现在世界上的物种越来越少了，影响的不单是自然界、生物链、生物圈等，还有人类社会的“上层建筑”也受到了牵连，尤其是文化。设计也是如此，设计本身就要求自身要具有多样性，这种多样性包括创作形式多样性、创作材料多样性等，而设计的最直接的材料就是来自于自然，广义上的设计从古到今都存在，人类社会经历石器时代、青铜时代、铁器时代等，每个时代的设计材料都不一样，古代中国的陶瓷很出名，许多艺术品都是陶瓷制品。这些取自大自然的材料迟早有一天会耗尽的，生命也同样如此，物种在大自然灭绝了就不能再恢复，没有了大自然的多样性，艺术设计就成了“巧妇难为无米之炊”了。所以，尊重生命的多样性是与艺术设计有着重大联系的，尊重生命的多样性也正是尊重艺术的多样性。

第四节　绿色 GDP

1．绿色 GDP 的概念

绿色 GDP(可持续收入)的基本思想是由希克斯在其 1946 年的著作中提出的。这个概念的基础是：只有当全部的资本存量随时间保持不变或增长时，这种发展途径才是可持续的。可持续收入定义为不会减少总资本水平所必须保证的收入水平。对可持续收入的衡量要求对环境资本所提供的各种服务的流动进行价值评估。可持续收入数量上等于传统意义的 GNP 减去人造资本、自然资本、人力资本和社会资本等各种资本的折旧。衡量可持续收入意味着要调整国民经济核算体系。

绿色 GDP 是指一个国家或地区在考虑了自然资源(主要包括土地、森林、矿产、水和海洋)与环境因素(包括生态环境、自然环境、人文环境等)影响之后经济活动的最终成果，即将经济活动中所付出的资源耗减成本和环境降级成本从 GDP 中予以扣除。改革现行的国民经济核算体系，对环境资源进行核算，从现行 GDP 中扣除环境资源成本和对环境资源的保护服务费用，其计算结果可称之为“绿色 GDP”。绿色 GDP 这个指标，实质上代表了国民经济增长的净正效应。绿色 GDP 占 GDP 的比重越高，表明国民经济增长的正面效应越高，负面效应越低；反之亦然。根据北京市哲学社会科学“九五”重点课题——“以 EDP 为核心指标的国民经济核算体系研究”中对北京市 1997 年绿色 GDP 进行核算的结果表明，按生产法计算的绿色 GDP 占 GDP 的 74.94%，按支出法计算的绿色 GDP 占 GDP 的 75.75%。

到目前为止，绿色 GDP 核算只涉及自然意义上的可持续发展，包括环境损害成本、自然资源的净消耗量。这只是狭义的绿色 GDP，应该把与社会意义上的可持续发展有关的指标纳入 GDP 核算体系。因此，在 GDP 的核算中，必须扣除安全生产事故造成的 GDP 损失，以及处理这些事故的支出；扣除社会上各种突发事件造成的 GDP 损失，以及处理这些事件的支出；扣除为了防范和处理市场不公正、腐败造成的损失。

从 20 世纪 70 年代开始，联合国和世界银行等国际组织在绿色 GDP 的研究和推广方面做了大量工作。近年来，我国也在积极开展绿色 GDP 核算的研究。2004 年，国家统计局、国家环保总局正式联合开展了中国环境与经济核算绿色 GDP 研究工作。

2．绿色 GDP 的基本内容

绿色 GDP 核算中主要涉及的几个基本概念有：绿色 GDP 总值、绿色 GDP 净值、资源成本和环境成本。所谓绿色 GDP 总值(GeGDP)，即绿色 GDP 等于 GDP 扣减具有中间消耗性质的自然资源耗减成本； 所谓绿色 GDP 净值(EDP) ，是指绿色 GDP 净值等于绿色 GDP 减去固定资产折旧和具有固定资产折旧性质的资源耗减和环境降级成本；所谓资源成本，又称自然资源耗减成本，是指在经济活动中被利用消耗的价值。根据自然资源的特征，有些自然资源具有一次消耗性质，如不可再生的矿产资源、部分可再生的森林资源(用材林)和北方及西部的水资源，这些资源的使用为资源耗减成本，具有中间消耗的性质。有些自然资源具有多次消耗性，如土地资源、部分可再生的森林资源(特用林、防护林等)和南方的水资源，这些资源多次消耗的使用类似于固定资产使用的性质，其资源耗减具有“固定资产折旧”的性质；所谓环境成本，又称环境降级成本，是指由于经济活动造成环境污染而使环境服务功能质量下降的代价。环境降级成本分为环境保护支出和环境退化成本，环境保护支出指为保护环境而实际支付的价值，环境退化成本指环境污染损失的价值和为保护环境应该支付的价值。自然环境主要提供生存空间和生态效能，具有长期、多次使用的特征，也类似于固定资产使用特征。这样，由经济活动的污染造成环境质量下降的代价即环境降级成本，也就具有“固定资产折旧”的性质(图 3-5)。

图 3-5　绿色农业

3．绿色 GDP 的实质与发展

可持续收入的发展可以追溯到 20 世纪 70 年代一些学者提出的经济福利尺度的概念。自 1981 年世界自然保护联盟的报告《保护地球》(Caring for the Earth)，以及 1987 年联合国环境与发展委员会的研究报告《我们共同的未来》(Our Common Future)中提出“可持续发展”思想以来，人们关注的焦点从整体福利更加集中于环境资源问题上，随之由世界银行在 20 世纪 80 年代初提出的“绿色核算(Green Accounting)”，以及随后提出的“绿色 GNP/可持续收入”概念迅速为人们所接受，并逐步成为衡量发展进程、替代传统宏观核算指标的首选指标。

作为评价“可持续发展”进程的综合指标及“可持续发展”思想的产物，“可持续收入”或称之为“绿色 GNP”被界定为：在不减少现有资本资产水平的前提下所必须保证的收入水平。这里，资本资产包括人工资本(产房、机器及运输工具等)、人力资本(知识和技术)以及环境资本(矿产、森林及草原等)。

按可持续发展的概念，可持续收入或绿色 GNP 可在传统 GNP 的基础上，通过以下的环境调整而得到。

(1) 当年环境退化货币价值的估计，即环境资本折旧。由于这种折旧通常可划分为两部分，其一为传统 GNP 中已部分计入的环境损害，如由于空气污染造成的农作物产量下降等；其二为完全计入传统 GNP 中的环境损害，如野生生物物种的消失以及自然景观的破坏等。因此，这一项目的调整主要指传统 GNP 中未计入的环境退化部分；

(2) 环境损害预防费用支出(预防支出)，如为预防风沙侵害而投资建立防护林带等；

(3) 资源环境恢复费用支出(恢复支出)，如净化湖泊与河流、土地复耕等；

(4) 由于非优化利用资源而引起超额计算的部分。因此计算可持续收入(绿色 GDP)的公式为：

可持续收入(绿色 GDP)=传统 GDP−(生产过程资源耗竭全部+生产过程环境污染全部+资源恢复过程资源耗竭全部+资源恢复过程环境污染全部+污染治理过程资源耗竭全部+污染治理过程环境污染全部+最终使用资源耗竭全部+最终使用环境污染全部)+(资源恢复部门新创造价值全部+环境保护部门新创造价值全部)。

绿色核算就是把资源环境资本纳入国民经济统计和会计科目中，用以表示社会真实财富的变化和资源环境状况。“可持续发展”是其出发点和落脚点。英国经济学家沃夫德曾尖锐指出：“一个国家如果只有物质资本增加而环境资本在减少，总体资本就可能是零值甚至是负值，发展就是不可持续的。”比如，沿淮河曾建有 1500 多个小造纸厂，其产值给当地 GDP 带来增长的业绩。但小造纸厂造成的污染使沿河流域约 1.2 亿个百姓喝不上净水。如果治理就要花钱，GDP 中却没有体现。

近年来我国土地荒漠化速度加快，造成水土流失和沙尘暴由西向东不断蔓延，但这些在 GDP 中没有反映。阿联酋等国家靠出卖石油、木材等资源维持 GDP 增长。若干年后，资源卖光了，又会怎样呢？这样的 GDP 能是社会实际财富和社会生产力发展的反映吗？

总之，从社会角度看 GDP，它将积极产出和消极产出一视同仁地算在经济指标之中。例如，教育、服务于老人、小孩的劳务所得与制造武器、香烟等具有同等价值。从环境角度看，它把自然资源当成了自由财富，随意攫取和使用，对资源耗竭及经济活动造成污染带来的资源质量下降却没有考虑和反映。从经济角度看，它只记录可见的，可以价格化的劳务，而诸如家务劳动、妇女生育、志愿者服务等对社会非常有贡献的非市场经济行为，却被摒除在外，部分或全部地忽略。

因此扣除 GDP 中不属于真正财富积累的虚假及不合理部分，便构成了真实 GDP，也就是人们所说的“绿色 GDP”(GGDP，第一个 G 指 Green)。

GGDP=(传统 GDP)−(自然部分的虚数)−(人文部分的虚数)

GGDP 力求成为一个真实、可行、科学的指标，以衡量一个国家和区域的真实发展和进步，更确切地说明增长与发展的数量表达和质量表达的对应关系。

围绕着构建以“绿色 GDP”为核心的国民经济核算体系，联合国、世界各国政府、著名国际研究机构和著名科学家从 20 世纪 70 年代开始，一直在进行着艰辛的理论探索。

1995 年，世界银行首次向全球公布了用“扩展的财富”指标作为衡量全球或区域发展的新指标。“扩展的财富”由“自然资本”、“生产资本”、“人力资本”和“社会资本”4 大要素构成。专家们公认“扩展的财富”比较客观、公正、科学地反映了世界各地区发展的真实情况，为国家拥有真实“财富”及其发展随时间的动态变化提供了一种可比的统一标尺。

1996 年，Wackernagel 等人提出了“生态印迹”度量指标。

1997 年，Constanza 等人首次系统地设计了测算全球自然环境为人类所提供服务的价值“生态服务指标体系”。他们把全球生态系统提供给人类的“生态服务”功能分为 17 种类型，把全球生态系统分为 20 个生物群落区，因此计算了“生态服务，价值与全球国民生产总值(GDP)之间的比例关系(1∶1.8)。该指标体系的提出，对更加深刻理解人与自然之间的关系，揭示可持续发展的本质内涵，具有科学探索的价值。

4. 中国的绿色 GDP

在过去的 20 多年里，中国是世界上经济增长最快的国家之一，也是世界上国内储蓄率(指银行储蓄额占 GDP 的百分比)水平最高的国家之一。世界银行的统计显示，从 1978 年以来，中国平均 GDP 增长率达到 9.83%的高速经济增长在全球 206 个国家和地区居于第 2 位(仅次于非洲资源国家博茨瓦纳)。但是，由于中国资源的浪费、生态的退化和环境污染的严重，在很大程度上抵消了“名义国内储蓄率”的真实性。换句话说，中国国内储蓄率中的相当部分是通过自然资本损失和生态赤字所换来的。中国经济增长的 GDP 中，至少有 18%是依靠资源和生态环境的“透支”获得的，而资源和生态环境的恶化又使真实储蓄率下降。

面对这一紧迫课题，中国学者并未等闲视之，多年来一直在潜心研究。中科院可持续发展战略首席科学家、可持续发展战略研究组组长牛文元教授指出，从政府层面上，我国国民经济核算的理论与实践大致经历了 4 个阶段：1951－1981 年实行的是物质产品平衡表体系；1982—1991 年为计划经济向市场经济转型阶段；1992—1995 年正式启用市场经济核算体系；1995 年至今，初步进入“绿色 GDP”阶段。在现阶段，国家制定的能源价格、资源价格、环境价格、生态补偿规则、企业成本核算、绿色税费额度、世贸绿色仲裁等，都要以绿色会计制度为依据。在学者专家的努力下，我国已启动“绿色核算”的准备工作。

2002 年 4 月，世界发展中国家可持续发展峰会在阿尔巴尼亚召开，会上牛文元教授用“绿色 GDP”的理论来解释可持续发展，把它化解为 5 个指标：①单位 GDP 的排污量；②单位 GDP 的能耗量；③单位 GDP 的水耗量；④单位 GDP 投入教育的比例；⑤人均创造 GDP 的数值，创造越高，说明社会越发展。这 5 个指标被与会的一百多个国家接受并作为大会宣言发表。这 5 个量化的指标，让人们对挂在口头上多年的可持续发展的含义有了真正的理解，对实现可持续发展有了实实在在的探索性标准。

艺术设计在使用绿色 GDP 概念时，应着重表现片面发展与协调发展的不同后果，通过对比展示不同地区、不同城市、不同单位以及不同个人的环境面貌，让人能够直观地感受到走科学发展与可持续发展道路的必然趋势。

第五节　生态生产力

生态生产力是人类推动自然——人——社会复合体和谐协调、共生共荣、共同发展的能力。在生态生产力中，生产力是开发利用客体自然满足自我生存发展的实践力，同时是保护客体自然的协调力和创造力。人类对自然的开发和利用应该充分考虑到资源的有限性和环境的承载力，建立一种从自然索取和对自然馈赠的平衡机制，接受自然资源、环境响应的临界约束。在对自然资源超常规利用而削弱或破坏生态功能面前，人类必须承担修复、治理、保护、建设的责任，提高资源、环境价值的保值和增值。以尊重自然的态度取代占有自然的欲念，以爱护自然的活动取代征服自然的行为，以保护自然的方式取代破坏自然的掠夺。与传统生产力只注重生产力表层的一面不同，生态生产力更着眼于生产力内在的一面对整个生态系统和谐发展的保障能力，这是它与传统生产力的根本区别。

生态生产力实现了人类利用自然和保护自然两种能力的统一。传统生产力片面强调对自然的开发和利用，以致逐渐发展成为一种征服欲，导致地球生态系统严重失衡，人类生产力的发展也难以为继。恩格斯曾经指出："我们每走一步都要记住：我们统治自然界，绝不像征服者统治异族人那样，绝不是像站在自然界之外的人似的，相反地，我们连同我们的肉、血和头脑都是属于自然界和存在于自然之中的；我们对自然界的全部统治力量，就在于我们比其他一切生物强，能够认识和正确运用自然规律。"人类伟大的主观能动性应该是如何在人与自然两类客观规律之间求得和谐统一，而不是简单地掠夺和征服。

马克思在《资本论》中指出："劳动首先是人和自然之间的过程，是人以自身的活动来中介、调整和控制人和自然之间的物质交换的过程。""为了在对自身生活有用的形式上占有自然物质，人就使他身上的自然力臂和腿、头和手运动起来。当他通过这种运动作用于他身外的自然力并改变自然时，也就同时改变他自身的自然。他使自身的自然中蕴藏着的潜力发挥起来，并且使这种力的活动受他自己控制。"这表明人自身和自然界的一致性，人与自然的关系是人与自然之间的物质变换关系，"生产力当然始终是有用的具体的劳动的生产力"，同时也表明人们不能将生产力的功能仅理解为认识、利用和改造自然，除此之外，它还应该具有保护自然的功能。因此，在与自然界进行物质变换的过程中，人不仅要使自己的行为符合某一自然形态的发展规律，而且要使自己的行为符合整个生态系统的发展规律。

图 3-6 人类生产对生态生产力的影响

生产力对自然会产生一定的破坏作用，这种破坏作用主要发生在人们改造和利用自然的过程中，在生产力发展的一定历史时期内具有必然性，只要人们改造和利用自然，就会在一定范围内产生某种程度的破坏。生产力的这种破坏作用是由于它原有的功能不完善所产生的一种副作用(图 3-6)。

生态生产力是突出生产力内部人与自然和谐统一辩证关系的生产力类型，它既关注生产，又关注生态。与传统生产力相比，它具有以下特点：①生态性，生态生产力是一种绿色生产力，它以保护生态为前提，以推动生态经济发展为目的，要求人类在发展经济过程中必须注意生态环境的保护，把对生态环境的破坏限制在其自净能力范围内，使生态环境能够满足经济发展的需要；②环境性，它把崇尚环境纳入生产力经济学发展的重要因素，为生产力经济学注入了新的生机与活力；③资源性，它把绿色资源的有序供给和有效供给结合起来，视为经济社会可持续发展的重要支柱；④协调性，它坚持经济效益与生态效益的统一，要求把局部经济效益放在全球生态范围之内进行评价，强调人类社会与自然生态系统的共同发展，体现了人与自然和谐发展的新理念。在谈到共产主义理想社会的生产时，马克思指出："社会化的人、联合起来的生产者，将合理地调节他们和自然之间的物质变换，把它们置于他们的共同控制之下，而不让它作为盲目的力量来统治自己；靠消耗最小的力量，在最无愧于和最适合于他们人类本性的条件下来进行这种物质交换。"马克思描绘出一副自然生产力和社会生产力相统一的、人与自然和谐的、经济与社会可持续发展的生态生产力的画卷。以生态生产力的发展推动社会的全面发展与进步，加强生态文明建设，是人类理性的必然选择，也是社会和谐发展的需要。

艺术设计在表达生态生产力时，应强调人与自然的共生共荣，表现自然界旺盛的生命力，同时也表达人对自然环境的修复能力、创新能力与设计能力，让大自然的“天作”与人工的“巧夺天工”融为一体。在现实社会中，艺术设计应该与社会的生产力紧密结合，努力创造出既具有环境价值又具有艺术价值的产品。同类商品的使用价值都差不多，但一旦对这些商品进行艺术设计，产品的价值就可以翻上几倍。在当今社会市场的竞争，单靠物美价廉是不够的，“品种繁多”已经成了现今市场的代名词，想要打响一个品牌，必须靠其他价值才得以提升，对产品进行艺术设计就是一条很好的道路。人们知道的名车法拉利、名表劳力士等，它们不但是靠品牌和品质取胜，更重要的是它们的每一个款式都是由著名的设计师精心设计的。就是由于这些设计使它们在外表上已经与众不同了，人们不用看这些产品里面是怎么样的配置，单从外表看来，人们就可以推测车主肯定是有品位的人。所以，现在的产品逐渐由泛向精过渡，而艺术设计正是这条道路上的其中一个分岔口。与此同时，艺术设计也应当承担起这条路上守护神的作用。为什么这样说呢？因为现在用绿色 GDP 来衡量国家和地区的发展水平了，艺术设计不但要为国家的发展出力，同时也要注意减少对环境的污染。由于艺术设计它只是一种设计，一种人的主观思维的呈现，所以这个过程是不会对环境有什么污染的，关键是设计出来的物品所用的材料以及所表达的观念和周围的环境是否和谐。例如，有个叫“emoi 基本生活”的牌子，它所有商品的取材是其出奇制胜的利器，而环保是一切的核心，一款看似普通的蜡烛，是以一种天然的大豆蜡素材制成的，这种植物蜡可降解，燃烧的时间比普通蜡烛长 30%～50%，且无烟；它的推盖双层咖啡杯，采用食品级别的环保 PP 和 AS 素材；它的环保纸铅笔，利用回收纸张制造。正是由于环保材料的使用使得它的设计更上一层楼，同时也吸引了许多消费者前来购买，结果使这个品牌在经济效益与环境保护的效益双双获得成功。这也说明了设计沿着环保的方向走必定大有作为。

第六节　环 境 伦 理

作为环境行为的内在规范，环境伦理观是生态文明观的重要组成部分。所谓环境伦理，是关于人类与自然关系中的一系列伦理原理，伦理规范、道德行为规范的知识体系。环境伦理是一个发展迅速的领域，它将各个学科的内容有机地融合在一起，结合东方文化和西方文化的特点，为国际性的生态问题提供普遍适用又具可操作性的全球环境伦理。

早在 20 世纪早期针对自然资源问题就有过要进行环境保护的提倡。环境伦理作为一种学说其产生却是得益于一位美国生物学家蕾切尔·卡逊，她的《寂静的春天》拉开了现代环境运动的序幕。书中关于一些化学药剂对环境的破坏使得当时只重视盲目发展生产的人们大吃一惊。第二次世界大战后期，西方的经济繁荣带来了丰富的物质生活，但也滋生了人们的过度追求物质的贪婪欲望。由此人们对环境的苛求更为过分，加上种种社会问题，西方世界在 20 世纪 60 年代出现了对技术生活的抱怨，1968 年美国生物学家保罗·埃里希出版了《人口炸弹》，揭示了人口激增与环境危机的关系。1972 年，罗马俱乐部发表了它的第一份全球问题研究报告《增长的极限》，这种经济增长方式开始受到更多人的正视。“环境问题仿佛像一面镜子，找出了现代工业文明的病态。”它表明了市场机制下，人们对于环境带来的巨大负面影响。在传统社会中，科学技术备受推崇，但随着化学技术、核技术在应用过程中显现出来的负面作用，人们对科学技术的态度变得小心谨慎起来。科学技术在带来巨大的物质财富的同时，破坏了生态系统稳定性，为后代的基本生活需要也带来了影响，人类开始对自己的生存产生一种不安全感。联合国在环境保护上的价值导向也为环境伦理的发展提供良好的外界条件。1972 年 6 月 5 日，联合国在斯德哥尔摩召开了由 113 个国家参加的“联合国人类环境会议”。与会各国通过了保护全球环境的“行动计划”和《斯德哥尔摩人类环境宣言》，提出了 26 条关于人类对全球环境的权利与义务的共同原则。1992 年在巴西里约热内卢举行的联合国环境与发展会议，标志着世界环境运动进入一个新阶段。

由此可知，环境保护成为全世界一种共同的伦理观，环境伦理观是世界需要共同搭建的一种保护环境的道德观，是对抗盲目工业文明的一种稳定人与自然关系的杠杆。因而环境伦理的实质内容是人类对环境的伦理责任。包括对自然界的认识，对人与自然关系的合理界定，人类对自然负有的义务，人类对环境采取正确行为的标准，建立起一个合理的环境道德规范体系等。

在环境伦理学中，公平是推演整个学理体系的基础和原则。从语义上看，所谓公平是指人与人之间地位与关系的公正、平等的意思。就传统的定义而言，公平是指人们对某种社会现象(关系)的一种道德评价，认为它是否如此，是否公正合理，其实质是处理好各种利益之间的关系。传统的伦理学所讲的公平只限于当代的人与人、人与社会之间，是某种社会关系的观念表现。自 20 世纪以来环境伦理学的产生和发展，公平这一伦理学的范畴和原则得到了新的阐释。作为传统伦理学的新发展，环境伦理学的协调范围在共时性上由人类社会扩展到自然界，在历史性上由代内扩展到代际。公平原则对于人与人、人与自然的关系做出较为全面的解释。在人与自然的关系上，提出了人地公平及人与自然的公平。值得一提的是，人与人的关系也是人与自然关系的一种全新延伸，可以说人与人的关系是人与自然关系的稳定因素，而公平原则对于人与人关系的处理也有解释，即代内公平、代际公平，而代内公平根据利益主体大小又有国际和国内之分，处理好人与人的公平关系是处理好人与自然关系的前提之一。

1. 人地公平

所谓人地公平，是指人与自然之间应该保持一种公正关系，从而达到一种人与自然之间的公平与和谐。人与大地，即大自然的不同关系往往代表不同的伦理立场。传统的人类中心主义认为人是世界存在的最高目的，人类的价值是唯一的，自然只有对于人类的工具价值而没有其内在价值。因此，人与自然的关系是主人与奴隶的关系，自然是被人类征服和改造的对象。而这种主客两分的观念正是工业革命以来人类粗暴地干涉自然、随意破坏生态环境的理论依据，并已经导致了今天全球性的环境问题。所以说在传统的环境伦理学中人与自然的关系是没有公平可言的。作为对环境问题的道德反思，环境伦理学开始重新认识和定位人与自然的关系，主张把道德的视角延伸到人类以外的自然界，从而也把伦理学的公平概念延伸到了人与自然的关系中去。在对人与自然关系的重新思考中，环境伦理学认识到，人与自然在本质上是一致的，自然不是可供人类随意差使的奴仆，而是与人类发展休戚相关的伙伴。人类的存在是具有双重性的，人类的自然属性决定了人类对大自然具有先天依赖性。人是自然长期发展的产物，其本身构成了自然系统中的一个物种，是自然界的一部分。人类的社会属性是超自然的，不能抹杀和消除人与自然的本原与存在、部分与整体的关系，无法改变人类对自然界的依赖性和不可超越性。因此，作为自然界的一个物种，人类必须与其他物种保持一种协调平衡的关系，必须拥有一个平衡协调的自然环境才能生存和发展。现代科学也表明，包括人类在内的整个自然界是一个巨大的自组织的生态系统，这个生态系统表现为一种复杂多样的网络格局，一切生物、非生物都是其中的组成部分，而人类不过是其中的一种生命形态，是众多生物物种之一。在整个生态系统中，包括人类在内的各个组成部分从物种层次、生态系统层次到生物圈层次都是相互联系、相互作用和相互依赖的，各个组成部分的存在既是它自身的生存又是他物的生存条件，为他物而存在。由此，环境伦理学提出了自然的价值和权利的概念，指出“我们既要承认不仅人是目的，而且其他生命也是目的；而且要承认自然界的价值。在这里，价值主体不是唯一的，不仅仅人是价值主体，其他生命形式也是价值主体”。同时，人类之外的其他物种以至整个自然界也都具有持续生存发展的权利。人类不能无视更不能剥夺自然的权利。基于这种价值观、伦理观的转变，动物权利论把公平概念扩展到了所有动物，指出人类应赋予动物平等的道德关怀；生命中心论更进一步认为公平的主体应扩展到有感觉能力的动物范围外以至所有生命；生态中心论则再进一步认为公平概念不应只扩展到生命个体，而应扩展至生物共同体，即生物圈和整个生态系统。3 个学派的观点虽有不同，但不难看出，它们都把公平扩展到自然中去，从而确立一种新的公平——人地公平(图 3-7)。

图 3-7　人地公平——人类应为绿色生命预留足够空间

人地公平要求人类必须遵循两大基本准则，内容如下。

(1) 尊重自然的原则。生命中心论者泰勒认为，人际伦理学的基本精神是尊重人，而环境伦理学的基本精神是尊重大自然，“一种行为是否正确，一种品质在道德上是否良善，取决于它们是否展现或体现了大自然这一终极性的道德态度”。泰勒所说的尊重自然主要是指尊重生命体特别是生物个体，而这里的尊重自然主要是指尊重自然生态系统的完整和稳定。尊重自然生态系统的完整和稳定，首先要重视对生物多样性的保护，地球上各种各样的生物体是维护自然完整和稳定的基础。自 20 世纪以来，由于各种人为原因，生物多样性无论是在生态系统水平上，还是在物种和遗传基础水平上都受到了极大地破坏，越来越多的物种正受到濒临灭绝的威胁。对此，联合国教科文组织在 1992 年发表的《贝伦宣言》中明确指出，伦理学“尤其应重视人类与它的环境关系，它是被普遍的原则所支配的，其伦理原则可以是新的生态伦理”。这些首先要求保护生物多样性，尊重自然生态系统的完整和稳定，其次要尊重自然秩序和环境限度。自然具有不以人的意志为转移的必然规律，自然界中的任何事物都有各自的位置、比例和作用，自然界中的各个组成部分之间具有相互制约和协调的内在规律性。所以，尽管人类作为自然界的一个物种拥有享用自然的权利，并且人类作为实践主体也确实通过改变自然形态来满足自身需要，但人类应在自身的“规定权限”内行使这种权利，必须按照自然界及其物质的内在规律来实现和改造自己生存状态，必须以不改变自然生态系统的基本秩序、不破坏自然生态系统为限度。只有坚持尊重自然的原则，才能展现人类善良的道德品质，使人类过上符合伦理的生活，达到权利与义务的统一，实现人与自然的公平。

(2) 责任原则。人地公平原则要求人类遵循尊重自然的原则，但这并不意味着人类在大自然面前只有无所作为；相反，人类应自觉承担起对自然环境健康发展的责任，承担起保护大自然、拯救地球、拯救人类的责任。人类除了拥有自然属性还有社会属性，而这种社会属性在这里可以看做是一种超自然性，这种超自然性主要是指自我意识性和社会实践性。人类的自我意识性，使人类能够对环境问题、对人类自身的社会实践进行反思，由此重新认识和理解人与自然的关系，对自身的观念和行为做出调整。人类的社会实践性，使人类能够在一定程度上超越大自然，通过制造和使用工具对自然造成重大影响。正是由于这种社会实践性才使今天的环境问题具有产生的条件性，但也正是由于这种社会实践性才能使人类树立正确的环境价值观、伦理观来解决今天的环境问题。只有人类才能够自觉地调节自己对待自然的态度，控制自己对自然的行为，只有人类具有自觉的价值意识和道德意识，具有道德主体的地位和能力。这一切说明，人类有责任在自我意识的指导下，通过社会实践性来达到自身的自然属性和超自然属性的平衡。人类在自然中的特殊地位与特殊能力已经赋予人类特殊的责任，即对其他物种乃至整个自然界的责任。所以，人类应自觉承担起自己地球保护者和道德体现者的责任，维护自然的和谐，实现人与自然之间的公平。

图 3-8　绿色生产保留了后代人发展的资源基础

2．人人公平

所谓人人公平，它也有两层含义，即代际公平与代内公平。

(1) 从代际公平看，所谓“代际”，是指当代人与后代人不同利益主体之间的关系。所谓代际公平，是从时间特性和人类认识能动性出发提出的一种现世人类应有的道德责任感和对未来人类利益的道德义务感。当代人的发展行为应控制在不损害后代人的资源基础的完整性的范围内，从而保障子孙后代对资源的可持续利用(图 3-8)。因此，人们首先应该明白当代人对后代人的生存发展具有不可推卸的责任。人类社会是一个持续发展的过程，人类是一代一代传承下去的，每一代人都必须依靠足够的自然资源才能生存，并且后代人与当代人一样，都具有不可剥夺的生存权利。因此确保子孙后代有一个合适的生存环境和空间，是当代人责无旁贷的义务和责任。其次，人们还要遵循合理储蓄的原则。当代人对后代人的责任的关键，是要留给后代人足够的生存资源，提供至少和自己从前辈继承来的一样多甚至更多的自然资源，从而在自己发展的同时也为后代人创造更好的发展条件。然而地球上可供人类利益和开发的资源是极其有限的，地球对环境污染和资源枯竭的承受能力也是有限的。人类活动必须保持在地球承载能力的极限范围内，否则就是对子孙后代资源的透支和预支，必将损害子孙后代的利益。对此，约翰·罗尔斯提出了代际储存原则，在每一代的时间里，资源的合理储蓄对于维护代际公平是十分必要的。虽然对于储蓄的对象、方法、数量还没有界定，但是为代际公平的实现指明了一个方向。当代人尤其是富人要改变及时行乐的消费主义观念和短期化行为，不能为了自身需要，过分掠取资源、杀鸡取卵，削弱后代人满足需要的能力和条件。

(2) 所谓代内公平，是指同一时间不同空间的利益主体，在环境问题上要公平分配资源和环境，合理承担责任和义务。根据利益主体范围大小，代内公平可分为国际公平和国内公平。国际公平主要是发达国家和发展中国家之间的环境责任分担的公平问题。国内公平主要是指国内地区层次上的关于不同地区获取资源利益与承担环保责任上的公平问题。其实，无论是在国际层面上还是在国内层面上都存在着严重的不公平现象。同代人往往关注的只是个人的、集团的、地区的、国家的利益，较少顾及人类整体及整个地球生态系统的持续生存和发展。因此处理好代内公平要具备以下 3 点，作为在代内环境问题上处理人与人关系的准则。首先是权利平等，世界各国各地区无论大小贫富，在符合国际公约和全球利益的基础上，在开发和利用自然资源、获取本国本地区应有的环境利益以满足社会需要方面，享有平等的权利。对于发达国家和地区来说，他们应当做的是以环境公平为基础，承认和维护发展中国家和贫困地区平等的环境权利，支持发展中国家和贫困地区努力发展自己的经济和技术，使其早日脱离贫困和环境恶化。其次是公正补偿，人们在治理环境、处理环境问题时应维持公道和正义，实行谁破坏谁治理、谁污染谁补偿的原则。发达国家和富裕地区对全球环境恶化负有的责任和对贫困国家贫困地区的侵害，它们应对解决环境问题承担更多义务，理应对以往不平等的环境权利进行补偿。最后是合作互助，人类整体的相关性和全球性，使人类已无法通过迁移和转嫁责任来摆脱生存危机。环境伦理已成为一种全球伦理，地球是一个完整的生态系统，任何国家和地区的环境问题都会对全球环境造成不良影响；任何个人对待环境的行为和做法，其环境后果不限于个人，而会对周围乃至整个人类造成影响。在环境问题上，个人的利益与群体的利益、区域的利益与全球的利益常常是无法截然分开的。因此在环境问题上，只有互助合作、同舟共济，才能解决人类目前所面临的全球性问题。

树立科学的环境价值观，旨在培养一种广泛的公平意识。这种观念对社会有巨大的推动作用。人类之所以能够在地球上庞大的物种种类中占有重要的地位，关键是“类”意识的深入人心，只有人类才能解决全球的环境问题，单个的人或人群在环境面前是束手无策的。在环境问题上，人与人是平等的。在科学的环境伦理观熏陶的范围内，人类才能有一个稳定和谐的环境，社会只有稳定才能保持持续的发展。因此，科学的环境伦理观具有潜在的社会效应。科学的环境伦理观作为一种精神产物为社会的发展另辟捷径。如果说环境的改善可以为社会的发展和人类的子孙后代提供更多的自然资源，那么科学的环境伦理观的树立，为社会的发展提供了精神的动力。人与人的互助合作，国际之间的相互支持，才能够解决人类目前的环境问题。环境伦理作为一种全球伦理，在世界范围内提倡公平，作为发展中国家的中国需要一个公平的环境来促进国际间广泛的合作，不仅在技术上，在文化交流上也需要公平的氛围。在对待一些关系到全球的与环境相关的问题上，公平的观念深入人心，就能更快更彻底地解决，那么社会的发展更是有了长久的保障。当然，科学环境伦理观还处于初级阶段，它需要不断地完善，随着社会的进步和时代的发展，逐渐地深入人心。生态危机和环境灾难是没有地域边界的，在环境问题上，全球是一个整体，命运相连、休戚与共。一旦全球性的生态破坏出现，任何国家和地区都将遭受其害。通过教育、合作、交流等多种手段，将科学的环境伦理观逐渐灌输给人们，那么环境责任的承担才会真正落实到那些责任主体上，才会真正得到解决。公平地对待大自然，大自然才会回馈给人类不断发展所需要的动力，有了持续不断的动力，人类才能在未来实现生生不息的愿望。

艺术设计在表达环境伦理时，要求艺术设计者本人具有高度的环境意识、强烈的环境责任与饱满的环境情感，去歌颂大自然的伟大，去谴责对自然环境破坏的人与事，去讴歌那些为了环境保护而作出贡献甚至牺牲的人与事，同时艺术设计者自己首先必须做个有环境伦理修养的人，自觉维护生态环境，尽量设计出具有环境保护价值的产品(图 3-9)。艺术设计从诞生开始就已经与科技联合起来了，作为艺术设计，要达到的是实用与美的结合，两者缺一不可。一个设计只凭借出色的外表却没有良好性能的话，称不上一个好的设计，理想的设计应该是这两个方面达到完美的结合。在艺术设计史上曾经存在着一种“理性主义”，它主张“功能大于样式”，也就是说，一个设计中性能是要优于美存在的。曾经有这么一件事，英国 20 世纪 50 年代生产的世界上最早的喷气式客机“彗星”(the de Havilland Comet)是当时世界上最早和最新式的民航喷气客机，性能良好、速度快，造型也与旧式的螺旋桨推动客机不同，具有非常新颖的流线型特点。设计时，由于考虑到视觉习惯造成的美观原则，没有把飞机窗根据最佳技术功能设计成圆形的，而是按照建筑的窗口设计方式，把所有的飞机窗口设计成方形的。结果，因为飞机反复起降时大气压力的急遽变化，在方形的窗口四角造成高度的金属疲劳，最后导致飞机外壳断裂，在 1953 年至 1954 年连续两次在海洋上空飞行时突然全机破裂解体，机毁人亡。这个悲剧的出现不能把全部责任往设计师身上推，但是设计师对于工程问题的忽视，以满足心理需求来取代物质上的需求，这是本末倒置了。的确如此，如果设计连安全都不能保证，人们如何放心去使用。因此，艺术设计是必须与高科技结合起来的，艺术设计与原始设计的不同，其中一点在于是否采用高科技。现在的美国航天飞机都是由著名设计师进行设计的，但这些设计师并不需要掌握物理学的知识，因为这是由工程师负责的，两者必须频繁交流，因为一个好设计离不开科技力量的支持。

图 3-9　艺术设计表达的人与自然和谐

再如，人们的住房设计能否“返璞归真”，设计出具有环境保护价值的住房呢？人们可以从先民那里学习。生活土窑洞的民居是在自然的地貌中凿洞穴居，或者是覆土夯土构筑成地上的住宅，构筑材料是就地取材的黄土，一旦窑洞废弃生土又可以还原给大地，因此生土窑洞是用最廉价的材料建造房屋，不会给地球留下任何不可降解的垃圾，冬暖夏凉、环保、生态、低能耗、低成本、适宜居住，对于这种原生态居住形式一旦解决好了上下水、通风、厕、厨设备问题，必将成为最为环保的绿色住宅。住在这样的房子里，是对环境最好的保护，因为现代的住宅建设一味地追逐利益，毫不顾及周围的环境，过度地掠夺资源，使环境遭到了破坏。艺术设计，尤其是建筑设计，应当负起责任，设计出低能耗、低投入而且高效益的生态型住宅小区。

第七节 环境审美

随着环境主义运动的升温、环境主义思想的蓬勃兴起，20 世纪中后期，一直被遗忘在角落里的自然美学重新得到了世界的关注，随即环境美学也开始在美国兴起。可以说在过去的几十年中，一些英、美等国家的相关学者对这个领域的研究有着突出的贡献。自 20 世纪 80 年代至今，博拉萨、柏林特、卡尔森等相继出版了以环境美学为主题的著作，美学和艺术研究刊物上常见有关的讨论。虽然在成就和影响方面环境美学还比不上环境伦理学那样完善和普及，而各国学者的研究也有各自的侧重点，甚至一些时候对同样问题的看法会有分歧，整体上，这些学者的观点是随着时代的进程而出现的，因而具有新颖性甚至是创新性，这无疑是对传统观点的挑战，也推进了环境美学的发展。“环境美学并不是一个独立存在的学术领域，它从哲学、人类学、心理学、文学理论和批评、文化地理学、建筑学和环境设计及艺术中吸收了很多营养。”环境学是一个涉及面极其丰富的领域，因而环境美学也是一个可以广泛地、多层次延伸的学科，是长期对环境的经验的关于美学方面的总结。“作为美学术语的环境美学主要有着两个相互交叉却有所区别的主题：一个研究环境主义意义上的自然的审美，一个研究作为欣赏对象的各种环境的概念，这些环境既包括自然的也包括人为的。”说到这里，环境美学与自然美学究竟有着怎样的关系呢？环境美学是研究人类赖以生存和发展的环境的审美及美化规律的学科，它是美学的分支学科。环境美学的中心范畴是环境美。所谓环境美是人们赖以生存和发展的周围空间条件的美。广义地说，环境美是一种集自然美、社会美、艺术美于一体，几者兼而有之的带有综合性的美。环境美的形成和发展，一方面出自“天工”，一方面出自“人为”；一方面以物质文明为基础，一方面以精神文明为灵魂。自然美学是研究自然界本身的美的形态和如何欣赏自然美的一门学科，同样也是美学的分支学科。但自然美学更注重没有人为因素存在的纯自然的美，认为这种美才是真正的美，美只出自于“天工”。作为自然美学的后继者，环境美学的不同突出地表现在站在环境主义的立场上研究自然和对自然的审美欣赏。环境主义思想家大都认为，人们不应该用单纯的人类中心主义的观点去对待大自然，不能仅仅把自然看做是尚待征服的对手或者供剥削的资源，而应看做是有着自律性和存在价值的事物。如“戈壁滩”不再被看做是丑陋的或者有损于人类生存的，它不仅在一般意义上值得赞美，而且在美学的意义上值得赞美。

在历史上，西方的一些学者对于环境美学是持有一种积极态度的，也有人称为“积极美学”。在“积极美学”中是有不同派别的，有激进派也有温和派。激进派认为，所有原始的自然都是美的。但是经过地理因素、化学因素、物理因素等发生变化而使先前的原始自然改变状态的就不能被称作是环境美。温和派则认为，真正美的自然就是没有丝毫人为物质或技术包含在里面的，人的活动从未涉足的，如原始森林就是一种美，而人类踏足过的山就不是真正的美，因为现在能看见的山的葱绿挺拔早被先人修饰过了，这种美是人为的美，是人类精神产物的物质表现形式。所以自然中各个部分的美都不是等同的，具有一定的差异性。传统的美学上对自然的美是有等级划分的，如认为山脉是宏伟的，草原是枯燥的，沼泽是阴郁的。虽然对艺术作品的审美人们可以进行等级的优劣排序，甚至可以用美、平庸和丑陋来概括艺术作品的美，但是在环境学家的眼里，自然环境的美不能简单地来评级划分。环境美学家重视的，不是自然中直观的、属于优美景致的方面，而更多的是自然中由进化理论和生态学揭示出来的概念性方面——自然环境的多样性、整体性、物种稀有性、物种的相互影响、本土性等。平常的自然环境也有着美。一个风蚀的岩壁上的洞从形式上看可以是“被世人遗忘的大蚊子坑”，但当人们考虑到有机体之间的生态关系，进化和地质学、历史学等时，或者说当人们把这个洞看作蝙蝠的栖身之地甚至是非洲仅有的袖珍蝙蝠栖息之地而欣赏它时，当人们认识到动物源自遥远的年代，源自仅有的某个非洲的部落领地内，世界仅存几千只时，当人们认识到洞中所有的有机体具有内在关联的时候，岩壁上的洞就变成“一个承载罕见之美的摇篮”。相反，表面上吸引人却并非源自本土的植物和动物，因为它们破坏了自然的平衡，可以被看做是非和谐的闯入者。“生态学、历史、古生物学和地理学，各自穿透了直接感觉经验的表层，为景色提供实质、浪漫主义的、风景的美学，与生态的土地审美相比，是肤浅而且毫无生气的。”(凯利考特，1987)或许，这种观点过于偏激，环境美学致力于在普通环境中挖掘不同一般的美，每种环境中所蕴含的美是有区别的，正是由于这些区别造就了不同环境独有的特色，从而为大自然增添了多样性和丰富性，加上人类长期以来积累的各种经验，大自然各色各样的美就被人类以审视的眼光冠上各种美的光环。从另一个角度看，环境美学也是自然美学的发展，因为在审美过程中，人类开始反思先前、现在、未来，自己与自然的关系，自己在环境之美中的位置。

突破传统的自然审美欣赏模式是一个值得探究的问题，因为传统的自然审美欣赏更多注重的是不加入人为因素的自然之美，这使得自然审美具有狭隘性。自然审美欣赏模式不仅需要相关的美学知识、生态知识，还需要正确处理人与自然关系的一种心态。对于在现代社会如何突破传统的自然模式重新去欣赏自然，多年来环境美学家们一直致力于这方面的研究，总结起来主要内容如下。

(1) 提出了要以结合的方式来完善自然审美的模式。结合是指审美主体与审美对象的有机结合，在一些环境美学家看来，这样的结合对艺术和非艺术都是最为根本的(图 3-10)。传统美学上的观点基本上是把审美主体与审美客体及人与自然的关系分离开来研究的，自然的美其实仅仅是不掺杂人为因素的大自然原始之美。这种片面的观点是在当时的时代背景下产生的，在大机器生产时代，人们大肆掠夺自然资源，使得大自然惨遭破坏，物以稀为贵，在环境问题扩大化以后，人们恐慌这种盲目发展行为，反倒向往原始物质资源丰富的年代，潜意识地又开始崇拜原始自然，在这种情况下传统自然审美欣赏模式就顺理成章地占据了主导地位。今天，当人们重新审视人与自然的关系之后，就纠正了先前纯粹的人类中心主义思想，从公正的角度来思考两者的关系，把自然审美的主体客体、人与自然结合起来，利用人类特有的主观能动性去审视自然之美。自我与外部世界是具有连续性的，主张把人类与自然文化环境联系起来，人仅仅是环境的一部分，人类来源于自然，人是大自然千百万年进化出的一个物种，在众多物种中最有灵性，这是大自然的功劳，是大自然给予人类最大的恩赐，然而以后会如何，大自然是否会依旧眷顾人类，不得而知。环境是人的环境，人类选择甚至制造出只适合人类自己居住的环境，然而人的这种创造能力是建立在人自身的知识基础之上的，环境不可避免地打上了人类活动的烙印。关于审美和实践的关系，一些学者主张审美、艺术和日常经验的结合，保持审美经验和日常生活的连续性，在生活中积累审美经验用于改造更适合人类居住的环境，在环境中受到启示并为改进审美观带来丰富的物质材料和精神动力(图 3-11)，在环境中享受自然之美所带来的精神乐趣。

图 3-10　人文与自然相结合的风景

图 3-11　巧妙地利用环境

(2) 重视知识为自然审美欣赏带来的动力。一些环境美学家认为：对环境的欣赏模式与艺术美学的欣赏模式不同，是一种典型的物理上活跃的交互作用，它需要对所有感觉进行整合并带有自我意识的运用，这种欣赏最重视的是供人从它开始经验自然背景或者对象的正确地方。对自然以及所有人为环境的审美欣赏，应该建立在科学的基础上，应该有科学知识作为依据。如何以科学为基础来进行对自然的欣赏？要为欣赏自然提供一个客观的基础，这个自然应该是真正的自然，是一个不以人的意志为转移的客观存在的自然，不是由人们的希望或者惧怕来划分范围规定边界的某种自然。科学是人们客观地理解自然最好的工具。一些比较激进的环境美学家强调人们看待自然时“原本的样子而非仅仅为我们所具有的样子”，应该彻底地抛弃纯粹的人类中心主义对于人们审美观的束缚，公正地看待人与自然的关系，而不仅仅只是从人的角度进行考虑，从客体的角度进行考虑。另一些温和派的环境美学家强调的是审美欣赏中情感唤醒的重要性。人类在欣赏自然的时候，除了将自身融入大自然的美景中尽情释怀，更重要的是人类会被激发起一种重新审视自然与人类关系的情感。比如，面对湍急的江水时，人会被一种自然的磅礴气势所折服，会在瞬间感觉到自己的渺小，会感觉自己仅仅是大自然中微不足道的一笔。人类在欣赏自然之美时会有这样的心灵回应，尽管以对突出的自然特色的感知为基础，这种感知不是由科学提供信息的，而是一种合法的自然的审美欣赏。

(3) 循序渐进地完善环境美学观念。在20世纪的一半时间中，世界的美学家们把目光都聚焦到了世界的艺术品身上，因为关注人性是文艺复兴以来人们始终在寻求的美学观。然而，当人类中心主义受到了环境问题的挑战时，人们开始反思几百年来对于环境的过分举动。到了这个世纪，人们更加重视大自然和人类敏感的关系。人们开始用一种客观的目光去审视自然与人类共同创造出来的美——环境之美。欣赏环境美，必须具备丰富的知识，具备一种公正的心态，具备一种反思的精神，从客观的角度去读懂自然能用语言或无法用语言来形容的美，读懂人类在长期生活经验积累中创造出的美，在大自然的美中反思人类先前过激的行为，在大自然渐渐消失的美中拾起一份愧疚的心情。科学的环境美学观，要求人们以科学知识和技术为基础，在现有基础上保护和恢复自然之美，用理性的心态去面对人类发展的现状，让自然之美与人类文明之美相互促进，相互补充。

在环境美学中，中国环境美学观具有独特性。中国是一个讲究“天人合一”的古国。中国历来崇尚自然的伟大，感激自然、尊重自然，于是在与自然打交道的时候，常常是怀着一份感恩的心境，那么对自然的苛求较之于西方国家是比较少的。在环境审美中，早在春秋战国时期，老子的“道法自然”便崇尚一种无为的状态，既不给予自然什么也不苛求自然什么。到了宋代，这种自然论与“平淡”结合到一起，平淡是中和之至的表现，能使人的欲望之心得到平息。明代却讲求叛逆型的自然，如老人们的童心就是人们追求最初童年时的不弄虚作假的表现，是一片枯叶如新生之时重回大地的心境。中国的环境审美观概括起来有以下三点：“无意、无法、无工。”

① 无意。无意也称为不经意，是指无意识、无目的、非功利、自发性。在审视环境之美时，重视自然流露出来的不经意的美，展现生命的博大(图 3-12)。如在沙漠中的一株仙人掌，直挺挺地站立着，为满眼的黄色景象增添了一抹生命的色彩，这是大自然对于深陷沙漠中的人类的一种悲悯之情。对于环境中人们创作出来的风景，更强调这种不着意的感觉，真是由于不经意间随意添加了某样东西，更让人觉得环境美得自然、美得和谐。环境中的一切，出乎人们正常的观念而留下的景色，才是真正叫人难以忘却的。用经济学的观点来衡量，同样是石头上有龙的图案，一块石头是人工画上去的，一块石头是溪水长年冲刷形成的，肯定后者的价值远远高于前者，甚至在古代，后者的价值远远大于金钱，因为古人们会把神谕加入其中，对其顶礼膜拜。这就是不经意间最让人惊叹的美。

② 无法。无法是指没有规范、没有技法。在以前的自然审美观中，人们曾经是抵触过人类活动为大自然带来的美的。天然的才是美。这是因为人类无法去仿造，无法去征服。

规范和技法是人类特有的本领，这种本领体现着人类独有的逻辑性、规律性，然而大自然并不是按人类的意志产生发展的，因而超出人类的这种自然之美，使人类不得不臣服。当人类创造的环境达到这样一种突破传统规范的美时，人类就会觉得仿佛是自然的杰作，是人类能力所不能及的，是鬼斧神工之笔，是自然赐予人们的又一杰作(图 3-13)。能达到这种境界的环境，想必也是流传至今的风景名胜之地。

图 3-12　大自然的鬼斧神工

③ 无工。无工包括非工巧和非人工。非工巧与非人工都是两个形容环境之美的境界，而非人工更是在非工巧之上(图 3-14)。环境之美追求的是自然之美，这里面不仅包含自然与生俱来的美还包括人们活动后给自然留下的美。随着科技的发展，交通工具日益发达，可以说人类的活动遍及世界各个角落，然而所到之处既有美也有破坏后的丑。有的环境学家之所以强调原始的纯粹自然之美，是因为痛惜人类给自然带来的丑陋，从而更深切地寻求自然原始的样子，寻求人类未出生之时地球的景观之美。可以理解这种心情，这无疑是对当今环境问题的一个深层次的反思。人类在破坏的同时也有为一些环境带去了美，非工巧和非人工都强调环境之美看不出丝毫的人为迹象，这是无工境界，也是历代能工巧匠们追求的目标，它体现了人类无穷的智慧和高超的技艺，也体现出古人们“天人合一”的心境。

图 3-13　自然无定法

图 3-14　让人震撼的自然

艺术设计者在进行艺术设计时，应该树立环境审美意识，要使自己的艺术设计不仅能够满足人们生存和发展的需要，也能满足人们对环境审美鉴赏的需要。人们相信，只要艺术设计者在审视环境之美时，怀着一份感恩的心去看待自然，就会发现大自然的美丽、富饶与独特的魅力。

第八节 低碳经济

低碳经济是在应对全球气候变化的大背景下提出的，具有很强的时代针对性。20 世纪 80 年代以来，气候变暖问题日益成为全球关注的焦点问题。1992 年的《京都议定书》、2007 年的巴厘岛路线图、2009 年没有法律约束力的哥本哈根决议，对应对全球气候变化提出了各种各样的讨论，也发生了很多争论。2003 年英国率先提出发展低碳经济，与应对全球气候变化出现激烈争论不同的是，低碳经济一经提出，就被主要发达国家不断跟进，并成为新时代又一种发展理念。

发展低碳经济并不是没有原则的空洞概念，要真正发展低碳经济还必须遵守其基本原则。总体来看，发展低碳经济所须遵循包括综合性、能力建设、比较优势、成本、合作、一致性、便利性 7 个方面。由于这 7 个原则的英文单词都是以字母 C 开头，就简称为低碳经济的“7C”原则，其中综合性、能力建设、比较优势、成本侧重于工具理性层面，侧重于解决问题的具体方式和途径，而合作、一致性、便利性侧重于价值理性层面，侧重于人自身的改造。

在一般意义上，低碳是指通过发展清洁能源，包括风能、太阳能、核能、低热能和生物质能等替代煤炭、石油等化石能源以减少二氧化碳排放。包括火电减排、新能源汽车、建筑节能、工业节能与减排、循环经济、资源回收、环保设备、节能材料等。目前一个重要的经济转型就是节约能耗降低废气排放。我国“十一五”规划纲要提出，“十一五”期间单位国内生产总值能耗降低 20%左右、主要污染物排放总量减少 10%。这是贯彻落实科学发展观、构建社会主义和谐社会的重大举措；是建设资源节约型、环境友好型社会的必然选择；是推进经济结构调整，转变增长方式的必由之路；是维护中华民族长远利益的必然要求。

关心全球气候变暖的人们把减少二氧化碳实实在在地带入了生活，减少二氧化碳是转向低碳生活方式的重要途径之一，是戒除以高耗能源为代价的“便利消费”嗜好。“便利”是现代商业营销和消费生活中流行的价值观。不少便利消费方式在人们不经意中浪费着巨大的能源。比如，据制冷技术专家估算，超市电耗 70%用于冷柜，而敞开式冷柜电耗比玻璃门冰柜高出 20%。由此推算，一家中型超市敞开式冷柜一年多耗约 4.8 万度电，相当于多耗约 19 吨标煤，多排放约 48 吨 CO_2，多耗约 19 万升净水。上海约有大中型超市近 800 家，超市便利店 6000 家。如果大中型超市普遍采用玻璃门冰柜，顾客购物时只需举手之劳，一年可节电约 4521 万度，相当于节省约 1.8 万吨标煤，减排约 4.5 万吨 CO_2。在中国，年人均 CO_2 排放量 2.7 吨，但一个城市白领即便只有 40 平居住面积，开 1.6L 车上下班，一年乘飞机 12 次，碳排放量也会在 2.6 吨左右。由此看来，节能减排势在必行。如果说保护环境、保护动物、节约能源这些环保理念已成行为准则，低碳生活则更是人们急需建立的绿色生活方式。“低碳生活”虽然是新概念，但提出的却是世界可持续发展的老问题，它反映了人类因气候变化而对未来产生的担忧，世界对此问题的共识日益增多。全球变暖等气候问题致使人类不得不考量目前的生态环境。

在艺术设计中，体现低碳的主题，就是要通过设计来实现低碳的生产方式与生活方式，来引导审美潮流，它要求把低耗、节能、低排放融入艺术设计中，使得人们在简朴中感受到艺术的美感，在低碳中享受到生活的乐趣。

习　题

1. 什么是设计主题？生态文明主题的科学内涵是什么？
2. 如何在艺术设计中表达人与自然的和谐？
3. 怎样才是尊重生命？
4. 艺术设计与生物多样性的关系是什么？
5. 绿色 GDP 有什么社会意义？其艺术价值如何？
6. 试设计一个表现生态生产力的作品草图。
7. 试做一个具有环境伦理的艺术设计创意文本。
8. 环境美与艺术设计的关系如何？

第四章　生态设计的基本原则

教学要求和目标：

- 要求：学生掌握并将生态设计的原则应用于艺术设计实践中。
- 目标：理解生态设计原则的内涵，把握不同生态设计原则的特殊要求，并学会在设计实践中应用生态设计原则的条件与基本方法。

本章要点：

- 生态设计原则。
- 不同生态设计原则的特殊内涵。
- 应用生态设计原则的基本方法。

在现代设计技术中，一般强调这样一些原则：功能性原则，即合目的性原则，是设计产品时应具有的目的与效用，以功能目的为设计的出发点；经济性原则，不但是成本的考虑，消费者支付能力的预测，重要的是寻求在现有条件下，提高产品的实用审美价值；艺术性原则，是指设计师在设计时考虑作品具有较好的审美功能和艺术品位，从而给受众以审美享受；主题性原则，是设计目的出发点的把握。现代设计作为人类物质文化的审美创造，其目的是为了人，所以设计活动从始至终必须从人出发，把人的物质和精神方面的需求放在第一要素的位置来考虑；创新性原则，现代设计作为人类智慧的创造性活动，创新是推动现代设计活动不断向前发展的动力，是现代设计家的追求。现代设计的创新性原则实质上是个性化原则，是一个差别化设计策略的过程，是个性化的内涵与独创的表现形式统一。显示设计作品的个性和设计的独创性。这些原则是重要的，有些是与艺术设计的生态文明要求一致的。但仅有这些是不够的，必须作出生态文明的特殊要求，否则就会与生态文明的艺术设计原则相抵触。如上面所说的功能性原则与经济性原则，原意是说艺术设计要根据设计需要者的需要与经济状态而定。这样说一般是对的，但问题是现在追求奢华已成为一种时尚，如果没有生态文明的原则加以限制，就会走到“以贵为美”的老路上去，从而掩盖了艺术设计应有的品质与特色。因此，以生态文明为指导的艺术设计原则就成为艺术设计应该掌握的时代要求。

生态设计有其自身的原则，遵循这些原则，是生态设计的基本要求与共同规则，它保证艺术设计作品能够科学、准确地表达生态文明。生态设计的基本原则有很多，但主要有合规律与合目的的统一、个体价值与整体价值的统一、现实意义与长远意义的统一、多样性统一与多层次性等。其中合规律与合目的的统一要求把人的需要与显然的需要统一起来；个体价值与整体价值的统一不仅揭示人与社会的和谐，也揭示了自然满足个体与自然生命整体的和谐；现实意义与长远意义的统一是着眼于自然的发展与人类发展的需要；多样性的统一是传统的自然规律，因而也是艺术设计必须坚持的原则；多层次性表现的是生命的丰富性与内在的联系性。

第一节　合规律与合目的的统一

生态文明最基本的定义，就是人与自然的和谐(图 4-1)，这种和谐是对自然和人的双重尊重。生态文明的这一基本要求表现在艺术设计上，就是要求合规律性与合目的性的统一，或者说合规律性与合目的性的统一就成为艺术设计的一个首要原则。怎样理解合规律性与合目的性的统一呢？马克思在《1844 年经济学哲学手稿》一书中指出："动物只是按照它所属的那个物种的尺度和需要来进行塑造，而人则懂得按照任何物种的尺度来进行生产，并且随时随地都能用内在固有的尺度来衡量对象。所以，人也按照美的规律来塑造。"动物只是按照它所属的"物种的尺度"进行生命活动，它就只能是按照它所属的物种的本能去适应自然。比如说，肉食类动物只能吃肉，草食类动物只能吃草；陆地上的动物只能生存于陆地，水里的动物只能生存于水中。这就是说，动物只能按照它所属的物种的方式生存，而不能按照其他物种的方式存在；动物只有自己所属的物种的尺度，而没有变革自己的存在方式的"内在"的尺度。那么人呢？人则可以根据"任何"一种物种的尺度去进行生产，并且按照"人的尺度"去改变对象的存在，也就是按照人自己的目的、愿望、理想去改变对象的存在。

图 4-1　人工与自然的一致

人按照"任何物种的尺度"来进行生产，也就是按照世界上各种存在物的"客观规律"来进行生产，这表明人是一种可以发现、掌握和运用规律的存在物；人又按照"内在固有的尺度"来进行生产，也就是按照自己的需要、欲望、目的来进行生产，这表明人是一种把自己的生命活动变成自己的目的性活动的存在，即目的性的存在。人既按照任何物种的尺度又按照人的内在固有的尺度来进行生产，也就是在合规律性与合目的性的统一中来进行生产；这种合规律性与合目的性的统一，使得人的生命活动达到了自在与人为相统一的自由的境界，也就是马克思所说的"按照美的规律来塑造"。300 多年前，一个名不见经传的年轻设计师莱伊恩参加了英国温泽市政府大厅的设计工作。他运用工程力学的知识，巧妙地设计只用一根柱子支撑的大厅天花板。一年以后，市政府权威人士进行工程验收时，说只用一根柱子支撑天花板太危险，要求莱伊恩再多加几根柱子。莱伊恩坚持一根柱子足以保证大厅安全，他的“固执”惹恼了市政官员，险些被送上法庭。后来为了应付“当局”，他在大厅里又增加了四根柱子。300 多年后的一天人们在修缮大厅时惊奇地发现，支撑大厅天花板的依然是一根柱子，而其他 4 根柱子并没有与天花板接触，只是摆设。莱伊恩之所以在 300 年之后能得到大家的赞誉，主要是他在坚持自身目的的同时，尊重客观规律，如果他的设计是得不到理论依据的，那支撑这天花板的一根柱子迟早会发生事故，最后必定会造成人员伤亡，这样的话他不但得不到大家的欣赏，还会被大家所责骂。

正因为如此，人们才把美定义为人们创造生活、改造世界的能动活动及其在现实中的实现或对象化。作为一个客观的对象，美是一个感性具体的存在，它一方面是一个合规律的存在，体现着自然和社会发展的规律；另一方面又是人的能动创造的结果。

把合规律性与合目的性的统一作为艺术设计的原则，可以从艺术发展的过程得到说明。中国思想家李泽厚认为：“艺术发展的过程是由再现到表现，由表现到装饰，在这个过程中，人的心灵、感性获得了不断地丰富和充实。”由写实的动物形象逐渐抽象化、符号化而变为几何纹样，这也就是由再现(模拟)到表现(抽象化)的过程，这一过程是表现事物外部特征与内在本质的过程，它仍然以对事物规律性的认识为基础。在这个不断地由内容到形式的积淀过程中，巫术礼仪的图腾形象逐渐简化而成为纯形式的几何纹饰，由于几何纹饰经常比动物形象更多地布满器身，它所表现的意义更为广阔和深刻，满足了更丰富的人的目的性。因此，它的原始图腾含义不但没有消失，反而使这种含义更加强了。所以到抽象阶段，艺术的内容并不是减少了、简单了，而是增多了、深刻了。具象艺术的形式是理性的，内容却是感性的。抽象艺术却恰恰相反，形式是感性的，内容是理性的。现代艺术要求画看不见的东西，画出事物所谓“本质”、“实体”等。从历史积淀看，从建立感性的角度看，在这个再现到表现的艺术发展过程中人的感性、人对形式美的感受不是变得贫乏空洞，而是愈益丰富了。艺术从再现到表现是个变化，而从表现到装饰又是一个变化。再现艺术以具体形象反映现实，人们很容易了解它的内容。但表现艺术却给你以抽象，使你难以了解它的内容。只感到里面有味道、有意义，是一种“有意味的形式”，但这种所谓的“有意味的形式”，天长日久，看得多了，普遍化了，就又逐渐变为一般的形式美(装饰美)。古典艺术的形式是比较和谐、严整的，它基本上以优美的形态为主，使人感到比较愉快，比较舒服。现代艺术却以故意组织起来的不和谐、没秩序为形式，使人感到丑、不舒服、不愉快，但又从这种不愉快中得到一种满足。对丑的欣赏不是那么容易，它与人类对世界的改造及“实践理性”有关，意味着人类审美能力的提高。因而从欣

图 4-2　建筑与自然呼应

赏和谐的、优美的东西到欣赏某种故意组织起来的不和谐、不协调、拙、丑的东西，却又恰恰是人的心灵的一种进步，而不是一种退步。艺术由再现到表现，由表现到装饰，从具体意义的艺术到有意味的形式，从有意味的形式到一般装饰美，这就是一个艺术积淀的过程，也是人类审美心理结构的数学方程式不断丰富和复杂，是人类的内在心理的不断成熟的过程。在这一过程中，艺术始终把反映客观对象的规律性与满足人的主观目的性结合起来，体现了人与自然的和谐，这种和谐也因此成为艺术设计的首要原则(图 4-2)。

第二节　个体价值与整体价值的统一

生态文明不仅强调人与自然的和谐，更强调人与人的和谐，这种和谐就要求既尊重个人的价值，也尊重社会整体的价值。为此，艺术设计就必须把个体与社会结合起来，既表现个体的价值，也表现社会整体的价值。目前全球性的生态危机，说到底就是由于人们没有处理好局部利益与整体利益的关系所致。比如，为了获得暴利，一些不法分子大量捕杀珍稀动物，导致一些动物濒临绝灭(如藏羚羊等)，为了本单位、本地区经济的发展，不惜用原始的、简单的生产设备从事造纸、开采业等生产，大量排放废水、废气和废渣，造成环境污染。因此人们在利用开发自然资源时，必须处理好局部利益和整体利益的关系，以保证整个生态系统的正常运行和人类的可持续发展。

个体价值与整体价值的统一要求创作出来的艺术品既有鲜明个性，又能满足普遍的功能要求。工业设计最基本的理念是“个性设计”与“整体协调”。追求“个性”是设计者的任务，设计品只有独一无二才能展现出设计的价值。而设计成果价值的最大化，是每个设计者的毕生追求。但同时，也要注意和时代的“整体协调”，尤其是与社会总体的价值观相统一。如在全世界人民都热爱和平的时候，就不能设计出一件具有好战意味的艺术品，这种违抗人民意愿的设计只能被社会抛弃，既达不到设计的目的，也实现不了个体的价值。在生态文明时代也是如此，要适应人们的整体价值取向，坚持个体与整体价值的统一，只有这样设计出来的商品才有价值可言。

不过，由于个体价值与社会整体价值关系的复杂性，人们有必要对二者的关系做一下梳理，以把握个体价值与社会整体价值的内在关系。在谈到个体与整体的关系时，著名历史学家汤因比把人们对这一问题的解答概括为两种答案:“一个说人是一个能够独立存在而且也能够独立解释的实在，而社会仅仅是由无数个人组成的总体。另一个说，社会才是实在，一个社会是一个完整的可以了解的整体，而个人仅仅是这个整体的一部分，脱离这个整体，个人的存在是不可能的和不可想象的。”汤因比自己在其《历史研究》这一巨著中，用以分析人类文明起源、成长、衰落、解体等整个演化过程的理论工具仍然是个体本位主义。美国实用主义哲学家杜威在《哲学的改造》中指出了人们对待个体与社会关系的 3 种基本观点，“社会必须为个人而存在；或个人必须遵奉社会为他所设定的各种目的和生活方法；或社会和个人是相关的有机的，社会需要个人的效用和从属，而同时也需要为服务于个人而存在”，这 3 种观点可以概括为个体主义、社会整体主义和个体与社会有机关联的观点。从历史上看，前两种观点构成了西方思想史上两种对立的人学观和价值观。在古代西方社会，希伯来人侧重于民族整体，他们把民族与上帝的关系放在第一位，然后才是个人与上帝的关系；与之相比，古希腊人则较注重于道德的个体人格。至近代，个体主义与社会整体主义形成对峙，前者的代表是边沁、密尔等功利主义学派，后者的典型是康德、黑格尔等。杜威认为自己属于第 3 种观点。不难看出，这不是一种独立的理论观点，实质是所谓的“新个体主义”。

今天，各种思潮中的个体本位主义和社会整体本位主义都在对峙中不断吸纳对方的理论观点，这一点在社会学和伦理学中的表现尤为明显，因而绝对的个体主义和绝对的社会整体主义(完全置另一维度于不顾)也就很少见。说个体与社会是辩证的统一关系可能是大家都能同意的，但现代社会发展中日益突出的个体与社会之间的问题却是原有的理论模式难以解决的。社会价值论力图把人们的目光引向新的视角，主要内容如下。

(1) 个体与社会之间的关系是一种双向价值互动关系。所谓价值，一般地说，就是指客体对主体生存和发展的意义和效应。首先，个体与社会之间的关系是价值关系，即需要与被需要、满足与被满足的关系。脱离了这种关系，其他的关系(如改造与被改造，认识与被认识等)都不会存在。西方伦理学中的功利主义学派、社会哲学中的社会契约论等在一定程度上把握了这种价值关系，但他们的理论缺陷在于，一方面，他们大都不同程度地忽视了人的价值需要结构的复杂性，往往把价值关系理解和限定为物质利益关系，不能在主体生存和发展的总体意义上来理解个体与社会的价值关系；另一方面，他们理解的个体与社会的价值关系是单向的，即社会对个体的价值。其次，个体与社会的价值关系是双向的。主体与物的价值关系是单向性的，主体与他人的价值关系则是双向的，因为他人与价值关系主体自我一样是“主体”。这个问题的实质是胡塞尔等西方哲学家深切关注的主体间性问题。主体自我与社会的价值关系也是双向的，但这种双向性不是显而易见的，因为他人作为主体是自明的，而社会并不具备个体那样的自我意识和人格特性。所以，要理解个体与社会之间的双向价值关系就涉及下面的问题。

(2) 个体与社会是一种相互缠绕、相互生成、相互提升、相互规定的价值主体之间的关系。个体与社会之间价值关系的双向性就意味着社会必须作为价值主体而存在。社会价值主体是由个体间的价值互动凝结、升华而成的一种特殊的价值主体形式。社会价值主体的存在根据在于社会角色结构，不同个体通过进入不同的社会角色而构成社会价值主体。社会价值主体的特性是拟人格性和集合主体性。无论是社会整体论者还是社会系统论者都不足以揭示社会存在的这一根本特性——价值主体性，因而不能解开个体与社会的关系之谜。从社会价值论的角度分析，人类社会生活的复杂过程就是从个体到社会主体、从社会主体到个体的循环往复并不断提升的价值运动过程。

(3) 个体与社会价值互动的中介性。中介是表征事物之间间接联系的范畴，指处于不同事物之间或同一事物不同要素之间起联系作用的环节。对中介问题，从黑格尔到马克思主义经典作家都十分重视。中介既表现为空间上并存事物之间联系的中间环节，又表现为时间上事物转化和发展的中间环节。各种事物之间的这些直接和间接联系纵横交错就构成了整个世界的普遍联系之网。中介就是网上的纽结。在社会历史领域中，中介的情况对人和社会发展十分重要，中介性活动使人和动物根本区别开来；在活动方式上，动物表现为生产和消费的直接统一，而人则要经过交换、分配等许多中介环节，这就使人的活动不知要比动物复杂多少倍；人的精神文化活动也是以符号为中介进行的，这就使人超越了当下唯一的、有限的物质世界，进入了无限丰富的精神世界。

在个体与社会的价值互动和联结上，中介性是其重要特征。可以说，个体与社会的关系之所以不同于动物个体与其种群的关系很大程度上是由于中介不同。社会越发展，中介越复杂，个体与社会的关系自然也就越复杂，人也就越远离动物界。以往的思想家在把握个体与社会关系的问题上，都不同程度地忽视了这种中介性，仅仅在个体与社会这两极之间跳来跃去，或力图把两者生硬地拼合在一起。与此相反，社会价值论则力图抓住中介思维这一独特视角，剖析从个体到社会和从社会到个体的复杂过程和机制。

艺术设计在处理个体与社会的关系时，必须深刻领会二者的互动关系，强调二者之间的有机联系，注重主体性之间的关系(图 4-3)。艺术设计只符合个体的价值但不符合整体的价值是不行的。设计追求独特性这一点不错，但一定要与整体环境相吻合。2007 年，Julien de Smedt 从众多竞争者中脱颖而出，开始为挪威奥斯陆的 Holmenkollen 山设计滑雪塔，这座将于 2011 年完成的滑雪塔呈一飞冲天的直线型姿势，更像一座透明纪念碑与蓝天白雪融合在一起，雪塔和周围的环境浑然一体，和谐共处，给人一种整体美的感受。而生态建筑设计的准则与方法是建筑与自然共生，应用减轻环境负荷的建筑节能新技术，循环再生型的建筑材料创造健康、舒适的室内环境，使建筑融入历史与地域的人文环境。一个马来西亚的设计师杨经文，他把高层的建筑做成绿色摩天楼而享有国际声誉，他认为建筑首先应该与当地的气候条件相一致，是节约和生态的，这种建筑物会因为运转能耗的减少降低成本，能够对气候条件作出灵敏反映的建筑物将提高使用者的舒适感。他在新加坡设计的高层建筑完全采用自然通风的情况，可以不用人工空调，他在马来西亚设计的 IBM 总部大厦，连续不断的植物带将大厦变成了一个空中花园，凹凸的露台能够使各个办公室接触到室外环境。他预留了太阳能光电装置的托架，里面的发电照明全部用太阳光的自然能源，这时遮阳装置能够旋转，根据太阳的旋转而进行遮阳，楼层中开放的空间使用者非常舒适。

图 4-3　个性突出与整体和谐的设计

2008 年北京奥运会的主会场鸟巢选址之初(图 4-4)，规划部门有不同的选址方案，包括京城北郊、东南郊、亦庄等都在考虑范围，而北郊方案特别是落脚在北中轴线的方案最终胜出。据介绍，中轴线北段选址的方案与北京的历史传统有着内在的联系。从艺术本身来看，整体统一必须要有一条主线来体现，城市的整体环境也必须要有这样一条主线。鸟巢等奥运设施得以延伸的北中轴体现出一种时代的艺术之美。可见，个体要发挥价值就必须与周围的整体环境相一致，这样才能使设计的效果最大化。但同时，只是过分强调整体的价值也不行，这样就缺少了一种个性的张扬，差不多的设计只会使人产生审美疲劳，最终厌倦。

图 4-4　北京奥运会主会场——鸟巢

在鸟巢个体价值得到实现的时候，不要忘记了整体的价值。现在的城市规划都是将一个城市分成几个区，每个区的功能是什么都有明确的界定。拿厦门为例，厦门岛(思明区)就是城市中心，是给人休闲购物的，海沧区是定位为工业区的，集美区就是住宅区，所以人们在设计建筑的时候要继续突显每一个地方本身的价值，就如人们不可以在海沧区设计一栋住宅，无论这个设计怎样出色，它都是没有用的，因为人们根本不会在如此烦躁的环境下居住。所以个性的彰显要跟着整体的价值方向走，在生态文明的时代更应如此。不仅一个城市如此，一个工业产品也是如此。当人们要设计一张 3 人沙发时，人们就必须让每个人坐得舒服，又必须考虑这 3 个人之间的整体的关系。为此，人们就不能只按照瘦人或一对情人之间的关系来设计沙发的宽度，还必须考虑胖人或 3 个人比较陌生时的坐姿情况。只有把这 3 个人的不同静态与动态的全部要素都考虑进去，这样的设计才能让人满意。

第三节　现实意义与长远意义的统一

用生态文明来把握事物的发展，还必须注意长远利益与当前利益的统一。当前利益与长远利益都是人类的根本利益，是有机的统一体。如果不顾长远，只考虑当前，则当前利益不可能持续地实现；如果不顾当前，片面强调长远，那么人们就容易失去为实现长远利益而努力的积极性。一个民族、一个国家、一个企业或一个人，如果不能从全面的、发展的角度来认识和处理当前利益与长远利益的关系问题，就会使自己步入不切实际的发展轨道，或出现急功近利的短期行为。如果为了当前利益而不惜损害长远利益，为单一地追求数量和速度的增长或为一己私利，做拆东墙补西墙和拔苗助长、杀鸡取卵的事，或者只顾个体利益而忽视社会利益、公众利益，就会给他人社会带来损害。正确处理当前利益与长远利益的关系，保证持续健康稳定的发展，是构建和谐社会要解决的首要问题。一方面要靠健全和完善相关机制来保证，更要注重那些不易量化的潜在业绩，如发展理念、工作思路、思想道德观念等内容；另一方面要靠树立和落实科学发展观来保证。谋划工作要以科学发展观为指导，落实工作要以科学发展观为遵循，检验工作要以科学发展观为依据，把科学发展观贯穿于构建和谐社会具体实践的各个方面、环节。

没有眼前利益的逐步实现，就没有长远利益的最终实现。同时，没有长远利益的真正实现就没有持久的眼前利益。长远利益和眼前利益这种辩证关系不但是一种客观的社会规律，同时也是一种经济社会发展的普遍规律(图 4-5)。科学发展观强调当前发展与长远发展的有机统一。纵观世界发展史，一些国家在发展的过程中，为了实现眼前经济的增长，以消耗能源、牺牲环境为代价，结果是影响了下代人乃至人类更长远的发展。正如恩格斯所指出的那样："我们不要过分陶醉于我们对自然界的胜利。对于每一次这样的胜利，自然界都报复了我们。"因此，在决策的过程中，领导者必须辩证地处理好当前发展和可持续发展的关系，既要考虑经济的发展，又要考虑生态的保护；既要考虑增长的需要，又要考虑资源环境的承载能力；既要考虑发展的收益，又要考虑付出的成本；既要考虑当前的发展，又要考虑长远的发展，坚持走生产发展、生活富裕、生态良好的文明发展道路。

图 4-5　小区的设计为未来发展预留了空间

坚持可持续发展，还必须处理好长远利益与当前利益的关系，既要考虑当前发展的需要，又要考虑未来发展的需要，不能以牺牲后代人的利益来满足当代人的利益。

(1) 坚持把满足当代人的需要放在首位的原则。可持续发展的前提是发展，首先是满足当代人需要的发展，在满足当代人需要的同时，又为后来人的发展奠定基础。因此，坚持可持续发展，必须把满足当代人的需要放在首位。尤其我们国家是发展中国家，更要紧紧抓住难得的战略加快发展自己，绝不能陷入"可持续发展就是减慢或不发展"的误区。通过加快发展，不断增强综合国力和提高人民生活水平，同时也为后来的发展打下了坚实基础，使后代人的发展建立在更高水平的起点上。

(2) 坚持发展不能损害后代人满足其需要能力的原则。在社会经济发展中，是否注重长远时间效益，是否重视不损害后代人满足其需要的能力，是区分可持续发展和传统工业发展的一个根本标志。在处理长远利益和当前利益的关系时，既要尊重当前利益，也要注重经济可持续发展能力的培养，既要获取当前利益，也要注重经济可持续发展能力的培养，要在获取当前利益，满足当代人需要的基础上，切实保证经济发展的潜力和后代人满足其需要的能力。

(3) 坚持可持续性与代际公平原则。所谓可持续性是指生态系统受到某种干扰时能保持其生产率的能力，核心是指人类的经济和社会发展，不能超越资源和环境的承载能力。要根据这一原则，来合理地调整生产方式、增长方式和生活方式，在生态可承载的标准内确定社会经济发展的消耗标准。所谓代际公平是指如果当前的决策后果将影响好几代人的利益，就应该在有关的各代人之间就上述后果进行公平分配。贯彻这一原则，在实际操作上就是必须保存某些必需品如自然资源基础、文化资源基础和环境系统中有价值的部分，确保能传到后代人手中，或至少也应该阻止使上述基础无法传给后代人的决策和行为。

在艺术设计中，坚持长远利益与当前利益的统一，就是既要肯定与表现人们当下的精神诉求与需要，也要表现人们长远的精神诉求与需要，把这二者结合起来。艺术设计一味追求"前卫"，是忽视人们当前利益的表现，而如果在艺术设计中只表现当前利益而忽视长远利益，则使该艺术设计作品丧失生命力，成为一个"短命的作品"。在艺术设计中一味表现人们当下追求财富的欲望，“以贵为美”，就显得媚俗，缺乏艺术气质。而完全超越现阶段人们对物质财富追求的现实，又缺乏生活基础。如何结合二者呢？这就要求长远的利益诉求融合在现实的利益之中，或在表达现实利益中体现出长远的追求。例如，英国伦敦的市政厅(图 4-6)，设计师是福斯特，他是英国高科技的生态建筑大师，福斯特认为可持续发展建筑不仅在使用过程中将消耗最少的能源，在建造的时候消耗的能源也应该是最少的。他设计的大厦可以减少夏季热的吸收和冬季内部的热损耗，福斯特称他设计的法兰克福银行总部(图 4-7)是世界上第一座活着的能够自由呼吸的高层建筑，这个 52 层的建筑划分 4 个组，每组有一个 12 层的办公村，每个办公村有一个 4 层高的空中花园，空中花园的分隔赋予建筑立面的富裕感，两边做办公区域，另一边是空中花园，每一个办公室可以获得自然采光和通风。空中花园充满了明亮的光线和绿色，为建筑之肺一起为内部提供自然风和换气。这样的设计就是将现存意义与长远利益结合起来的典范，也符合生态文明的要求，这个市政厅既可以满足当下人们的需求，而且还可以节约能源，毕竟节能是当今社会及未来社会的主题，符合这个要求的设计才不会在不久的将来便被淘汰。其他的工业设计也要跟随着这个大的风向标走，才可以实现这个设计品的长远利益。历史也曾经给过我们沉甸甸的教训，在第二次世界大战之后，设计上为适应多种需要，开始越来越重视短期消费需求，而比较少强调长期、耐用的设计特点。战后的消费社会越来越多地倾向用毕即弃的产品，因而在设计上针对风格的短期规划比长远的利益更适合市场的发展要求。这股风气延续到了 20 世纪 60 年代末，之后发生经济泡沫，各国的经济在高速的发展之后都走入了衰退期，消费能力快速下降，消费上的浪费行为被社会所责骂，老百姓也开始考虑耐用、节能等以前没有考虑过的问题，日本汽车就是在这个年代超越美国的，原因很简单，就是他们的设计符合了当时人们的需要，准确来说应该是符合了人们的价值观，他们的设计最重要的一点是省油。直到今天，这个设计上的优点还在延续着它的辉煌，人们一谈起日本车就会不由自主地想到“省油”这两个关键词。所以，不能目光短浅只看重现存利益，要用长远的眼光看问题才可以跑在世界的前面，而生态文明正是将现存利益与长远利益结合起来的一种文化理念。

图 4-6　伦敦的市政厅

图 4-7　法兰克福银行总部

第四节　多样性的统一

如何看待人类所面对的自然界？生态文明观强调自然界是多样性的统一。统一性与多样性是在科学理论的研究中一对永远存在的矛盾。首先，世界统一于物质，凡是能够揭示宇宙统一性的理论，就被认为是美的科学理论。要获得统一的宇宙方程式，是每个自然科学家孜孜以求的美学理想。但是，在具体的研究过程中，则必须追求多样性，因为自然界是由无数的较为简单因素的叠加、组合构成的。一个科学理论的美学重要特征在于对理论和物质本原的统一性与物质世界的多样性的完美结合，这种结合体现为一种“空筐结构”，即该理论的研究范围能否从更广阔的领域(统一性)来揭示不同场合(多样性)物质运动的规律。如果一个理论的应用范围仅仅局限于该理论创造者所涉足的范围甚至仅仅是他所涉足的理论范围的一部分，那么这个理论即使是正确的和精确的，也很难给人们带来美感。科学研究演化的历史就是研究范围(“筐”)扩大的历史。参考天体物理学的例子：古希腊时代人们认为天体是高贵的，所以它们是圆周运动；而世俗的事物是卑贱的，运动需要外力推动。但到了牛顿时代，这位伟人发现了苹果和天体之间的共同之处，这个“筐”一下就把大地万物和群星闪耀的天空用机械运动的方式笼罩在一起了，万有引力成为联结各种质量或者惯性的纽带，简洁的方程揭示了无数天体和大地万物之间所必须遵循的统一规律，它的统一性不但表现在世界万物对它的遵循，更表现在人类在这个方程出现以前的所有关于天文学的正确的和表现为种种不同形式的定律都统一地成为附属于万有引力定律之下的推论。以至于到了经典天体物理学的全盛时期——拉普拉斯时代，在当时的条件下，用万有引力定律来计算已经或尚未发现的行星、彗星轨道的相互影响、扰动，无数次计算结果和观测结果无不准确吻合，人们不得不承认这个“空筐结构”表现出对自然界的多样性和基本物理规律的统一性的完美结合。科学给人带来的美感，使拉普拉斯在面对拿破仑询问他为什么不在《天体物理》一书中提到上帝时充满自信地回答：“我不需要那个假设。”

然而经典天体物理学在面对更加广阔的宇宙空间时终于表现出力不从心的一面。科学家们出于自发的美学思想，必须寻找一种理论，能够更广阔地概括他们发现的新的观测结果。从以太漂移试验中诞生出来相对论则满足了他们的愿望，它造就了一个比经典天体物理学更加广阔的“空筐结构”：经典天体物理学的“空筐”只是相对论天体物理学“空筐”的一部分，经典天体物理学也只是相对论天体物理学在引力场强度较低时的近似结果。说到爱因斯坦的相对论，它不仅改变了人类的时空观，而且在相对论中到处体现出对前人提出的经典理论的概括与反思。概括与反思的结果，就表现为对不同经典理论的统一，例如，质能方程是质量守恒定律和能量守恒定律的统一；引力与加速度等价原理是万有引力定律与牛顿第二定律的统一。这种统一比对多种试验结果的统一具有更加深远的意义，因为科学理论是建立在无数试验结果之上的。这也是爱因斯坦追求统一性与多样性完美结合的科学美学思想的必然结果。

在更微观的物质形态上，生态文明的自然观既注意追求谨严精细又注意追求整体。因此现代生态文明的思维方式实现了由实体(无内部结构、各向统一) 到系统(内部由要素和层次组成，外部有环境)的飞跃。这就是说，物质在具有无限多样性的存在方式的同时，又集合成为拥有各自特异的性质与关系的集合体。因此，按照与整体联系在一起的事实与事件来思考世界的方式，用集成的性质与关系的集合体来思考世界的方式就形成了系统的观点，即多样性的统一的观点。恩格斯在 19 世纪后期确立辩证唯物主义的自然观时就已深刻指出，由于自然科学的发展，人们已经能够以近乎系统的形式描绘出一幅自然界普遍联系及其整体性的清晰的图景。

多样性统一的观点是从不同学科的发展中产生的，因此对多样性统一概念的表述也带有一些学科思维方式的特色。例如，从关系、集合的角度定义，或从输出、输入、变换的角度定义，从结构与功能的角度定义等。从哲学自然观的角度上看，可以认为多样性统一是物质普遍联系的一种方式。物质存在的统一方式，就是以各要素的属性为基础经由特定关系而形成的具有特定功能的整体。对统一概念的理解，与系统概念的理解是一致的，它包括如下要点：系统由若干要素组成；系统的要素之间存在着特定关系，形成特定的结构(数量结构、空间结构、时间结构、相互作用结构……)系统的结构使它成为一个有特定功能的整体。功能是在系统与外部环境的相互作用中表现出来的。只有那些由于物质、能量、信息的交换并且形成新的属性突现的联系，才能构成系统。在这个系统中，不同的物质具有共同的特性，这一共同特性使这一系统的物质形成了一个共同体，并因此而与其他事物区别开来。

生态文明多样性统一的观点构成了艺术设计的又一基本原则。莱布尼茨在《论智慧》中指出：“多样性中的统一性不是别的，只是和谐，并且由于某物与一物较之另一物更为一致，就产生了秩序，由秩序又产生出美，美又唤醒爱。由此可见，幸福、快乐、爱、完美、存在、力、自由、和谐、秩序和美都是互相联系着的，可是很少有人正确理解这一事实。”莱布尼茨把物质的多样性当做漆黑的夜晚，而灵魂中的“理性之光”则能把握这种“黑暗”，从而朝着和谐与统一的方向迈进。在人的精神生命之中，一旦有理性之光的照耀，并按理性的引导日益完善，人就能发现自然界的秘密，从而获得幸福和美。莱布尼茨对美是“多样性中的统一”的理性思辨，实际上展现了一条真善美相统一创造美的途径。在人们的艺术设计中，要表现自然事物的多样性，因为大自然是丰富多彩的，只有这样，艺术设计作品才能有视觉冲击力。然而，自然事物的多样性不是杂乱无章的，而是各种事物有规律的组合与统一 。例如，大型交响乐中不同的乐器展示的是不同音色的丰富性，而共同的旋律则是不同音色的和谐统一，体现的是一种规律性的美(图 4-8)。

图 4-8　小区设计图丰富的色彩与统一的色调

第五节 多层次性

生态文明艺术表达的另一原则是多层次性。自 20 世纪以来，自然科学研究使人们越来越清楚地认识到物质不仅是自然界统一的基石，而且它还以系统的方式存在，系统内部又具有层次等级式的组织化特征。目前，已确认的科学事实揭示出在非生命世界中，夸克是已知的最低物质层次；若干夸克结合在一起可以构成基本粒子(强子)；若干基本粒子(主要是质子和中子)通过强相互作用而构成原子核；原子核与电子通过电磁相互作用而结合为原子；若干原子再通过电磁相互作用而构成分子。以上这几个层次均属微观领域。分子结合起来而构成分子体系、凝聚态物体及卫星、小行星等，这是宏观领域中最低的物质层次。由恒星及恒星与行星、卫星构成的“恒星——行星系”，是较高一级的物质层次。恒星之间通过引力相互作用所构成的星系和星系团又高了一个层次。星系、星系团再通过引力相互作用构成总星系，这是目前已知的物质世界的最高层次。星系团及其以上的物质层次统称为宇观领域。在生命世界中，最基本的层次是蛋白质和核酸结合成的生物大分子体系。生物大分子所构成的细胞是生命体的形态结构和生命活动的基本单位，细胞逐步分化形成组织，组织合成器官，器官合成系统，不同系统又组合为生物个体，这是生命有机体内的层次。生物个体组成为种群，它是物种存在和繁殖的基本单位，比生命个体又高了一层次。生活在一定区域的不同生物种群形成生物群落，生物群落及其生活的无机环境又构成生态系统，比种群又高了一个层次。地球上所有的生物和它们的物理环境组合起来就是生物圈，这是生物界的最高层次。

物质结构的层次性揭示了物质世界内部结构的不同等级和水平，以及它们之间纵向的有序关系。体现了物质运动的形式从简单到复杂的演化状况，并且根据物质处于不同结构水平时所具有的特征、差别和多样性，成为现代科学分类的客观依据。现代自然科学研究表明，每一个较为复杂的物质系统都是按层次结构组织起来的，每个系统既是较高一级系统的一个要素，又是较低一级的系统。由于不同的物质结构具有不同的功能，因而物质运动在不同的层次上又具有自身的特殊性和规律性，如物体在宏观低速运动情况下和微观高速运动情况下分别遵循古典力学和量子力学的规律。物质结构观是对自然界各种物质形态之间的相互关系的规律性认识。随着自然科学对物质探索的深入，自然科学的物质结构观从单纯追求物质结构基元的古典原子论，发展为探索物质结构层次及其相互关系复杂多样的现代物质无限可分论。从古到今，科学家们在揭开物质结构之谜的探索中，突破了原子不可再分的陈旧观念，此后建立的原子结构模型是对物质结构理论的第二次突破。1919 年原子核存在的被证实和质子的发现及 1932 年中子的发现，形成了原子核是由质子和中子通过强相互作用结合而成的原子核结构理论。这是对物质结构认识的第 3 次突破。随着核物理学的诞生，当前自然科学对深层物质结构的探索已从原子层次走向夸克和轻子层次。但是，21 世纪人们对物质结构的前沿问题还在不断进行探索，如模拟宇宙初始时的物质状态，了解暗物质和类星体的能源，了解粒子和反粒子不对称的原理，探索宇宙中为什么没有很多的反质子和正电子的问题等。随着对这些问题探索的深入，辩证唯物主义的自然观将在对物质形态的多样性存在与转化问题、对称与破缺问题、物质无限可分等问题的概括和总结方面上一个较大的台阶，使辩证唯物主义的物质范畴在更高的层次上实现辩证综合。自然科学的发展说明，在自然界中物质结构的层次系统，并不是单一的直线序列，而是错综复杂，多种多样的。那种把自然界结构的某一层次，当做物质不可再分的绝对极限，进而否定物质可分性的观点，以及把物质结构的层次看成是单纯的量的分割，没有看到不同层次之间有着质的差别的物质“无限可分”的观点都是错误的。自然界各物质系统之间不仅存在横向联系，更重要的是存在着纵向关联，从而组成了一个连续的等级组织结构，即物质系统的层次结构。在这样的层次结构中存在着纵向关联的双向因果关系。其中，上向因果关系表明了低层次系统对高层次系统的基础性作用，它是高层次结构得以产生和稳定的必要条件；而下向因果关系则表明了高层次系统对低层次系统的支配调节性作用。

事物构成的这种层次性，要求艺术设计按照事物构成的层次结构来表现事物，突出不同层次事物的不同特性与不同关系。例如，在风景画中，事物就分为近景、中景和远景等几个层次(图 4-9)。这几个层次表达了事物由近及远的变化过程。同时，风景画还有冷热的层次交替变化、动态与静态的层次区分、显与隐的层次结构。只有把握了事物的这些层次变化，才符合事物自身的变化规律，才能真实地反映对象，并在此基础上创造出美的作品来。

图 4-9　具有远、中、近三个层次的设计图

习　　题

1. 什么是生态设计的原则？
2. 合目的性与合规律性的统一基础是什么？
3. 艺术设计如何体现个体价值与社会价值的统一？
4. 试述艺术设计中长远与现实的辩证关系。
5. 试述自然界多样与统一的矛盾性与统一性。
6. 多层次的自然根据是什么？

第五章　生态设计的基本程序

教学要求和目标：

- 要求：学生掌握生态设计的基本程序。
- 目标：建立生态设计基本程序的观念，了解每个程序的基本内容与基本要求，理解这些程序在生态设计中的意义。

本章要点：

- 生态设计的程序概念。
- 生态设计的基本程序。
- 生态设计中不同设计程序的内涵与要求。

生态设计不仅需要设计师的理性，更需要新兴科学和技术的融入，同时具有广泛的社会性和持久性，生态设计、绿色设计的推广不应仅限于设计师本身，更应广泛深入公众和消费者，以设计、实施、完善为结构的良性循环对人类社会的可持续发展具有深远意义。以工业设计为例，传统的产品设计就很少考虑产品的环境属性，主要以产品的功能和性能为主要目标，因而往往导致为了实现功能而设计出复杂结构，拆卸难度大；为了保证产品性能采用多种材料，甚至采用有毒、有害材料，而使回收难度大。尤其是没有考虑材料获取、产品加工、产品废弃后的回收问题，造成大量的资源、能源浪费，并且污染环境。生态设计、绿色设计则从产品系统的角度出发，在确保产品功能与性能的基础上，系统考虑产品全生命周期中的环境影响问题，提高产品的环境友好性。

第一节　获得设计对象的生态需求

生态、环境和可持续发展是21世纪面临的最重要课题。保护环境、关注生态是每一名设计师责无旁贷的责任。

在生态设计的主要方向建筑、景观、室内和区域可持续设计与规划方面，设计师应首先考虑设计对象的生态需求。当然，不同类型的项目，其生态需求各不相同。生态设计也不是某个职业或学科所特有的，它是一种与自然相作用和相协调的方式，其范围非常之广，包括建筑师对其设计及材料选择的考虑；水利工程师对洪水控制途径的重新认识；工业产品设计师对有害物的节制使用；工业流程设计者对节能和减少废弃物的考虑。生态设计为人们提供一个统一的框架，帮助人们重新审视对景观、城市、建筑的设计，以及人们的日常生活方式和行为。简单地说，生态设计是对自然过程的有效适应及结合，它需要对设计途径给环境带来的冲击进行全面的衡量。对于每一个设计，人们需要问：它是有利于改善或恢复生命世界还是破坏生命世界，它是保护相关的生态结构和过程呢，还是有害于它们？

1. 建筑设计的生态需求

中国是地震高发的国家，从汶川大地震到玉树地震，高级抗震是多用钢筋水泥，还是用柔性结构，使它的空间有设计缝隙，拼装结构还有大量的其他结构，中国的建筑大量使用农民工到施工现场，实际上这样浪费了大量的水泥，污染了环境，而且提高了成本。

从节约能源上来说，中国南北差异很大，南方地区利用光伏的前景很大。美国在这方面有切实的经验，实际上千家万户利用太阳能就如同一个小的发电厂，到了白天上班的时候输送到电网，通过输电系统输送到学校、工厂，到了晚上反向输送，增加民用照明，实际上这样减少了消耗，提高了电能的使用效率和光伏能源的使用效率。

另外，从建筑节能角度考虑，住房和城乡建设部 2008 年出台《公共建筑室内温度控制管理办法》，自 7 月 1 日起施行。办法规定，除医院等特殊单位以及在生产工艺上对室内温度有特定要求的公共建筑外，公共建筑夏季室内温度不得低于 26℃，冬季室内温度不得高于 20℃。

为加强室温控制，办法规定，新建公共建筑空调系统设计时，设计单位应严格按照相关标准设计。空调房间均应具备温度控制功能，主要功能房间应在明显位置设置带有显示功能的房间温度测量仪表；在可自主调节室内温度的房间和区域，应设置带有温度显示功能的室温控制器，以便社会监督。建筑所有权人或使用人、新建公共建筑的建设单位，应选用具有温度设定及调节功能的空调制冷设备。施工图设计文件审查机构在施工图纸审查过程中，应进行室内温度监测和控制系统的设计审查，提出审查意见。

建筑设计的生态需求也体现在 2010 年上海世博会的上海馆建设中。上海案例馆“沪上·生态家”立足“沪上”城市、人文、气候特征，通过“风(自然通风和风能利用)、光(自然采光和太阳能利用)、影(建筑遮阳、构造遮阳、绿化遮阳和新能源构件遮阳)、绿(环境净化、屋面绿化、整体拼装和微藻发电)、废(拆迁材料回用、城市固体废弃物再生、可再循环材料选用和设备高效节能)”5 种主要“生态”元素的构造，与技术设施的一体化设计，展示“家”的“乐活(LOHAS，健康可持续的生活方式)人生”，引领绿色健康生活方式。

整个案例整合里弄、山墙、老虎窗、石库门、花窗等上海地域传统建筑元素，穿堂风、自然光、天井绿等上海本土生态语汇，加上“大都会”、“大上海”等高密度城市描绘，与夏三伏、冬三九、梅雨季等气候特征，绘就上海城市建筑印象。内部展区则通过生态居住理念和体验实现未来低碳生活的前瞻性技术，展现上海人居的“过去、现在和未来”。

2. 景观设计的生态需求

对应于绿色建筑，“绿色景观”是指任何与生态过程相协调，尽量使其对环境的破坏达到最小的景观。景观的生态设计反映了人类的一个新的梦想，一种新的美学观和价值观：人与自然的真正的合作与友善的关系。

如果把景观设计理解为对一个任何有关于人类使用户外空间及土地的问题的分析、提出解决问题的方法以及监理这一解决方法的实施过程，而景观设计师的职责就是帮助人类使人、建筑物、社区、城市及人类的生活同生命的地球和谐相处，那么景观设计从本质上说就应该是对土地和户外空间的生态设计，生态原理是景观设计学(Landscape Architecture)的核心。从更深层的意义上说景观设计是人类生态系统的设计，是一种最大限度地借助于自然力的最少设计(Minimum Design)，一种基于自然系统自我有机更新能力的再生设计(Regenerative

Design)，即改变现有的线性物流和能流的输入和排放模式，而在源、消费中心和汇之间建立一个循环流程，其所创造的景观是一种可持续的景观(Sustainable Landscape)。

我国著名的生态景观设计师俞孔坚认为，绿色景观设计应遵循地方性、保护与节约自然资本、让自然做功、显露自然等原理。在广东省中山岐江公园的废弃工业遗址的改造和再利用项目中，在最大限度地利用原粤中造船厂场地和材料基础上，设计人员通过保留、改造和再生设计，展开了生态景观设计的探索和实践。

岐江公园于 2001 年 5 月建成，8 年之后，岐江公园再次凭借其独特的设计从美国旧金山捧回了“2009 年度 ULI(美国城市土地学会)全球卓越奖”(the 2009 ULI Global Awards for Excellence)(图 5-1、图 5-2)。颁奖词“利用破旧的船厂旧址建造的中山岐江公园，总面积 11 公顷，恢复了湿地，重建水岸线，创建了公园和园林空间，引用了过去打捞码头工业和机器。设计很关心恢复剩余的结构，与现有的城市范围连接，担负起保护环境的责任”。

图 5-1　岐江公园-景 1

图 5-2　岐江公园-景 2

3. 室内设计的生态需求

现代都市的家居装修随着科技的发展和文化的交流，人们在不断追求物质文明与享受的同时，也在追求精神文明和文化艺术的品位。家居装饰装修目前已成为现代家庭生活中的一项重要消费，在居民家庭支出中占了不少比例。然而家居装饰装修中材料环保超标仍是行业顽症。据权威部门统计：人的一生有 70%的时间是在室内度过的，其中 40%～50%是在自己家里度过的，所以家庭的空气质量与人们的健康息息相关，提倡生态家居已刻不容缓。中国标准化协会公布的一份调查显示：室内空气污染程度高出室外 5～10 倍，近 70%的疾病根源于室内空气污染。由于室内环境的恶化，我国的肺癌发病率以每年 26.9%的惊人速度递增，80%的白血病发病率与室内空气污染有直接关系，因装修污染引起上呼吸道感染而导致重大疾病的儿童每年大约有 10 万名。中国室内装饰协会环境检测中心也公布了触目惊心的事实：全国每年由于室内空气污染引起的死亡人数已达到 11.1 万人(人民网)，平均每天大约死亡 304 人，几乎相当于全国每天因车祸死亡的人数。建筑污染，主要来源于开发商在建筑楼盘时使用的建筑材料。装修污染，是室内装饰装修所用的材料散发的有害有毒的污染物质，污染室内环境，其中主要分为甲醛、苯、总挥发性有机化合物(TVOC)、氨及氡。据了解，从 1 月 1 日起，房地产开发商必须在售楼处对相关节能措施及指标等基本信息进行公示，并在《住宅使用说明书》中予以载明。建筑节能、家居环保将成为人们对住房要求的一个重要标准。由于地球变暖对气候的影响，人们对环保的越来越重视，同时也对家居设计提出更高需求：从“环保家居”上升到“绿色、和谐的生态家居环境系统”，遵从“人与自然和谐共处”的理念，建立一整套“绿色家居生态系统”必将成为现代家居生活的方向。

生态家居比绿色家居更细致地关注人们的健康需求，注重在家居空间中考虑生理与心理的健康因素，在家居室内空间的自然性、材料、湿度、温度等方面有着更为合理的统筹规划，从而在更高更广的范围内营造舒适的家居生活空间。设计师和企业可以通过广泛使用植物胶水等无挥发物建材，选用竹炭制品改善室内空气质量、利用空调的新风系统过滤并保持室内空气清新以及合理布置室内绿化等方式来营造和推广“绿色家居生态系统”的理念。好房子的表现就是空间的合理、舒适、生态、健康。随着世博会的举办和“生态建筑”的理念的推广，家居设计业必将从重视视觉美感慢慢转向注重功能和创造“绿色低碳”的生态家居空间。人们携手，从各自的岗位出发，为营造“绿色、和谐的生态家居环境系统”共同努力；为创造“低碳生活”体现一个企业、一名设计师的价值。

室内生态设计有别于以往形形色色的各种设计思潮，这主要体现在以下三点。

(1) 提倡适度消费。在商品经济中，通过室内装饰而创造的人工环境是一种消费，而且是人类居住消费中的重要内容。尽管室内生态设计把“创造舒适优美的人居环境”作为目标，但与以往不同的是室内生态设计倡导适度消费思想，倡导节约型的生活方式，不赞成室内装饰的豪华和奢侈铺张。把生产和消费维持在资源和环境的承受能力范围之内，保证发展的持续性，这体现了一种崭新的生态文化观、价值观。

(2) 注重生态美学。生态美学是美学的一个新发展，在传统审美内容中增加了生态因素。生态美学是一种和谐有机的美。在室内环境创造中，它强调自然生态美，欣赏质朴、简洁而刻意雕凿；它同时强调人类在遵循生态规律和美的法则前提下，运用科技手段加工改造自然，创造人工生态美，它欣赏人工创造出的室内绿色景观与自然的融合，它所带给人们的不是一时的视觉震惊而是持久的精神愉悦。因此，生态美也是一种更高层次的美。

(3) 倡导节约和循环利用。室内生态设计强调室内环境的建造。使用和更新过程中，对常规能源与不可再生资源的节约和回收利用，对可再生资源也要尽量低消耗使用。在室内生态设计中实行资源的循环利用，这是现代建筑得以持续发展的基本手段，也是室内生态设计的基本特征。

4. 区域规划设计的生态需求

区域可持续发展的理论基础是人地系统理论，以生态城市规划和设计为重点。

随着我国经济建设和城乡发展的不断深入，区域建设和发展已成为一项重要内容。在区域发展中，必须科学确立区域定位，根据区域环境容量和资源环境承载能力，制订发展规划，明确发展重点，推行可持续的发展方式和经济增长方式，调整产业布局和结构，才能让资源环境在发展中得到有效保护，从而为区域经济社会的健康发展提供不竭动力和有效保障，进而实现建设资源节约型和环境友好型社会的目标。

要根据不同区域的资源环境承载能力和发展潜力，按照优化开发、重点开发、限制开发和禁止开发的不同要求，明确不同区域的功能定位，逐步形成经济社会与人口资源环境相协调的各具特色的区域发展格局。这是区域发展总体战略的重要思路，是优化资源配置、保护生态环境的新措施，必须科学规划，抓好落实。

两院院士吴良镛曾经就经济洼地苏北地区的发展指出，苏北城市在空间形态上，要避免城市连片发展的弊端。健康的城市结构好比细胞，中心城市是细胞核，连续的绿地、农田、公园分散在不同等级的城市分区，各个区域实现均衡的发展，而不是无限的“摊大饼”。目前，苏北与苏南在工业上有差距，但苏北的商品粮、棉花、水产等都有独特优势，特别是拥有大片的耕地、生态湿地这些可持续发展中十分宝贵的资源。苏北在新的城镇体系中，正在有意识地建立生态系统保育区、生态系统恢复和重建区等，这些都是好做法。

城市规划要有前瞻性，这样人们加强城市使用功能的寿命。城市规划的寿命越短，建筑的寿命越短，实际上对环境造成了巨大的破坏，实际上也造成了社会资源的巨大浪费，大家都知道一个城市的管理者，最怕的就是动迁，一动迁实际上和谐社会也罢，社会管理成本也罢，社会美誉度都受到很大的影响。

瑞典注重生态城建设，每一个生态城都是以一个产业或者一两个关键产业带起来的。所谓“生态城”，它要达到所有的废弃物全部资源化，需要的电热以及其他的能源，都是从废弃物当中产生的，能做到这一点，技术进步是一个方面，但是技术并不是最大的难题。

波特兰是美国城市中规划建设最好的城市。波特兰近 20 年规划建设的概述、总结，波特兰城市的再开发，波特兰的宜居性，波特兰社区建设的经验，波特兰生态公园系统，波特兰中心与边缘的建设，波特兰住房密度的科学性，波特兰交通规划的演进，波特兰溪谷的保护等。

5．生态城市规划的总体原则和四个特征

生态城市是联合国在“人与生物圈”计划中提出的概念。旨在城市的可持续发展。联合国在该计划中提出了生态城市规划的 5 项总体原则：①生态保护战略——包括自然保护、动植物及资源保护和污染防治；②生态基础设施——自然景观和腹地对城市的持久支持能力；③居民的生活标准；④文化历史的保护；⑤将自然融入城市。

生态城市大体可以概括为 4 个方面特征：①能充分利用可持续供给的清洁能源；②能充分利用可持续供给的清洁材料；③城市经济、社会、自然复合生态系统形成全面的协调共生网络；④在城市的长期发展中始终具有最佳的生态位和最强的自组织力。

(1) 城市选址与布局。生态城市选址要充分利用地质地形、山丘河湖、森林田园、阳光风能等自然资源。

(2) 城市植被。生态城市要求森林面积能达到碳氧平衡的要求。树种草种的选择必须符合以下基本要求：①适应当地的土壤、气候，不需要很高代价的特殊维护；②物种间协同共生，而不是相互抑制；③对消除不同的环境污染有不同的特殊功效，且对人体有益无害。

(3) 城市住宅等建筑物。要有包括能源、水、气、声、光、热、绿色、环境、建材、废弃物处理等基本要求。

(4) 城市产业。工业企业实现清洁化生产并由各自独立发展转向按生物的营养结构和食物网原理进行生态化组合，由单个企业的“原料——产品——废料”的线性变换过程，转向企业群体的“原料——产品——原料”的闭路循环。

(5) 城市政治文化。有与生态城市发展要求相适应的教育、科技、文化、观念、伦理、道德、法制、管理等协同共生的完备的软件系统，生态城市以经济社会法则与自然生态法则相和谐为基本特征，但实现这种和谐需要以社会自身的和谐为基础。

第二节 构造目标

构造生态设计目标就是让设计的生态需求映射到设计师的设计活动中，成为设计的指导原则。

以水利工程设计为例。新中国成立以来，水利工程建设取得了巨大成就。实用功能不言而喻，在防洪排涝、水力发电、农田灌溉、工业和生活供水、航运漂木、渔业、旅游等方面发挥了巨大作用。在过去几十年中，受其特定功能和经济条件的限制，水利建筑的设计不可能自由大胆地发挥和显示其造型艺术，使得大部分水利建筑给人们的印象都是粗老笨重的钢筋混凝土形象。近年来，随着物质文明和精神文明飞速发展，水利工程也注重了在生态、环境与景观的修复、改善与保护中的应用，水利建筑越来越多地开始注意视觉效果。这就要求水利建筑在满足其技术要求和使用功能的同时，还要讲究布局自然、讲究与地形配合协调、讲究与水体的映衬和对比、讲究造型与色彩的搭配，使其形成自己的建筑风格，融合于自然之中，既造福于人类，又给人以美的享受。

水利工程总平面设计一般包括水利工程主体建筑物和其他配套设施，主体建筑物一般包括闸、坝、泵站等，配套设施包括管理用房、生活用房、绿化、活动场地等。过去的总体设计中，往往只做水工工程位置图，而不做配套建筑和环境总体规划设计的传统设计模式，这样缺少了对建筑的合理布局和对环境的规划。基于水利建筑一般坐落在城市边缘或离城市较远，常与风景区结合等特点，现在对水利工程的总平面设计不仅要满足基本的使用要求，做到功能分区布局合理，内部交通流线简洁、顺畅、有序，建筑物之间联系方便，减少不同使用功能之间的交叉干扰，而且应注重环境设计，考虑设计绿化、休息空间、职工体育运动场地等，丰富整体空间造型。这就要求水利建筑在总平面设计中遵循：①尊重自然，保护和强化山水相映的自然生态景观，在开发过程中，因地制宜，保持地形、地貌等的自然山水特征；②充分运用现代科学技术和美学手法，合理组织建筑、道路、绿化空间，使人工环境与自然环境有机融合，创造整体和谐、宜人的现代景观。

北京奥林匹克森林公园的建设体现了对生态目标的全面考虑，其建设初衷有三：一是兑现申奥时关于公园绿化率达到50%的承诺；二是作为奥运会的后花园，在奥运会时给运动员、教练员一个休闲的好去处；三是在奥运会之后作为北京市绿地之一，供市民休闲。

北京奥林匹克森林公园总面积680公顷，比颐和园与圆明园面积之和还大，为南北两园。南园为生态森林公园，以大型自然山水景观的构建为主；北园为自然野趣密林，将成为乡土植物种源库，以生态保护和生态恢复功能为主。仰山和奥海是其标志性工程。仰山坐落在北京中轴线上，主峰相对高度48米，主山体与北京西北屏障燕山山脉遥相呼应。站在仰山顶峰上向南远望，“鸟巢”、“水立方”及奥林匹克公园中心区尽收眼底，景山山顶清晰可见，整个公园山形有高有凹，形成浑然天成的视觉效果。主湖奥海位于仰山南侧，与仰山主峰相映，是森林公园中最自然灵动之处。

从深层看，则是中华传统文化的巧妙支撑。如主山取名为仰山，与景山名称呼应，暗含《诗经》中“高山仰止，景行行止”。北京传统地名中的湖泊多以海为名，如北海、什刹海，主湖取名奥海，有“奥运之海”之妙。再如，北京奥林匹克森林公园入口标志有一凌越于方形基座之上的半圆拱，与湖面中的倒影合成完整的圆环，表达了“天圆地方”的古老人文理念。另有蓬瀛胜境、芦汀花溆、沧浪间想、泓天一水、林泉高致、时鸣夹镜和长虹引练，仅这 7 个主景区的名称就让人觉得雅韵扑面而来，留下浮想联翩、细细玩味的无限空间，更不用说还有朝花台和夕拾台，让人体会“朝带露折花，夕花香犹在”的意境。

人与自然和谐相处是北京奥林匹克森林公园所追求的设计目标之一，对“天人合一”境界的现代阐释，则是通过建立全面的生态系统完成的。其中，现代科技发挥了巨大作用。根据北京奥林匹克森林公园的实际，设计团队选择了膜处理、生物分离污水处理等具有代表性的生活废水及粪便处理技术，使处理后的污水达到景观环境用水的再生水质标准，实现污水零排放和水循环利用，成为国内第一个实现全园污水零排放的大型城市公园。

北京奥林匹克森林公园一期工程建设总建筑面积 6.4 万平方米，全部采用生态节能设计。全自动化智能化的浇灌系统直接将土壤水分、植物生长、蒸发、蒸腾等各种环境信息反馈给中央计算机，比手动或半自动灌溉节约一半用水量。南入口东西两侧的太阳能光电板景观廊架可将太阳能直接转换为电能，经技术转换后送入低压电网供公园使用。

第三节　协调生态系统、社会系统与文化系统的关系

科学编制生态城市规划就要考虑到城市社会、文化，以及环境保护等诸多方面。城市规划是城市建设的总纲，科学编制生态城市规划，是建设生态城市的前提和基础。生态城市规划的内容主要包括经济总量的提高和生态经济的发展、城市人口的分布、自然生态环境的改善和环境质量的提高等。编制生态城市规划，首先要建立一套由经济、社会和环境 3 方面要素构成的生态城市规划指标体系。

经济发展指标要突出速度、结构、效益 3 个重点，建立起符合经济发展内在规律、各产业比例合理、资源高效利用的生态经济系统，加快能流、物流、信息流的高效流动。主要包括人均国内生产总值、年人均财政收入、城市居民年人均可支配收入、第三产业占 GDP 的比重、单位 GDP 能耗和水耗、工业固体废物综合利用率、应当实施清洁生产的企业通过清洁生产审核的比例、规模化企业(年产品销售收入大于500万元的工业企业)通过ISO14000 环境质量体系认证的比例、资源(特别是水资源)利用科学合理等。

社会发展指标要突出以人为本，以改善人居环境为中心，加强基础设施建设，提高人口素质和生活质量，使城市载体功能与城市发展相适应。主要包括人口自然增长率、城市人口密度、城市生命线系统(包括交通、供水、供电、供气、供热系统)完好率，消防、突发公共卫生事件、地震等自然灾害、防洪抗旱、交通安全、工业事故(包括化学品泄漏)、反恐与治安、重大气象灾害等应急救援系统，燃气普及率、高等教育入学率、恩格尔系数、基尼系数、环境保护宣传教育普及率、市民对生态环境的满意率等。

生态环境发展指标要突出环境污染防治与生态保护性开发并重，建设城乡一体化的生态良好的循环系统，从而不断提高环境质量，促进自然资源的可持续利用。主要包括城市人均公共绿地、主要污染物排放强度、空气和水环境质量、噪声环境质量、生活污水集中处理率、工业用水重复利用率、生活垃圾无害化处理率、工业固体废物处置利用率、医疗

废弃物处置率、饮用水源水质达标率、无重大环境污染和生态破坏事件、外来物种对生态环境未造成明显影响等。注重提高人居环境质量，在编制城市生态规划的过程中，要依据经济社会发展规划，按照上述指标体系科学规划城市的经济和生态活动，合理确定城市经济功能和生态功能、生态资源配置规模和布局，使各项城市活动按照生态城市的要求进行。同时，应优先考虑增强生态功能，保护原生态的自然生态绿地，改善城市生态环境。

在编制生态城市规划的基础上，精心做好生态城市设计，以真正实现城市的生态化目标，并体现不同城市独有的城市生态环境、城市文化、城市形象、城市风格特色和吸引力。其基本设计有城市景观设计、城市产业设计和城市住区设计 3 个方面。①城市景观设计的目标是建立在由建筑、园林等为主的人文景观和各类自然生态景观构成的城市自然生态系统。②建筑景观设计的重点是在平面规划的基础上做好空间天际轮廓线的规划设计，特别是沿主要街道建筑景观设计，要在做好高层、超高层建筑景观设计的同时，适当布置低层的生态建筑。③园林设计的重点是要做好沿江、河、湖、溪等两岸林带以及城市公园、城市广场的景观设计，融生态环境、城市文化、历史传统与现代理念及现代生活要求于一体，提高生态效益、景观效应和共享性。各类自然生态景观的设计重在完善基础设施，完善生态功能，提高其生态效益、景观效应和共享性。

城市产业应当是代表生态文明潮流和先进生产力发展方向的生态产业，是能够形成强大示范效应的龙头产业。要在全面客观地分析城市产业现状的基础上，立足于全国乃至全球市场和生态化、现代化的发展要求，高起点、高标准、科学设计城市产业。要以生态化的示范产业园区为平台，建设以高科技产业为主导、以循环经济为特色的生态型工业体系，同时努力发展旅游、教育、医疗、物流、文化、信息、房地产等产业。要建立生态产品开发、设计、孵化中心，逐步实施现有产业的调整和改造，实现产业的生态转型，提高生态经济在 GDP 中的比重。要努力推行 ISO14000 环境质量体系认证、环境标志产品认证、清洁生产审核和创建绿色企业等，建立企业环境行为、环境信用评价体系，将企业的环境信用纳入企业社会信用体系之中，通过多种媒体向社会公示。

要用生态建筑原理对居住区进行科学的规划设计，形成生态建筑与完善的基础设施构成的生活环境以及包括精神文明在内的社会生态系统。居住区设计要坚持以下原则：①合理布局。综合考虑城市的地理特征和水、气、地质等条件及长远发展要求，选择城市居住区的最佳区位和发展规模。②节能低耗无污染。即在建筑材料的使用上坚持环境保护原则，避免由于建筑材料的原因造成光污染、化学污染、放射性污染等。要充分考虑建筑物的朝向、间距等，以解决住宅采光、室内通风等卫生问题。③应用生态技术处理生活排泄物、生活垃圾。④通过增加居住区绿地，推广屋顶绿化、垂直绿化、湖河溪流水体的坡岸绿化等，大幅度提高居住区绿化覆盖率。居住区内必须设置集中公共绿地。居住区公共绿地必须大于人均 1.5 平方米。⑤增加居住区文化体育设施。

第四节　创造能够满足不同系统需要的设计作品

在实际设计中，设计师要尽可能考虑到不同系统的需要，并在作品中反映这种需要。北京奥运场馆的设计就较好地体现了对不同需要的综合考虑。北京申办奥运的口号是绿色奥运，人文奥运，科技奥运。绿色奥运强调生态绿色，环境绿色，更深层次的包括自然环境和生态环境与人类社会协调发展。

在联合国驻华系统2008年8月15日举行的一场题为“体育运动促进发展与和平”的新闻发布会上，联合国系统驻华协调代表马和励先生也在当天的新闻发布会上表示，“北京奥运会是一次名副其实的‘绿色奥运’，筹备过程非常注重环境的可持续性，这是中国值得自豪的奥运遗产之一”。

2008年3月11日，奥运会主体育场——北京国家体育场(“鸟巢”)的设计者雅克·赫尔佐格和皮埃尔·德梅隆获得英国设计博物馆评选的建筑设计奖。评委对设计的评价是：“北京国家体育场的建筑是1972年慕尼黑奥运会以来从未有过的能全面体现当代体育馆概念的设计。它蕴涵了中国作为一个现代化国家的出现，是雅克·赫尔佐格和皮埃尔·德梅隆不平凡的职业生涯中一个辉煌的成就。”

英国《泰晤士报》报道，2008年3月11日伦敦设计博物馆宣布了在过去的12个月里最具创意、最具进步性的国际建筑设计，北京奥运会主体育场——“鸟巢”获得殊荣。主办方对于“鸟巢”的评价是：“该建筑设计新颖独特，它是自1972年慕尼黑奥运会以来最具创意的现代体育场，它象征着正在崛起的中国。”

设计博物馆在2008年3月11日的新闻发布中说，北京国家体育场是北京为迎接奥运会而推出的一系列壮观建筑项目中最为惊人的一个。这个拥有10万座位的结构代表了1972年慕尼黑奥运会时自由形态帐篷结构以来最有创新的一个设计，它一定会让伦敦2012年奥运会计划中的体育场黯然失色。它(北京国家体育场)那被称为“鸟巢”的貌似随意的钢结构是一个令人难忘的地标式建筑，在这种背景之下，观众很容易感到自己是活动的一部分。

而雅克·赫尔佐格和皮埃尔·德梅隆设计出了许多享誉全球的标志性建筑，如马德里开厦银行广场当代艺术馆、泰德现代博物馆。皮埃尔·德梅隆说：“‘鸟巢’就像是一个用树枝般的钢网，把一个偌大的体育场编织成一个温馨鸟巢，寄托着人类对未来的美好希望。它看似随意、杂乱无章，但其实却传递着清晰的建筑理念。我觉得在中国工作是很伟大的，我相信‘鸟巢’的建设和开幕式进程将会大大改变中国。”

北京奥运会主体育场“鸟巢”是一个雄伟壮观的“鸟巢”，也是一个绿色环保的“鸟巢”。“鸟巢”安装了100kW的太阳能光伏发电系统，日均发电量超过200kW/h，可为1.5万平方米的地下车库提供充足的照明电力；使用先进膜结构，确保了体育场内部的亮度，节约了能源；在设计中充分考虑了雨洪利用，收集、处理后的雨水可用于比赛场馆草坪灌溉、空调水冷却、冲厕、绿化、消防等，年均节水近6万吨。

更引人注目的是，“鸟巢”使用了地源热泵，从土壤中吸收能量，用于补偿体育场空调系统等。

“鸟巢”在建设过程中曾经“瘦身”，节约了大量资源，更好地阐释了“绿色奥运”的理念(图5-3至图5-5)。在对原来的设计方案进行优化调整后，“鸟巢”取消了可开启屋盖，扩大了屋顶开孔，坐席数由原来的10万个减少到9.1万个。这使“鸟巢”减少用钢量1.2万吨，减少膜结构9000m^2。

图 5-3　鸟巢 1

图 5-4　鸟巢 2

图 5-5　鸟巢 3

"鸟巢"照明以"中国红"为主题，与旁边冰蓝色的"水立方"相呼应：一红一蓝，一热情奔放、一含蓄内敛。"鸟巢"外部结构框架无规则排列，对实施夜景照明来说，有许多技术难点需要突破。技术人员经过一次次实地勘查工地现场和电脑模拟效果，总体协调景观照明、外围照明和外立面照明之间的关系。

"鸟巢"的景观灯在满足功能照明的前提下，将会呈现"剪影"效果，红色灯具照射三四层包厢的红色玻璃幕墙。红色灯将由几种模式组成，通过电脑控制可以让灯光颜色由浅到深进行变化，呈现"心脏"跳动的样子。

奥运场馆使用的新能源和可再生能源项目，每年可因此减少 5.7 万吨的二氧化碳排放。而奥运场馆建筑本身也执行了节能的设计，其中奥运村、媒体村的建筑是按节能 60%的水平设计的，因这些节能设计，每年可减少约 20 万吨的二氧化碳排放。

北京奥运村获得了美国绿色建筑协会颁发的绿色环保金奖"能源与环境设计先锋金奖"。前来颁奖的美国财政部部长保尔森表示，各种节能环保技术的应用，使北京奥运会成为"最绿色"的一届奥运会(2008 年 08 月 22 日《中国环境报》)。

住建部要求，保护规划要全面覆盖国家和省级历史文化名城、名镇、名村，各省要加大对保护规划的审查力度，确保规划编制的质量水平，实事求是地组织好实施。要动员当地民众实施好《历史文化名城名镇名村保护条例》，把规划实施与当地的乡规民约结合起来，成为当地百姓的共同行动。同时，要明确保护范围内基础设施的规划建设内容，切不可只重视历史建筑遗产的保护，而忽略居住生活环境的改善。

从 2009 年 5 月起，又一批涉及住房和城乡建设领域的法律、法规开始施行，其中包括房地产开发、物业管理、建筑消防、防震减灾等多个方面。自 5 月 1 日起，修订后的《防震减灾法》开始施行。其中规定，新建、扩建、改建建设工程，应当避免对地震监测设施和地震观测环境造成危害。消防法规定，建筑构件、建筑材料和室内装修、装饰材料的防火性能必须符合国家标准；没有国家标准的，必须符合行业标准。人员密集场所室内装修、装饰，应当按照消防技术标准的要求，使用不燃、难燃材料。

第五节　信息沟通与信息反馈

今天的艺术设计已经不是传统的概念，也不再是设计师自己的事情，它需要设计师和各个相关专业的工程师之间协调相互配合。一个成功的生态设计必然是设计师和各专业工程师之间密切配合的结果。因此生态设计是一个整体性设计，单靠其中的一个工种是无法解决的。

在每一个注重生态的设计作品中，像伦佐·皮亚诺(Renzo Piano)、尼古拉斯·格雷姆肖(Nichaolas Grimshaw)、迈克尔·霍普金斯(Micheal Hopkins)等大师的作品中，工程技术专家的贡献非常之大，他们在建筑的空间形式、结构的选择、材料的使用，以及采光照明、自然通风、冬季采暖、夏季制冷等很多涉及建筑运转过程中的能量消耗等问题上，起到了非常重要的作用，发展并完善了设计师的一些想法，并与建筑师一起，将各种设计策略贯穿落实到建筑的每一个具体细节中，共同创造出完美的生态建筑。

第六节　作品对象化

邓晓芒教授在《文学的现象学本体论》这篇文章里(载于浙江大学学报 2009 年 1 期)，通过现象学的还原法，在对审美活动的本质直观的基础上建立起了一个美的本体论，它包含 3 个可以互相归结和互相引出的本质定义。

定义 1：审美活动是人借助于人化对象而与别人交流情感的活动，它在其现实性上就是美感；

定义 2：人的情感的对象化就是艺术；

定义 3：对象化了的情感就是美。

一般水利建筑的设计程序首先是由水工专业、水机专业、电气专业等提出专业设备布置要求，然后由水工专业确定水工建筑物的平面布置形式，最后才交给建筑专业。水工建筑有其固有的特点，其结构的布局是按水工设计规范，满足水力条件和机泵设备安装的要求，在与建筑专业的配合上，需要多方面、多回合的商讨，才能相互协调。建筑专业主要把握建筑在总图布置中与交通的关系，建筑物本身在建筑防火、使用尺度、安全性、内部交通关系等方面是否满足规范以及使用需要，同时建筑设计人员应积极发挥主动性，考虑建筑空间的有效使用和综合利用。水工结构与建筑艺术的配合过程，是一种磨合和相互适应、相互促进、相互提高的过程。水工设计不仅为水利建筑艺术化创作设计提供了技术保障，更是为营造新型的景观水利、城市化水利工程打下了坚实的基础。水工与建筑设计巧妙结合，可达到减少投资、优化设计、美化环境多重目的。

第七节　社 会 评 价

中国古代就有对建筑工程的评价标准：“天有时，地有气，材有美，工有巧，合此四者，然后可以为良。”(《考工记》)提出了分析设计作品的 4 项标准：时间、空间、材料和构思。

但是，世易时移，人类社会在不断进步，对艺术设计的评价也在提高和进步。在一般性的评价标准之上，生态设计的评价还应加上一个绿色指标。绿色建筑评估是指对大范围环境影响评估与使用生命周期评估方法之间的一种方法。包括建筑物理表现，也涵盖部分人文和社会因素。

不同国家和研究机构相继推出不同类型的建筑评估法。主要划分为：注重对能源消耗的评估；注重建筑材料对环境影响评估；注重建筑环境整体表现的评估。各国建筑评估法主要内容如下。

(1) 英国 breeam 英国建筑所环境评估法。

(2) 美国 leed (能源与环境先导计划和绿色建筑协会绿色建筑工具)由美国绿色建筑协会建立并推行的《绿色建筑评估体系》(Leadership in Energy & Environmental Design Building Rating System)，国际上简称 LEEDTM，是目前在世界各国的各类建筑环保评估、绿色建筑评估，以及建筑可持续性评估标准中被认为是最完善、最有影响力的评估标准。

(3) 香港环保建筑协会(HK-beam society)，香港建筑环境评估法(HK-BEAM)于 1996 年推出，是一套适用于多层大厦的环保表现评估法。而新版本的 HK-BEAM(4/04 版及 5/04 版)可应用于任何“新建”或“现存”的大厦，包括办公楼、住宅、商场、酒店、学校、医院、公共机构及综合用途建筑——使用中央空调、自然通风或混合设计。

(4) 中国。迄今，建设部发布了《绿色建筑评价标识管理办法》以下简称《办法》及《绿色建筑评价技术细则》以下简称《细则》，正式启动了我国绿色建筑评价工作，结束了我国依赖国外标准进行绿色建筑评价的历史。该评价标识工作是经过官方认可的，具有唯一性。依据《细则》，绿色建筑评价标识要从 6 大技术体系对住宅与公共建筑进行考核，即节地与室外环境、节能与能源利用、节水与水资源利用、节材与材料资源利用、室内环境质量及运营管理，并且根据考核内容对其 6 个方面执行标准的情况予以判定，并对 6 个方面的权重系数选择适宜的数据，最后予以归纳评价。《办法》规定了绿色建筑等级由低至高分为一星级、二星级和三星级 3 个星级，审定的项目由建设部发布，并颁发证书和标志。

第八节　使用状况评价(POE)的理论和实践介绍

两千多年前，古罗马建筑师维特鲁威提出建筑设计的 3 个基本原则——实用、坚固、美观，此后设计师一直将之作为追求的目标并且把实用功能置于首位。今天城市规划师、建筑师及景观设计师，都在喊着“以人为本”的口号，但他们无法实现“实用”这个根本的目标。在实际工作中，设计师绞尽脑汁，尽职尽责地想创造出一个让使用者满意的空间，但这些空间在建成投入使用后情况却并不尽如人意，原先在设计过程中设计师们所设想到的种种情况，与使用过程中人们的实际使用情况并不相符。经过研究发现该情况的存在主要是规划设计过程不完备造成的，即规划设计项目缺乏一种使用后评价及信息反馈过程。设计师更多的只关注项目设计的本身过程，忽略了项目建成后的使用情况。西方国家在这方面有一些成熟的经验，他们会在规划设计项目建成若干时间后，以一种规范化、系统化的程式，收集使用者对项目使用情况的信息，经过科学的分析，了解使用者对目标环境的评判，并将这一评判信息完全地反应给设计师，供新的设计参考使用。

使用状况评价(POE)产生于 20 世纪 60 年代。当时正是第二次世界大战后西方国家经济复苏、科技迅速发展、城市化迅猛提高时期。城市人口的剧烈增长带来了城市生态、资源、环境的危机。人们逐渐意识到人与自然和谐相处的可贵，热爱自然、关注和追求好的生活环境质量成为社会生活风尚。随着使用者对环境使用要求的提高，规划设计师面临的问题也越来越复杂。传统的主要依靠经验、直觉的设计方法已经无法适应需要。社会学、心理学等人文社会学科的发展直接影响了城市建设的规划设计领域，也为 POE 奠定了基础。随着心理学、社会学、环境科学等学科研究程度的深入，POE 大致沿着两条路线发展：一方面，行为科学等相关学科发展起来以后，环境评价作为重要的研究领域加强了 POE 的理论研究，并着重从环境行为关系角度去研究人群主观环境取向和行为方式。另一方面，环境科学中的环境质量评价学发展起来后，也逐渐影响到建筑、景观等城市科学，相继引入了城市环境质量评价和建设项目的环境影响评价，但其评价因素仅限于物质环境质量指标，如大气、土质、水、噪声等，后来才开始考虑包括社会生活因素在内的综合评价。

20 世纪 60 年代后，西方国家建设过程中的使用状况评价(POE)和建筑设计中的现状预测评价成为一个完整的建设程序不可缺少的部分。20 世纪 60 年代末，一些学者结合具体项目就建筑评价的理论和方法进行了研究，但实践多限于功能较单一的建筑类型，如大学生宿舍、住宅、老人院等。

20 世纪 70 年代至 20 世纪 80 年代，使用状况评价(POE)的理论和实践达到一个高峰。POE 理论方面：穆斯(R.H.Moos)的护理环境评价标准程序、克雷克(K.H.Craik)的景观评价方法、英国心理学家(D.Ganter，1984)的场所评价元理论、加拿大心理学家吉福德(R.Gifford)的居住满意度模型等。普莱塞(W.F.E.Preiser)等人于 1988 年著有《使用状况评价(POE)》一书，代表了一个理论高峰。POE 实践方面，1974 年，美国景观建筑师学会(ASLA)建议在环境设计和规划专业中开设环境评价的研究课题。1975 年，美国公共设施局制定的关于办公建筑的 POE 标准(Office-System Performance Standards)。1976 年以来，美国联邦政府设立了专门机构(GSA)，管理与政府建筑有关的评估工作。不少大型的建筑设计事务所，如休斯顿的 CRS 和圣路易斯的 HOK 设有正式工作人员从事评估工作。20 世纪 80 年代是 POE 理论成熟期，其标志有两个：一是使用状况评价和设计前期计划阶段的现状评价成为建设过程的标准程序；二是 Florida A & M 大学设立第一个 POE 和建筑计划学方面的硕士点。这一时期的POE实践也从功能较单一的建筑类型发展到对多种复杂功能的建筑类型和城市大尺度空间环境的评价，包括办公室、医院、图书馆、学校、大尺度的景观，以及政府和军队的建筑设施等。

POE 的英文全称是 Post Occupancy Evaluation， 关于 POE 的定义有很多，Friedman 在其 POE 著作中是这样定义的：“POE 是一个度的评价：建成后环境如何支持和满足人们明确表达或暗含的需求。”1988 年，美国 Preiser 等人在其著作《使用后评价》中定义：“POE 是在建筑建造和使用一段时间后，对建筑进行系统的严格评价过程，POE 主要关注建筑使用者的需求、建筑的设计成败和建成后建筑的性能。所有这些都会为将来的建筑设计提供依据和基础。”

POE 被译成中文主要意思是使用后评价或使用状况评估。不同的学者根据自己的研究对象对 POE 有不同的定义。研究建筑空间的学者称 POE 为建筑使用状况评价或建筑使用后评估，研究建成环境的学者称它为建成环境使用状况评价。而本书将 POE 定义放大为规划设计项目使用后评价，主要是根据 POE 的研究范围领域来界定的，目前的 POE 研究领域已经涉及一切规划设计项目，这里的项目包括了城市设计、建筑室内空间设计、园林设计、景观设计等。

总之，POE 是指在规划设计项目建成若干时间后，以一种规范化、系统化的程式，收集使用者对项目使用的评价数据信息，经过科学的分析了解他们对目标项目的评判。由心理学家、社会学家与设计师、某方面的技术专家(如评估图书馆，需要图书管理方面的专家)共同组成的评估组，全面地鉴定项目设计在多大程度上满足了使用群体的需要，通过可靠信息的汇总，与原始设计目标作比较，发现设计上的问题，为以后同类项目设计提供科学的参考，以便最大限度地提高设计的综合效益和质量。

也有人尝试建立一些其他评估方法。如任佳、干静在《生态设计策略映射到环境评估指标的设计方法》(工程设计学报，2009，6)中提出以设计出环境友好的产品为目标，将生态设计策略映射到环境影响评估矩阵的各项指标上，提出了一种产品生态设计方法。介绍了如何将此种方法应用于产品设计概念提出的过程中，并以手动式封杯机的设计为例，展示该方法应用在具体产品设计中的优点。该方法通过对环境影响评估矩阵的应用，使生态设计策略得到归类与细化，并能估算各条生态设计策略对不同产品的重要程度，从而更加有针对性地指导设计。

习　题

1．什么是设计对象的生态需求？如何获得？
2．如何构造生态设计？
3．怎样在艺术设计中协调生态系统、社会系统与文化系统的关系？
4．为什么在生态设计过程中要进行信息反馈？
5．怎样认识生态设计的社会评价？
6．如何为一个小学生设计一个家里的学习空间？

第六章　生态设计的方法

教学要求和目标：

- 要求：学生应掌握生态设计的基本方法。
- 目标：了解并熟悉生态设计的基本方法，并能够在艺术设计的实践中较熟练地应用这些方法。

本章要点：

- 艺术设计手法的显与隐。
- 自然天成与人工雕琢。
- 借景与构景。
- 原始材料与现代工艺。
- 因地制宜。
- 步移景异。

从生态文明的观点来看，艺术设计是要受到特定环境限制的活动的。例如，艺术设计是受到时间与空间限制的实践活动。设计的时空性特征，给设计成果打上不同时代与不同社会、不同时间与不同空间的烙印。为了减少时空的限制而造成的负面效应，这就要求设计师可做的是强化设计的现代意识和创新意识。设计活动也是在特定的物质条件约束下进行的。设计活动要受到物质条件的限制。另外，设计都是为满足人的某种需要而进行的。设计始于需求，需求由设计来满足，这是设计与需求的本质关系。因此，设计必须满足人。设计是一种富于创造性的活动。创造性是一个重要的本质特征，没有创造就没有艺术设计。为此，艺术设计工作在进行艺术设计创作时，就必须时刻从特定的对象和环境出发，去探讨新的创造手法与技巧。

第一节　艺术手法的隐与显

在表达生态文明主题时，最常用的手法莫过于显与隐的合理穿插、巧妙衔接。通过显与隐的结合，不仅使作品产生了鲜明的空间层次和强烈的空间观感，而且在显隐错落中彰显了设计者对作品所赋予的独到、隐喻的美学内涵及人生境界。使作品变得灵动鲜活、生机勃勃。下面就重点从“大处隐，小处显”、“明处隐，暗处显”、“室外隐，室内显”这 3 方面来详细谈谈。

大处隐，小处显。隐与显，是艺术中既对立又统一的矛盾体。所谓隐，就是把某些内容置于直接正面的艺术形象之外，不加正面表现，同时又用暗示手法，使审美主体获得更加朦胧的审美享受，从而把握到形象之外的深刻含义。所谓显，则把某些内容放在正面与直接的描写地位，使艺术画面明朗而晓畅，人物性格鲜明而突出。就好比大家都熟知的名画“深山藏古寺”，只画出一个老和尚到山脚下小溪边担水，就有了“不画古寺，而古寺自在画中”的效果(图 6-1 至图 6-3)。绘画作品常会运用以隐衬显的手法。如郭熙所说“山欲高，尽出之则不高烟霞锁其腰，则高矣。水欲远，尽出之则不远掩映断其派，则远矣”。以烟霞映衬山高，以掩映断派衬托水远，无疑是隐中见显的艺术效果。南宋贾师古的《岩关古寺图》，从整个画境看，山峦树木古寺是“显”，而天地虚空远道是“隐”。但从路上行旅的局部看，两个苦行僧虽是用减笔点染，却实属“显”，是显中隐含着丰富意味的情境。欣赏者不难感觉到，背驼腿曲、瘦骨嶙峋的苦行僧，虽再拐过山坳可以抵达古寺歇足，但遥遥的城关还在寺后，城关后面更隆起一座隐隐的大山，有力地烘托出路遥遥，天渺渺，越发显得行脚僧的孤寂。这真正是“有大可发挥，绝可议论”的“浅淡之笔”。中国画家谙熟这一艺术辩证法，擅于露中有含、透中有皱之笔墨，尽现曲隐之妙。

图 6-1　深山藏古寺(一)

图 6-2　深山藏古寺(二)

优秀的景观设计都有其幽远的立意和深邃的意境，也就是古典园林艺术追求的“庭院深深深几许”的特点，这一特点的基本表现技法就是“大处隐，小处显”。在艺术设计中让大面积、大体积的组成部分不至于因其“大”而压抑了主题创意的“小”，让处于创意核心位置的“小”引领“大”，使人们对于这一设计作品的欣赏由于小到大、逐层次的展开，以充分展现艺术设计作品的美，是符合审美规律的一种技法。“大处隐，小处显”的手法主要用于风景、园林等大景观的设计，也可以用于小产品的设计。以苏州古典私家园林为例，设计者克服占地面积、地形地势的限制，巧妙地利用“大处隐，小处显”的手法，因地制宜地缩小山体的高大和水体的深远，用变化的手法达到小中见大、曲中见远的意境情趣，做到“多方景胜容于咫尺山林之中”的境界。

在江南私园中，设计者对水体这一重要构成部分进行利用和改造，并在没有水的情况下引泉凿池，使水体之景并不显露于外，化大为小，却保留水独有的流动美、动态美、洁净美的自然特性。在小处，又格外重视亭楼、回廊、隔墙、曲径甚至植被等“小处”的设计和布置，以门、窗洞框远景；以墙角花坛、云墙藤蔓、粉壁题刻点景；以假山障景制造“曲径通幽”，以小处的别致增加景色的量和质，造成园景实中有虚，虚中有实，虚虚实实的丰富变化效果，把游人的注意力缩小到一定空间范围内，使其能集中精神细致观赏。私

图 6-3　深山藏古寺(三)

家小园没有皇家园林那样广阔的环境，没有宏伟的建筑群组，只有曲折有致的空间，只有近在眼前的各种建筑和山水植物，所以要做到经看、经游，除了在布局模仿自然山水上下工夫之外，还十分讲究园中建筑、山水和植物的细处处理。私家园林中建筑类型不少，有待客的厅、堂，有读书、作画的楼轩，有临水的榭船，还有大量的厅、廊。以厅而言，有方亭、长方亭、圆亭、五角、六角、梅花、十字、扇面、套方、套圆等不同形式，分别被安置在园中合宜的地位。房屋和院墙上的门有长方门、圆洞门、八角门、梅花门、如意形和各种瓶形之门。墙上的窗除普通形状以外，还有花窗、漏窗、空窗，而窗上的花纹，仅在苏州一地的园林即可找出上百种不同的式样。这些门窗的边框多用灰砖拼砌打磨得十分工整，并且在边沿上多附有不同的线脚。窗上的花格条纹，不论是用木材、灰或砖制作，做工也都十分细致。园林的室外地面虽然有的还是应用碎砖零瓦铺造，但还是利用这些砖、瓦、卵石不同的形状和颜色拼砌出各种花纹图案，显得自然而美观。

明处隐，暗处显。明暗是大自然中普遍的现象，其关系受到地球运动关系的制约，其变化是符合自然规律的。艺术设计要表现生态文明，就必须表现自然的这些变化规律，并把这些规律应用到自己的设计中。视觉艺术中的“明暗”是指视觉艺术作品中一个部分或局部的形象与另一部分或局部的形象因明度上的差异而形成的一种关系或效果。明暗关系又称之为黑白关系，它源于人类的黑白感应和感应黑白的视觉机能，是人类在史前经过几百万年积淀而成的。明暗、黑白属于人类最原始的基本单色反应。

一般来说，人们对明亮的东西感觉清晰，而对暗的事物感觉模糊。在艺术设计中，常常要处理“明暗”或“黑白”的关系。这里的“明处隐，暗处显”，作为艺术设计的一种手法，是“大处隐，小处显”手法的延伸。在景观设计或其他产品的设计中，大面积、大体积的事物往往是受光最充分的部分，而主题创意的部分或处于创意核心位置的部分，由于其结构的复杂，往往光线比较暗，如果不用一些手法让这一部分突出，就达不到“以小引大”的审美心理需要，也因而就不能很好彰显艺术设计的核心价值。以江南私园为例，园中光线充足的地方，由墙体、建筑、水面都分割成空间，这些地方并不必过多渲染，以空间的广度和无限意象为游人提供自由、舒适的精神化场所(图 6-4)。在空间狭小、阳光较少的楼廊或墙垣就精心种植精修齐剪、造型奇优的盆景小品和遒劲古朴的残枝老树，在幽处显示其独特观感，这也“形成了苏州园林独特的自然景观和审美取向——以‘小、奇、静、瘦、雅’为美的盆景，以‘枯、老、病、曲’为上的植物景观，以及对病梅、残荷的病态的欣赏把玩”。

室外隐，室内显。在人类生活中，人们经常在室外与室内之间转换，室外与室内由于不同的光影效果常给人造成不同的感觉与印象。因此，艺术设计也必须处理好这样一对关系。在环境艺术的设计中，艺术设计要做到"以小引大"，以彰显艺术设计的核心价值，就必须运用"室外隐，室内显"的技法，因为室外有充足的光线、超大的面积或体积，足以彰显其特色，而室内则因为面积或体积小，光线不足而处在"隐"的位置。如果将二者的关系放在同一个水平，则会使室外的"亮"与"大"压制了室内的"暗"与"小"，从而使二者的关系反而处在不一样的位置，使欣赏者不能把握重点，或感觉不到其景观的层次性。因此，在艺术设计中运用"室外隐，室内显"的技法，就是要突出室内的"小"而压抑室外的"大"，因为室内设计由其"小"因而是最容易驾驭的部分，同时也是最能展现艺术设计风采、体现艺术设计风格与主题的地方，艺术设计的主题创意部分或处于创意核心位置的部分往往通过室内设计而表现出来，因此就必须使这些室内设计尽量"显"(图 6-5)。室内显的室内设计首先应满足人的各种使用功能，但由于室内本是具有较高的隐蔽性，容易被室外过于繁重冗杂的户外生态设计所掩盖，因此在设计过程中更应重视室内外的观感平衡，在室内设计中注意室内的景物与室外的景物的融合，重视门窗、阳台的设计以明朗的得景时机和眺望视角，巧妙进行室外取景，增强室内的视觉广度。

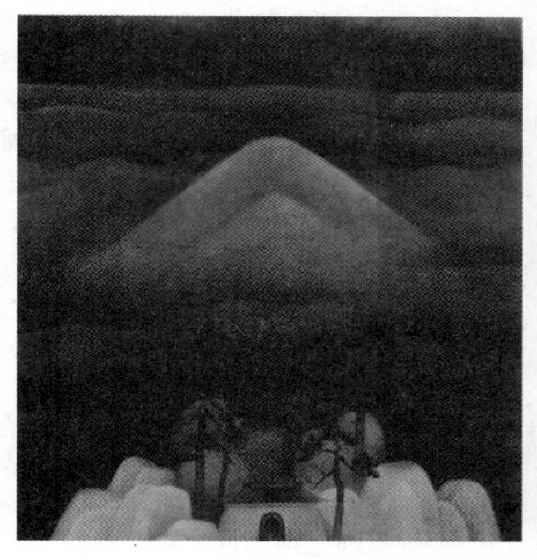

图 6-4　"明处隐，暗处显"的设计手法

图 6-5　"室外隐，室内显"的设计手法

第二节　自然天成与人工雕琢

以生态文明为主题，自然离不开对自然条件的利用和改造。以桂林为例，桂林地处我国西南部，气候宜人，喀斯特地貌造就了其独有的山水景致——"桂林的山，葱翠秀美，奇特多姿，青山峭壁，形象风趣。桂林的水，碧绿清秀，晶莹明澈，环城绕山，款款流去"。当地政府和人民对原生态自然环境进行了积极的保护，并利用自然天成之景做合理的旅游开发，使桂林走向特色生态旅游产业发展的道路。与此同时，桂林又成功地利用了山丘地形巧妙进行城市道路规划，有学者总结，"桂林的街道多以山峰为背景，形成了良好的街道景观，也作为一种标志物使道路系统更加明晰易辨"，正是有了对自然生态的合理利用，桂

林迅速成为享誉全球的生态旅游景区。

与直接以原始自然入景相对应的便是人工雕琢的手法。在中国古典园林艺术中，堆山叠石几乎成为不可缺少的一大景观。人工造山，以大自然为师，是人化的自然，也是形象和艺术高度统一的艺术品，山石往往起到了分景的作用，使园景别具特色(图 6-6)。如拙政园中部经狭长小弄入园，进门处设一黄石假山予以障景，既成功分割空间，又使全园景色深藏不露，耐人寻味。

图 6-6　园林与建筑因自然奔放的植物而具有生气

以人工水体的开发为例。“人工水体包括滴水、喷泉、水墙、人工瀑布和人工池塘等多种形式，对于改善环境质量和形成景观焦点具有突出作用，可以形成动态景观，活跃空间情趣。池塘以平静的水面为周围景物的反射提供了镜面，给人以虚实变幻的扑朔迷离之感。在巴黎，许多景点都有人工池塘和喷泉。在埃菲尔铁塔脚下，一座宽阔的石桥跨在塞纳河上，对岸便是夏乐宫的池塘和喷泉。巨大的喷头把水柱射向天空，散落下无数晶莹剔透的水珠。在微风吹拂下，水珠化成细微的雾状颗粒，弥漫在周围的空气中，使空气格外清新。在斜阳的照耀下，水雾中升腾出一道彩虹。”

第三节　借景与构景

借景是符合生态文明内在要求的艺术设计手法之一，通过借景来构景也就成为艺术设计的常用手法。借景手法比较集中地体现在园林的构景方面。我国古代造园家极重视借景技法，明末著名造园家计成在其所著的《园冶》中就明确指出“园林巧于因借，精在体宜”，“夫借景，林园之最要者也”，同时提出“借者虽别内外，得景则无拘远近。晴峦耸秀，钳宇凌空，极目所至，俗则屏之，嘉则收之，不分町疃，尽为烟景”等基本原则。

借景就是突破自身基地范围的局限，充分利用周围的自然美景，选择好合适的观赏位置，有意识地把园外的自然美景“借”到园内视景范围中来，同时也通过借景使人工创造的园林空间引申出去，使园内园外的风景成为一体，融合在自然景色中。一座园林的面积和空间是有限的，然而运用借景的手法之后，便可收无限于有限之中，在有限空间内获得无限的意境。借景的园林如图 6-7 所示。

图 6-7　借景的园林

(1) 运用借景手法能扩大园林的空间观

感，把周围环境所具有的各种风景美信息借入园内，同时也通过借景使人工创造或改造的园林融于外在的自然空间中，以增添园景的自然风趣。在留存至今的古园中，以借为主的佳园为数很多，特别是处于自然山水中的园林，更是如此。如无锡寄畅园，选址在惠山山麓，西边紧倚惠山，东南又借锡山，整个园林景色与外面的山水林泉完全融合在一起。

因为处在真山包围之中，寄畅园内风景设计就以水池为中心。水池叫锦汇漪，池水南北狭长，时宽时窄，呈不规则形。池中部西岸的鹤步滩与东岸的知鱼槛相对，又将池水分成似分又合的两部分。池北有 7 块花岗石板组成的七星曲桥，在它的东北角，又建一廊桥隔断尾水，使池水似无尽头，给游人以来无踪、去无影的观感。池西，是一大片山林。主山是一土石相间的假山，山不高，起伏自然，头迎锡山，尾与惠山伸入园内的山脚相接，以致真山假山在脉络、气势上完全融合在一起。为了借景，园内的主要观赏点如知鱼槛、涵碧亭、环翠楼、凌虚阁等都集中散布在水池的东岸和北岸。游人在这些亭台中向西望去，近处是波光粼粼的锦汇漪，中间透过岸边整片山林，远处可见惠山的秀姿。近景、中景、远景，一层远似一层，就像很美的山林风景画，真可谓园外有园，景外有景。每当游人漫步在池西的鹤步滩等石矶驳岸之上，或穿越在山石丛林之中，只要抬头仰望，举目东南，但见苍翠一片的山冈上耸立着龙光塔和龙光寺，正暗合《园冶》中的“给宇凌空，梵音到耳”，便能感受到这种近水远山之美景的艺术感染力。

(2) 借景增加了风景美欣赏的多样性。为了借更多的园外景色，园林中常设有高楼等登高远眺点。登得越高，看到的景色就越多，也更觉得山水风景的丰富和可爱。早在东汉末年，建安七子之一的王架便作过《登楼赋》，写出了登高赏景强烈的空间深远感和由此触动的思乡之愁。计成的《园冶》也说：“轩楹高爽，窗户虚邻，纳千顷之汪洋，收四时之烂漫。”这“收”和“纳”均表现了中国古代造园家的伟大气度和高超技艺，他们能将“四时烂漫”、“千顷汪洋”等宇宙万物吸收到有限的艺术空间中来，使园林呈现出一派婉紫嫣红的丰富意境。杭州西湖孤山顶上有一亭名叫“西湖天下景”(图 6-8)，正因其高，看得多，才能冠以天下景之美名。从此处四望，西湖环绕，稍远青山四合，亭间所挂一联更妙：“水水山山，处处明明秀秀；晴晴雨雨，时时好好奇奇”，很恰当地道出了西湖孤山风景的多样和变化。

(3) 借景能使观赏者突破眼前的有限之景，通向无限。中国古典艺术特别强调象外之象，景外之景，借景是达到这一境界最有效的途径。美学家叶朗曾经举例说明园林艺术以借景来突破有限，而使游览者对整个宇宙、历史、人生产生一种富有哲理性的感受和领悟。如王勃的《滕王阁序》，在“落霞与孤鹜齐飞，秋水共长天一色”的风景美感中，也产生了“天高地迥，觉宇宙之无穷，兴尽悲来，识盈虚之有数”的感慨。正是由于对这些哲理意味的触发，借景才能构成自然与人合一的无限广阔的意境。

图 6-8 “西湖天下景”

总之，利用借景技法，对空间进行合理的分割、利用、扩大，体现出大小相互、虚实相间的艺术空间，从而丰富美的感受，创造出艺术的境界。

第四节　原始材料与现代工艺

生态文明要求保护环境、尊重生命，这就要求艺术设计者珍惜自然资源，善于从自然材料中去寻求美与创造美，善于从平凡中发现不平凡，善于化腐朽为神奇。这就要做到用现代工艺来设计与加工原始材料，从而使作品体现出自然性与高超的艺术性。所谓原始材料，既指源自未经过加工的纯自然材料，也指没有过分雕饰的简练的设计语言，许多艺术设计大师就是通过普通的自然材料、简练的设计语言而创造出了著名作品的，并因此而成为时代的经典。例如，哥本哈根地铁余斯塔站(Ores Taden)地面高架沿线部分的园林设计，就完整地体现了这一理念(图 6-9)。该项目是一段长约 5 公里的线状区域，两侧是近年开发的住宅区、大学城和商业中心，其中保留了相当大的一片自然区域(自然公园，Nature Park)。安德森承担的园林设计部分，是位于地铁高架桥下两侧住宅区与商业区的设计。

图 6-9　哥本哈根地铁余斯塔站(Ores Taden)的水景

在这里，他再次表现出了对水的情有独钟，他认为水是意大利古典园林中的灵魂。因此，在高架桥东侧近 2 公里长的地段上，他连续设计了一系列的长方形水池，并在其中点缀了荷花。这些水池极富韵律感和开阔感。系列水池的起始处位于一座高层建筑物广场前，安德森设计了与高楼相适宜的方形水池，面积约为 30m×40m。为了避免大水池可能产生的空旷感，他在水池中设置了棋盘状的若干小的水泥状平台(实为地下自行车存放处的小天窗)，池中还栽植了睡莲。由于地势由南向北呈缓坡状的变化，在接下来的水池设计中，他顺应地势变化将水池内设计成几层小瀑布形式。在地势平坦处，他又将水池设计成 4 段长度分别为 100m 的运河，使其颇具勒·诺特尔(Le Nltre，1613—1700)笔下凡尔赛宫苑大运河的神韵。为了增加变化，在最后一段的设计上他将原本一直位于高架桥东侧的水池延伸至高架桥的底部中轴线上，给人以“轻舟过江”之感。在水池的相间处，他使用方形草地、树木和横向道路分隔，使设计既能满足横向交通的需要和景致的变化，又使它在纵向上具有统一和整体感。

在安德森的设计中，体现出他对艺术的一丝不苟和不懈的追求。在“旧码头”项目中，看似普通的地面铺装展示了他的精致理念。在庭院的停车区域采用沥青材料铺装；在水池的前端到海边处，使用木质板材铺装，这使人联想到船上的甲板；而在余下的其他部分，则全部采用了花岗岩石块铺装，给人以庭院码头般的安全感。

安德森成功地应用了原始材料和现代工艺技术，使余斯塔站既存有了现代城市建设功用，又与自然充分协调，使冰冷的地铁站富有生机与亲和力。

J.A.安德森是当代丹麦风景园林艺术的代表人物之一，他的园林艺术观及作品，既承袭了丹麦和北欧风景园林艺术的传统，又融入了现代风景园林设计的理念，体现和表达了景致的简约形式，洋溢和散发着深沉的人文关怀，以及对人与自然的和谐的遵从和崇尚。

第五节 因地制宜

因地制宜，是古老而实用的艺术设计方法，因为它强调巧妙利用环境而与生态文明保持了一致。因地制宜的原意是指根据各地不同的情况制定适宜的办法。中国古代《吴越春秋·阖闾内传》指出："夫筑城廓，立仓库，因地制宜，岂有天地之数以威邻国者乎？"这里的"地"是自然、社会和经济条件的统一，或天时、地利、人和三位一体。如在农业生产中指从各地区的光、热、水、土、生物、劳动力、资金、生产资料等具体条件、生产发展特点和现有基础的实际出发，根据市场和国民经济需要等具体情况，科学合理地调整农业生产布局和作物结构，以获得地尽其利、物尽其用的最大经济效益和保持良好的生态环境。在艺术设计中，因地制宜的艺术手法技术要求艺术设计根据艺术设计对象之实际情况来创造出独特的艺术构思。因地制宜的根据在于不同的气候地理条件造就了景观的多样性。人类的活动更给很多自然景观赋予了文化的内涵。一地一邑的景观一般有其不同于其他地方之处，这就是特色。特色景观是最有价值的。稀缺无价，稀缺或罕见的景观更具有保护意义和观赏价值。正因为如此，符合生态文明的艺术设计手法之一就是因地制宜。在因地制宜中，因是方法、是程序，而宜是目的、是结构，是最终设计价值的体现。在内部的设计上，须循形而作、因势而为，无论偏径婉转、亭榭顿置，要在精而合宜。精，有精明、高明至巧之意，又有精确、精练趋神之蕴，虽如此，尚不足为范，而须相宜，宜是现实层面根本的、核心的所在。既要曲折变化以利活泼灵动，又必须有内在的一致，即整一性；既端方周正、齐整一致，又有变化活泼之态、错综巧妙之势。"宜"的着眼点是人的实际可行的生活内容与尺度。从为人的设计而考虑，有共性之宜，亦有个性之宜。共性之宜是人普遍能接受的东西，不受贫富贵贱的制约。在实用功能的需求上无论贵贱是统一的，在用物上有精粗之分，但无贵贱之别。个性之宜则是因不同的设计使用对象而表现出的不同审美趣味和品格，一是贫富贵贱，这是说经济在艺术设计中的决定性作用，设计需依财力而行。二是取决于人的审美追求与文化品格素养。"宜"所包含的内容应是多方面的，作为设计所遵循的基本目标和尺度之一，其本质应该说是创造性的。因地是遵照自然条件、客观条件；制宜则是一种创造性设计(图 6-10)。

图 6-10　因地制宜的园林

另外，从景观设计来看，一方面讲的是景观创造要考虑基址现状；另一方面讲的是景点布置要服从整体需要，分主配关系。在实际的设计实践中，结合场地现状特点造景可能为广大设计师所重视，而根据项目性质的不同因地制宜地布置景点却常常被大家忽略。比如在中华世纪坛绿地的设计上，最初的方案有许多复杂的景观元素，如喷泉、小品、雕塑，但是最后都减掉了，设计上只用简单的圆形线和波浪曲线来与世纪坛的建筑形体来呼应，绿地中大面积以绿化为主，用植物来烘托景观的主体——中华世纪坛。再比如在北京东便门明城墙遗址公园的设计上。最初也想在公园中安排许多复杂的景观元素，甚至有“玻璃城墙”、“激光城墙”的设想。但是考虑到公园的性质是遗址公园，是以保护城墙为出发点，以展示古城墙的真实面貌为目的，应该把北京仅存的明代城墙遗址作为景观主体。因此公园最终方案从园路的线形、植物的配置以及景点布局都紧紧围绕明城墙展开，给城墙提供一个最自然的环境氛围。在林荫树木的掩映下，游人可以细细品味明城墙所拥有的历史与沧桑。同时，简洁的设计布局使公园能很好地融入到城市景观中，使其成为反映老北京历史变迁，展现古都风貌的重要文化景点。现在有一些设计师往往忽略了因地制宜的设计要领，把有的小区绿地建得像城市广场；有的绿地号称“花园广场”，却全是硬质铺装；有的街道变成了造景手法的展览路，全然不考虑市民的活动需求、城市的生态需求以及周边的环境氛围。设计者应该真正理解“因地制宜”设计理念的重要性，因为只有因地制宜的设计才是最亲切的，也更有生命力。

第六节　步移景异

在艺术设计中，生态美占有很大比重，如何让人们对设计的与生态美相关的作品百看不厌，就要借用“步移景异”这一园林设计的术语。“步移景异”是中国传统园林特色的生动概括，原意是指园林设计的变化、景观内容的丰富。不过，“步移景异”也是中国古代环境艺术设计辉煌成就的象征。大自然本身是富于变化的，从地形看，有高原、盆地、丘陵与平原，从土地的色彩看，有黑、红、黄、赭、白、灰等，从景观看，有春夏秋冬四季的变化，如此等等，不胜枚举。然而，长期以来，人们的生态环境设计简单、单调，基本上是“一条路两行树”的单一绿化方式，看不到大自然乔、灌、花、草的多层次、多色彩的变化。因此，在生态美的艺术设计中，借用“步移景异”的方法，使艺术设计产品具有丰富的内涵与富于变化的形式，就成为具有生态文明的艺术设计重要的手法之一(图 6-11)。仅举居室的生态设计为例。为了让人在居室中也感受到大自然的魅力，在室内就可以完成足以与户外田园生活媲美的宜人画卷，就应该为人

图 6-11　步移景异的园林

们的居室设计一些生态环境，其中植物是居室中最重要的生态环境。阳台和窗是房间的眼睛。凭窗远眺，人们看到了绿意，也看到了生命的悸动。何不把窗和心灵都敞开，让屋内屋外的绿色和香气吹散沉闷与萧索，以轻松和愉悦迎接到来的繁华。把阳台改造成一个五脏俱全的小花房很简单，挑选些漂亮植物和亲近自然的铁艺家具就可以了，还可以选择吊篮来盛装可以垂下来的绿植。需要注意的是选择的植物不能太大，因为毕竟阳台的空间有限；还有植物不能太脆弱，要适合北方的天气，首选常绿松木和灌木，在夏天刚来临时可以赶种一些颜色鲜艳的花朵来调节气氛。仙客来的妖娆、米兰的薰香、蕨类植物的葱茏……有了它们，地板和玻璃窗仿佛也开始了有节奏的呼吸。

在书房，阅读角或书房选用大型植物和盆花，会飙升整个书房的活力指数。书桌附近搁一盆枝蔓上扬的绿植，可以增添清新的视觉观感。电脑旁用鲜艳的花束装点可以避免过高的靠背产生的压迫感。靠窗一侧用双层铁艺花架来装点。上面是怒放的大朵花，下层放相对低调的小叶绿植，形成有张有弛的美丽。书房的植物选择要以“静”为主，在布置上要做到有利于学习、研究和创作，也就是说颜色过于浓烈、气味过于芬芳的植物并不适合这个空间。应以中、小盆或吊盆植物为主，花色淡雅，气味清淡，比如君子兰、山水盆景等，最好还有些特殊含义的植物，如文竹、斑马花等，它们的气质都是中国历代文人追求的雅。

在餐桌摆放植物，通常有插花、盆花和碟花三种形式。餐桌上的插花可随意轻松些，造型要注意顾及不同角度的观赏者，花材不宜烦琐，有时仅一束错落有致的白玫瑰，稍加一些绿叶陪衬就足以让人心动；餐桌上的盆花宜选择低矮丛生、密集多花的种类，如长寿花、郁金香等；碟花最简单了，你可以用任何植物的枝、叶、花、果在碟里摆造型，简便易行，甚至将花瓣直接洒在餐桌上。在餐桌上摆花还有升华主题的作用，因为很多花卉和植物都有着不同的含义。不妨在重大节日或者纪念日在餐桌上摆上符合气氛的花卉和植物，它一定能够为你的餐桌锦上添花的。

玄关最能体现主人的个性——是热情似火还是温情如水？只要看看玄关就知道了。热情又不过度的绿色植物最适合摆放在玄关。它能够让访客进入室内后在第一时间从第一空间产生良好的第一印象。如果是一进门就看到楼梯的玄关，漂亮的陶瓷、金属大花瓶，配合大把的鲜花都会让人眼前一亮，在这里娇小玲珑的品种就不合适了。门厅阔大或者玄关与客厅相连没有遮挡的房间，适合用大型绿叶植物，如滴水观音等摆放，有型有款的树木和盛开的兰花盆栽效果也很好。如果是欧式或者现代风格的居家环境，推荐用专门的背几，摆上菊花、樱草、非洲紫罗兰、蕨类植物，会让客人在第一时间感受你的开朗热情。

在卧房，久居都市的人一直梦想童话一般的睡眠环境：高大的植物呼出轻柔的微风，花朵们都静静地合上了眼睛，温馨的芬芳让人在梦中不想醒来……温馨、甜蜜，所有形容卧室的词儿，只有加上花朵才真正相得益彰。花材的选择在这里最为重要，在晶莹的透明玻璃花器中插上紫蓟、虞美人、洋水仙，让人在一睁眼就开启一天的好心情。但要忌过香和容易使人过敏的植物，如夜来香、百合以及月季、天竺葵等。垂吊植物可以增添浪漫的感觉，卧室植物适合大盆的摆放和小盆花朵点缀，在垂吊上需要注意花器的选择和施工的安全考虑，如果做得好了则别有一番韵味(图 6-12)。

图 6-12　富于变化的室内设计

习　　题

1．艺术设计中显与隐的辩证关系是什么？
2．在艺术设计中应怎样结合自然天成与人工雕琢？
3．借景与构景的原则是什么？
4．现代工艺在加工原始材料上有哪些新方法？
5．为什么说因地制宜是艺术设计的基本方法之一？
6．步移景异的艺术要求是什么？

第七章　生态设计的分类关系

教学要求和目标：

- 要求：学生掌握生态设计不同分类的基本特性与美学原则。
- 目标：建立生态设计不同分类的基本观念，并掌握与此相关的基本特性与美学原则，学会在设计实践中应用这些基本特性与美学原则来进行艺术创作。

本章要点：

- 生态设计的共性与个性。
- 建筑中的生态设计。
- 园林中的生态设计。
- 景观中的生态设计。
- 产品中的生态设计。
- 包装中的生态设计

生态设计是个复杂的综合体，它包含着许多具体的门类，每一种都有着自己不同的特性与要求。为了有效地把握生态设计，有必要对不同种类的生态设计进行分门别类的了解，以在生态设计的社会实践中有针对性地了解不同项目的性质，并相应制定出能反映这些项目本质要求的设计方案。

第一节　艺术设计的共性与个性

1. 艺术设计中的生态共性

生态设计活动主要包含两方面的涵义，一是从保护环境角度考虑，减少资源消耗，实现可持续发展战略；二是从商业角度考虑，降低成本，减少潜在的责任风险，以提高竞争能力。正如本书第四章所述，总体来说，生态设计有其一般原则，这也就形成了对具体项目进行生态设计的共同性要求。虽然具体设计的项目可以是园林、城市、居室、公共建筑甚至工业产品，但从生态的角度看，都有以下共性。

(1) 尊重自然。尊重自然、生态优先是生态设计最基本的内涵，必须打破“人类中心论”的桎梏，充分认识到人是自然的一分子，建立新的生态伦理观念，变破坏为尊重，变掠夺索取为珍惜共存。

在这方面，著名景观设计师 Ian McHarg(图 7-1)提出的“设计尊重自然”理念是一面伟大的旗帜。第二次世界大战后，战后西方的工业化和城市化发展达到高峰，郊区化导致城市蔓延，环境与生态系统遭到破坏，人类的生存和延续受到威胁。正是在这样一种情况下，Ian McHarg 成为景观规划最重要的代言人。McHarg 于 1969 年首先扛起了生态规划的大旗，他的《设计结合自然》(Design with Nature，1969)建立了当时景观规划的准则，标志着景观规划设计专业勇敢地承担起后工业时代重大的人类整体生态环境规划设计的重任，使景观规划设计专业在 Olmsted 奠定的基础上又大大扩展了活动空间。McHarg 一反以往土地和城市规划中功能分区的做法，强调土地利用规划应遵从自然固有的价值和自然过程，即土地的适宜性，并因此完善了以因子分层分析和地图叠加技术为核心的规划方法论，被称之为“千层饼模式”，从而将景观规划设计提高到一个科学的高度，成为本世纪规划史上一次最重要的革命。

图 7-1　Ian McHarg(1920—2001)

“千层饼模式”的理论与方法赋予了景观建筑学以某种程度上的科学性质，景观规划成为可以经历种种客观分析和归纳的，有着清晰界定的学科。麦克哈格的研究范畴集中于大尺度的景观与环境规划上，但对于任何尺度的景观建筑实践而言，这都意味着一个重要的信息，那就是景观除了是一个美学系统以外还是一个生态系统，与那些只是艺术化的布置植物和地形的设计方法相比，更为周详的设计思想是环境伦理的观念。

(2) 保护环境。生态设计需要设计人员将产品设计与环境保护融为一体，使产品从功能、材料上满足环保要求，并与包装材料的视觉效果及保护功能等方面结合起来。

事实上，绿色设计很重要的一点就是要注重环境的可持续性，设计对环境的可持续性是非常重要的。设计人员要承担起这个责任，建立起最美好的世界。目前，环境可持续性是一个很热门的话题，同时也是设计师终身的挑战，设计界正在积极迎接这个挑战。环境的可持续性就是指产品设计要让产品容易回收，诺基亚首席设计师 Alastair Curtis 说：“譬如我们销售了几亿部手机，如何能更好地回收就是非常重要的问题，作为设计者也需要考虑这个问题。我们现在做的就是围绕这样的设计概念提出一系列的问题。我们要让手机能够回收、重新再使用、使它能够升级，我们要把产品用不同的方法进行设计。”这里要考虑的还有生态材料的应用，要考虑可回收的手机要如何设计。除了回收的问题，还要让人们的手机能够长久使用，让人们的手机不仅使用两三年，还要能使用五六年。同时，还要考虑让手机随时成为每个人个性化的物品。“随着产品的不断发展，我们应该从这个角度来观察和看待设计，这样我们的设计团队需要不断延伸设计思维，帮助推动和改进环境可持续性的设计。比如说，在今后五年或十年的设计中融合这些概念。”

(3) 节约资源。生态设计包含着资源节约的经济原则，以城市规划设计为例，新时期的规划和设计应当从传统的粗放型转向高效的集约型。其一，是对高效空间的追求。城市化的迅猛发展将在有限的土地资源内展开，城市立体化势在必行，应当充分开展城市地下空间综合利用的研究，使城市地上、地面、地下连接成有机的协调发展的立体网络。在建筑设计中，认真研究人的行为心理特征和行为时差相适应的空间，并合理安排各种空间的关系，提高空间的利用效率。其二，是环境节能和生态平衡，减少各种资源和材料的消耗，减少重复使用和循环使用，积极开展被动式设计和有机建材的研究。

2. 艺术设计中的生态个性

生态设计虽然有上述共性特征，但是这并不意味着生态设计就是千篇一律、没有个性没有风格的设计形式。事实上，由于不同类型的艺术设计强调的侧重点不同，艺术家和设计师的个人爱好和创作风格不同，生态思想的实现也不尽相同。而且，不同国家和地区、不同民族文化传统、风俗习惯甚至审美情趣也有较大差异，生态设计项目总是具体的，也就是说生态设计总是要归结到特定地域和特定文化中，必然出现千姿百态的生态设计作品。例如同样是以“建筑节能”为生态设计目标，“城市仙人掌”和“树纹塔”摩天大楼两座建筑就有着自身鲜明的个性。

荷兰鹿特丹的“城市仙人掌”(图 7-2)是一个坐落在荷兰的住宅工程，它将在 19 层楼中提供 98 个居住单元。多亏了这种错落有致的曲线阳台的设计，每个单元的室外空间能够得到足够的阳光。这意味着，当所有居民的花园中的花正在开花期时，这个绿色摩天大楼将真的是绿色的。尽管这个建筑可能缺乏技术部门，但它的碳减排能力依然很高，这多亏了在门廊处进行的光合作用。再加上，它的白色外表也帮助减轻了市内的热度。

“树纹塔”摩天大楼由美国著名的环境设计大师、建筑师威廉·麦克多诺(William McDonough)设计(图 7-3)。他设计的“树纹塔”使建筑可以像树木一样进行光合作用，在设计中，他充分利用太阳能和自然光，不仅实现视觉上震撼效果，同时使得整个建筑物被环境所包围，成为名副其实的绿色建筑。

图 7-2　荷兰鹿特丹的“城市仙人掌”

图 7-3　威廉·麦克多诺设计的树纹塔

所以，在生态艺术设计中，共性与个性不仅不会相互排斥，而且必然是相互结合并相互统一的。

第二节　生态建筑

人与自然的关系，人类自古以来就不断地进行着各种探索。在哲学上，强调“天道”和“人道”、“自然”和“人为”的相通、相类和统一的观点。庄子认为，“天地与我并生，而万物与我为一”，这种朴素的“天人合一”的观点，造成了中国古代一种人与自然亲近和谐的关系。在古代，人居的理想环境是，北面有山岭屏障，可以阻挡寒风，门前南面平原，可以耕作招凉，最好有水源顺驻，远景悦目，最好还有农地和房屋终年都可以见到太阳，这种根源于农耕文明的中国传统建筑文化，它始终与自然相辅相成，从自然出发，然后又回到自然，“天人合一”。

随着时间的推移，人口的急剧增加，人类经验和知识的积累以及科学技术的发展，尤其是工业革命以后，人类改造自然、影响自然的能力越来越强，人类的活动日益破坏着地球，几十亿年来地球上一贯的生态平衡法则，随着全球人口的激增而承受着前所未有的巨大压力。当人们的楼房越来越高，居住的房间越来越大，人们与自然的距离不是越来越近，而是越来越远。

20世纪60年代初期，美籍建筑师保罗·索勒瑞(Paola Soleri)首先提出“生态建筑”的概念，且将生态(Ecology)与建筑(Architecture)二词合为一：生态建筑学(Arcology)，他力图采用新的复合生态原则的模式，设计一种高度综合、集中式的城市，以提高能源、资源利用率，消除因城市扩张产生的各种负面影响，并在凤凰城(Phoenix)北70米处一块860平方米的土地上进行了探索性试验，建造成世界上第一个生态建筑——阿科桑底(Arcosanti)。在阿科桑底是生态设计方面的一项实验，城里没有汽车，因为其空间是为步行者而规划的。在种植粮草、利用太阳能加热的大型温室附近，建有密度极高可供居住的大型建筑，其电力来自风能和太阳能发电厂，以及附近河流的水力使用。虽然该市目前只有60～100人居住，还少于创建之初所设想的5000人，但每年仍吸引约5万人前来造访。

在随后的40多年间，生态建筑得到了不断的丰富与发展，美国和德国在生态建筑方面处于世界领先水平。20世纪70年代，石油危机的爆发，使人们意识到以牺牲生态环境为代价的高速文明发展史难以为继。耗用自然资源最多的建筑产业必须走可持续发展之路。20世纪80年代，节能建筑体系逐渐完善，并在英、法、德、加拿大等发达国家广为应用。同时，由于建筑物密闭性提高后，室内环境问题逐渐凸现，以健康为中心的建筑环境研究成为发达国家建筑研究的热点。1992年巴西的里约热内卢“联合国环境与发展大会”的召开，使“可持续发展”这一重要思想在世界范围达成共识。生态建筑渐成体系，并在不少国家实践推广，成为世界建筑发展的方向。

何谓生态建筑呢？生态建筑，是将建筑看成一个生态系统，根据自然生态环境，运用生态学、建筑技术科学的基本原理和现代科学技术手段等，合理安排并组织建筑与其他相关因素之间的关系，使建筑和环境之间成为一个有机的结合体，同时具有良好的室内气候条件和较强的生物气候调节能力，以使人们居住生活的环境舒适，使人、建筑与自然生态环境之间形成一个良性循环系统。

因此，生态建筑应具有如下特性：①选址应尽量保护原有生态系统；②资源利用高效循环，充分使用再生资源；③节能显著，努力采用太阳能、地热、风能、生物能等自然资源；④废物无害排放，并采用各种生态技术实现废水、废物资源化，以再生利用；⑤建筑环境健康舒适，日照良好，自然通风，控制室内空气中各种化学污染物质的含量；⑥建筑功能灵活适宜，易于维护。

生态建筑设计实践举例如下。

1. 公共建筑

(1) 生态建筑实例——柏林国会大厦(The Reichstag)。柏林国会大厦是一项改建工程，它的前身是具有100多年历史的帝国大厦。两德统一后的1992年，德国决定将国会大厦作为德意志联邦议会的新地址，邀请英国建筑师诺曼·福斯特对国会大厦进行改建设计，由于广泛使用了将自然采光、通风联合发电及热回收组合起来的系统，国会大厦由此做到了用最少量的能量、最低的运转费用取得了最大效果，成为德国乃至全世界生态建筑的样板之一(图7-4)。

图7-4　柏林国会大厦

柏林国会大厦的生态特征如下。

① 自然采光。中央的议会大厦上部建有直径40m、高23m的玻璃穹顶(图7-5、图7-6)，作为采光、取暖和取能的主要设计元素，穹顶下中央是一个嵌有360块镜面玻璃的倒锥体，穹顶与倒锥体二者之间的透光和反光作用，可使国会议事大厅得到充足的自然光。穹顶内还有一面可随日光照射方向变化而自动调整方位的遮阳板，用以防止热辐射和避免眩光。

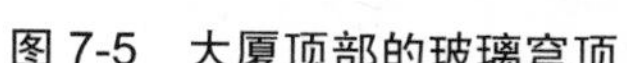

图7-5 大厦顶部的玻璃穹顶

图7-6 智能控制调整方位的遮阳板

② 自然通风。整个大厦的通风系统与遮阳设备由屋顶上100组太阳能光电板运转所获得的40kW的电力运转来充分使用。室内外空气由自动控制的窗户定时开启来保持室内外自然对流通风，穹顶下方的倒锥体(图7-7)类似一个烟囱，滞留在室内高处的暖空气自然地从这里排出去，而附设在锥形体内部的轴流风机及热交换器则从排出的空气中回收能量，供大厦循环使用。暖空气流走后，室外的新鲜空气则由建筑物西侧位置较低的门廊送入，以低速气流在议事堂内扩散，慢慢地到达各个角落，然后静静地上升。大厦的侧窗均为两层窗，外层为防压玻璃，内层为隔热玻璃，两层之间为遮阳装置。侧窗的通风既能自动调节又可人工控制，使建筑的大部分房间都能进行自然通风与换气。锥形体与一系列的其他风口、风道共同构成一套自然的、能耗极低的通风系统。

③ 自然能源。穹顶上设有太阳能发电装置，可作为大厦的部分动力来源，无污染，整个建筑自成一个系统。同时，还利用地下蓄水层循环利用热能：夏季将多余热量储存在地下蓄水层中，以备冬季使用；冬季将冷水输入蓄水层，以备夏季使用。这种资源循环利用的手法，不仅最大效能地利用了有限自然资源，而且对外部没有造成丝毫影响和负担。另外，大厦的动力燃料由矿物材料改为植物油，使二氧化碳的年排放量由7000吨降至440吨。

图7-7 穹顶内部的锥形体

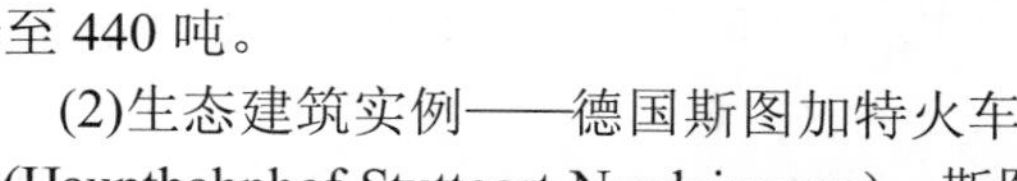

(2)生态建筑实例——德国斯图加特火车站(Hauptbahnhof Stuttgart Nordeingang)。斯图加特火车站(图7-8)是德国“21世纪斯图加特工程”中的一项，工程总投资约50亿德国马克，占地约18．5万平方米，站台长约 400m(其

中 200m 延伸到城市的中心绿地——宫殿花园)的斯图加特火车站位于老城的边沿及老火车站博拉茨北侧。城堡花园是这个城市的“绿肺”和“氧吧”，具有重大历史、生态和城市意义的景观区域，为了保持城堡花园的完整性，德国建筑师克里斯多夫•英恩霍文与费赖•奥托大胆构想：将火车站设置在地下，让轨道从地面消失，为城市创造一个生态环境的未来空间。斯图加特火车站通过富有创造性地将材料、结构和产品融于一体的开创性构想而获得 2006 年 Holcim 金奖。

斯图加特火车站的生态特征如下。

① 城市网络(图 7-9)。轨道设施从地面的下移为内城开发及城市的连接提供了一个特殊的机会。这个新的城市部分与已有城市结构的完美结合对于一个持续而有效的城市发展有着决定性的作用。老火车站的塔体及设于 4 个方向的新火车站的玻璃壳入口，成为火车站及城市的新标志。富有韵律的系列“光眼”构成了一副梦幻般的画面，并作为老城与新城的连接链。这个流畅而开敞的空间使内外连接于一个连续的空间网络，无论从任何角度观看，这一空间都充满给人无限想象的魅力。

图 7-8　斯图加特火车站

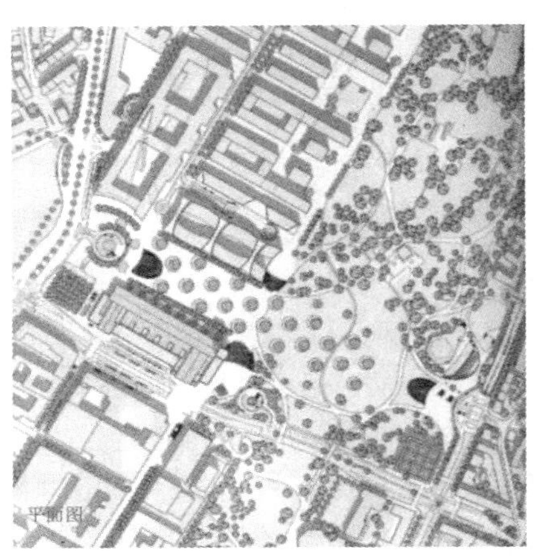

图 7-9　城市网络平面图

② 自然采光通风——“光眼”。斯图加特火车站大厅通过屋顶巨大的拱形玻璃壳——“光眼”进行采光。日光通过“光眼”均匀地进入大厅，即使在阴天也能得到舒适的光线。通过测试：平均有 5%的日光能直接达到内部。其中直接位于“光眼”下的部分能获得 10%～15%的日光。在大约 400m 长的站台上每 60m 设有一个“光眼”，外部光线的变化内部也能感觉到。由于两个相邻的站台每隔 30m 有一个交叉的“光眼”，从而使光线均匀地进入地下站台。当夜幕降临时，位于站台边缘的地面照明通过拱形天顶的反射，也能达到一个明亮的空间效果。

“光眼”是一个钢网薄膜结构，拉力荷载的悬挂屋顶代替压力荷载的水泥拱顶，并在悬挂拉力状况下凝固成型，然后旋转 180° 即成为现在的形态——钢网薄膜结构“光眼”。梦幻般的“光眼”组合在宫殿花园中形成一种特殊的景象。如同悬挂的模型一样，受力是从边缘到中心，然后沿着边缘口传至支撑柱。“光眼”的边缘在结构中具有减力的功能，弧形的玻璃边框镶嵌于混凝土边棱上。这个从地面突出的“光眼”构成了支撑体系的真正特征，并成为该原型组合体的结构胚胎。

同时火车进站所引起的气流与暖空气流相连在候车平台上形成了最大风速可达 1.0～1.5m/s 的自然通风。

③ 低资源、低耗能。由于这种“光眼”膜结构形式，地道中的全年平均气温可控制在+10℃左右，根据数据测试：夏天的气温很少超过+20℃，冬天则很少低于 0℃。由于高差的原因形成地下站台的壁炉效应，冬夏季将有不同温度的气流进入地下站台，这种冲击气流通过“光眼”在没有人工换气装置的情况下进入地下，其数据是每小时 0.7 倍的空气交换量(大约 300 000m^3/h)。同时利用自然的物理制冷和土壤的蓄热机能，因此不需要其他供热和空调系统。

(3) 生态建筑实例——美国巴克贝利中学。美国巴克贝利中学一期建设包括 26 间教室、8 间科学实验室和 2 间健身房。2006 年 12 月竣工的二期建设项目包括办公、媒体教室、公共艺术区和其他技术用房以及大面积的学校厨房。巴克贝利中学的建设不仅为学生们提供高效的教学环境，同时也在放学后成为社区活动的良好空间(图 7-10)。

美国巴克贝利中学的生态特征如下。

① 自然采光、通风。建筑的院落将天然采光引入建筑首层，并能够自然通风(图 7-11、图 7-12)。控制系统的利用是出于安全和其他原因而不能放在户外的空间，如媒体教室等均可以享受到自然采光(图 7-13)。所有的教室、媒体中心、健身房及公共空间等均通过天窗或太阳光管接受自然采光。置换通风系统为建筑制冷，同时窗户内侧的自动机械百叶优化自然通风。

图 7-10　美国巴克贝利中学

图 7-11　院落的天然采光

图 7-12　开放空间可以将大面积的光线引入室内

图 7-13　媒体教室的天窗

② 建筑节能。建筑外墙砖材和高能效的玻璃通过增加建筑热量减少采暖、制冷和照明的能源消耗，并减少室内气温的波动。高性能的玻璃窗使光线进入室内而阻隔热量的进入，从而保持室内气温的凉爽稳定，减少在采暖制冷方面所需能源及材料消耗。日光从多功能教室与主要走廊之间的窗口射入室内，减少人工照明的需求。

每间教室内的两道铁格栅向室内输送大量低速冷空气，调节后的空气减少风扇系统能源和材料消耗。日光通过 4 英尺×4 英尺的天窗或太阳光管进入教室，减少人工照明需求量。透过 8 英尺×6 英尺的天窗和室内中庭，日光均匀地撒在媒体中心内，高亮度、低能耗的 T8 灯具作为必要时的辅助照明。中庭处用户可自行调节的滑动玻璃门提供的自然采光和通风使室外自然空间循环得以调节。墙壁、地面及室内家具灰色的色调不吸收热量，却能够使光线在室内均匀传播，同时减少人工照明和空调的能耗。

建筑中心的两个小院子如同建筑的“肺”一样，将室内空间热空气排出的同时也将新鲜空气引入建筑内部。如此既减少机械通风的使用及所需能耗，又提高了室内空气质量。院内的树木为建筑遮蔽阳光，调节热量吸收及教室的采光。如艺术、手工教室等劳技空间通过高侧窗和窗户引入日照。灯控感应器、计时器、光电感应器、旁路开关和照明继电箱等自动采光控制系统控制室内照明系统，仅在必需时启用人工照明。滑动玻璃门的设置为学生们提供了在户外工作呼吸更多新鲜空气的绝好机会。两间健身房通过天窗和高侧窗进行天然采光，减少了对人工照明的依赖。绝大多数的公共空间使用天窗和侧窗等进行天然采光。新鲜空气从一座中心花园的滑动玻璃门处进入主要管理区域。调节教室内空气质量过程中，二氧化碳感应器和敏感的恒温器自动控制窗内侧的百叶开启和关闭。室内散热器利用高能效中心锅炉提供的热水为整个教室提供热量。

2. 商业建筑

(1) 生态建筑实例——法兰克福商业银行总部。由英国建筑师诺曼•福斯特 1994 年担纲设计的法兰克福商业银行总部大楼于 1997 年竣工(图 7-14、图 7-15)。这座 53 层、高 298.74m 的三角形高塔是世界上第一座高层生态建筑，也是全球最高的生态建筑，同时还是目前欧洲最高的一栋超高层办公楼。

法兰克福商业银行总部具有“生态之塔”、“带有空中花园能量搅拌器”的美称。该建筑平面为边长 60m 的等边三角形，其结构体系是以三角形顶点的三个独立框筒为“巨型柱”，通过 8 层楼高的钢框架为“巨型梁”连接而围成的巨型筒体系，具有极好的整体效应和抗推刚度，其中“巨型梁”产生了巨大的“螺旋箍”效应。49 层高的塔楼采用弧线围成的三角形平面，3 个核(由电梯间和卫生间组成)构成的 3 个巨型柱布置在 3 个角上，巨型柱之间架设空腹拱梁，形成 3 条无柱办公空间，其间围合出的三角形中庭，如同一个大烟囱。为了发挥其烟囱效应，组织好办公空间的自然通风，经风洞试验后，在 3 条办公空间中分别设置了多个空中花园。这些空中花园分布在 3 个方向的不同标高上，成为“烟囱”的进出风口，有效地组织了办公空间自然通风。据测算，该楼的自然通风量可达 60%。三角形平面又能最大限度地接纳阳光，创造良好的视野，同时又可减少对北邻建筑的遮挡(图 7-15)。

图 7-14　法兰克福商业银行总部

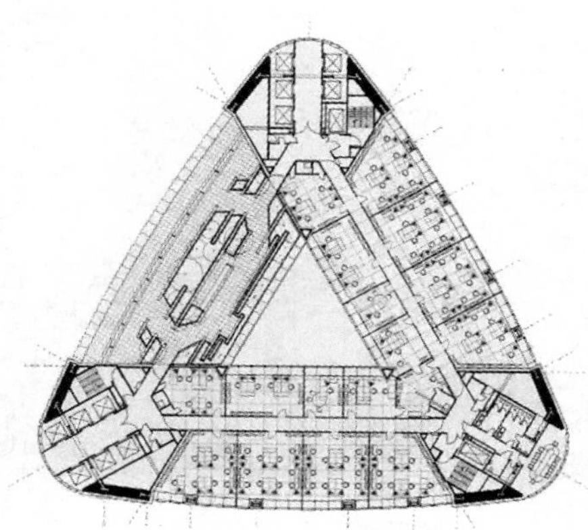

图 7-15　法兰克福商业银行总部平面图

法兰克福商业银行的生态特征如下。

① 自然采光。顶部独特的透天采光设计，使楼内有充足的阳光(图 7-16)。新风系统不断送进新鲜空气，工作环境保持温、湿度适宜，空气清新，使整个中庭的效果更加贴近自然，也使写字楼内的环境更加活泼。这种亲自然的设计克服了以前写字楼的呆板和压抑，创造了一个充满阳光的绿色环境，它可以有效地调节人们的精神状态，给人以充沛的精力，起到缓解疲劳的作用。

图 7-16　中透的玻璃幕墙

② 自然通风。整座大厦在极少数的严寒或酷暑天气中，全部采用自然通风和温度调节，将运行能耗降到最低，同时也最大限度地减少了空气调节设备对大气的污染。利用了“烟囱效应”的原理，设计的环三角平面呈螺旋上升的空中花园(图 7-17)，每升高 4 层，为建筑内部每一办公角落都带来新鲜的空气和绿色植物。据测算，该楼的自然通风量可达 60%。三角形平面又能最大限度地接纳阳光，创造良好的视野，同时可减少对北邻建筑的遮挡。

为了防火，中庭每隔 12 层就有水平的玻璃幕墙分割(图 7-18)。这些年来，从能源的观点来看，这一方法对于使用自然通风的大楼也是行之有效的。一个不间断的中庭作为单一个烟囱，有可能拉扯空气使其快速地穿过大楼较低的楼层并在大楼顶部积聚大量需要扩散的热量。

花园玻璃幕墙顶部装有用于控制自然通风的窗户。夏天，在玻璃幕墙的底部也可以开窗。所有这些均由大楼管理系统控制。穿堂风可以从所有方向进来。花园设置了最低 5℃

的温度控制，需要时用办公室排出的空气进行加温。也为位于招待酒吧间的楼板供热，使最高温度和室外温度一样。

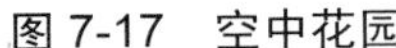

图 7-17　空中花园

图 7-18　控制雷达反射的花园斜幕墙

③ 空中花园。空中花园是塔楼的另外一个主要的设计排序手段。一座花园占据了三角形平面的一个长边，有 4 层高。在另外两个长边的办公室的工作人员除了可以透过玻璃幕墙看到城市景观外，还可以透过中庭看到空中花园。日光也可以穿透到室内。空中花园也可以成为休闲和会客的空间。

每隔 4 层花园就转到另一边，每隔 12 层楼就转移一圈(图 7-19)。花园的绿化反映了所朝向的地区，如亚洲、地中海或北美。对于商业银行的雇员来说，这些花园为其工作场所提供了额外的空间。

图 7-19　透过中庭看到空中花园

法兰克福商业银行已成为“高技派”、生态建筑和可持续性建筑的代表。它将绿色生态体系移植到了建筑内部，借助其自然景观价值成功软化了建筑的技术硬味，在视觉上与周围环境取得和谐，达到共生。同时协同机械调控系统，使建筑内部有良好的室内气候条件和较强的生物气候调节能力，创造出田园般的舒适环境。这座超高层集中式办公建筑中的自然景观，使城市高密度的生活方式与自然生态环境相融合。花园外侧面为可电控调节开启程度的双层玻璃幕墙，花园面对大厅完全敞开，根据方位种植各种植物和花草，这样既可以给建筑内的每一个办公空间都带来令人愉快和舒适的自然绿色景观，还能获得自然通风，并可使阳光最大限度地进入建筑内部，最大限度地减少不可再生能源的消耗和相对机械耗能。

(2) 生态建筑实例——赫斯特塔楼(HearsTower)。纽约又一标志性生态建筑赫斯特塔楼(图 7-20)，前身是建于1928 年的 6 层高的装饰艺术风格的石料质地旧建筑。为了符合生态建筑的发展概念，42 层的新大楼加建于旧建筑之上，由不锈钢和玻璃建成，以环保和节能为大前提，务求在减少资源浪费和水、陆、空污染之余，还能提供一个舒适的工作环境。

图 7-20　赫斯特塔楼

赫斯特塔楼的生态特征如下。

① 能量和温度自然调节。赫斯特塔楼大厅主要依靠辐射石地板来调节冷热。辐射石地板在冬季可产生热量并在夏季吸收热量。埋在地板里的管线将热水从循环系统中泵出，产生的热量可在地板上 6 英尺高的空间中形成一个舒适的空间。炎热的季节，冷水被泵出，以吸收阳光照射在地板上产生的热量。此外，大楼各层更设有感应器，精确地控制空调和照明系统。冷气温度并没有预设，而是按照实际需要自动调节的。大楼也安装了感光调节器，灯光的强弱会按自然光射入的强度来调节，当员工外出就餐时，灯就会自动关闭。

塔楼还用了多种方法调节室温，如所有窗户都用上透光不透热的涂层玻璃。穿过一个 3 层楼高的刻纹装饰的瀑布(图 7-21)，其功能是为大厅增湿并降温。

② 自然采光。大楼的窗户用的是比利时生产的涂层玻璃(图 7-22)，在将太阳热辐射屏蔽的同时起到透光的作用。内墙设计的最小化使得没有在临窗办公室工作的人也可以享受阳光。

图 7-21　电梯旁的水瀑

图 7-22　涂层玻璃的自然采光

③ 水循环利用。除了瀑布，塔楼在顶层建了一个雨水收集器，这个设计能将降雨时流进城市污水处理系统的雨水减少两成半；收集的雨水会被储存在地下室里一个 14 000 加仑的回收水箱中，用于补充办公室空调系统中蒸发的水分。这些水还被注入一个特殊的抽水系统，用于浇灌建筑物外的植物和树木以及大厅里的水雕塑“冰瀑”。

④ 最大限度的利用建材。赫斯特塔楼的斜纹格子框架比同样大小的传统框架要少用20%的钢材(图 7-23)。赫斯特选用的物料涂料和胶都不含挥发性有机化合物。另外，尽量使用能循环利用的物料，结构钢材中的 85%以上是从旧建筑拆卸的物料，正因为赫斯特塔楼的建筑物料最少有 9 成是循环再用，所以大楼用的钢材比曼哈顿区同等的办公大楼轻了两成。

(3) 生态建筑实例——马来西亚米那亚大厦。米那亚大厦(图 7-24)由马来西亚生态建筑设计师杨经文设计，15 层高的办公楼，建筑面积 10 340m^2。建筑物在内部和外部采取了双气候的处理手法，使之成为适应热带气候环境的低耗能建筑，展示了作为复杂的气候“过滤器”的写字楼建筑在设计、研究和发展方向上的风采。

图 7-23　斜纹格子框架

图 7-24　米那亚大厦

马来西亚米那亚大厦的生态特征如下。

① 自然采光和通风。反射和半反射的薄板和天窗将允许阳光在冬天透射入房间，而在夏天则被反射出去，减少建筑物的能源消耗。双面照明和人工照明将以高效灯具和装置为基础，由一个调光系统控制，能根据室内的实际照明需要，并结合天然照明度来调整灯光强度。房间无人时，控制系统将自动关灯。屋顶露台由钢和铝的支架结构所覆盖，它同时为屋顶游泳池及顶层体育馆的曲屋顶(远期有安装太阳能电池的可能性)提供遮阳和自然采光(图 7-25)。

大厦的中庭设计，使新鲜空气能通过建筑的过渡空间。同时，每层办公室都设有外阳台和通高的推拉玻璃门以便控制自然通风的程度，所有电梯和卫生间都是自然采光和通风。

② 低能耗。HVAC(暖气、通风和空调)系统：舒适的暖气条件由主通风(通过一个置换通风系统)和辐射天花板系统提供。曲面玻璃墙在南北两面为建筑调整日辐射的热量。轻质辐射天花板可令冬天气温较高，夏天较低，从而减少能耗；而且当房间里的人很少或无人

时，感应器可调节气流和天花板温度，避免不必要的能耗。和其他同等体积的建筑相比，它的设计可以节能 70%(图 7-26)。

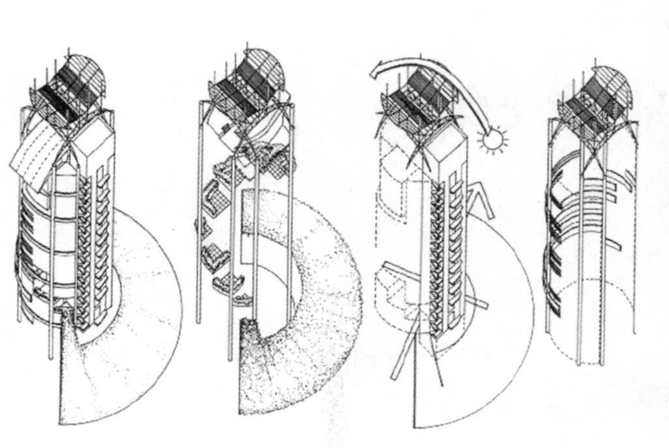

图 7-25 反射和半反射的薄板和天窗

图 7-26 曲面玻璃墙

③ 空中花园。平面中每 3 层凹进一次，设置空中花园，从一个 3 层高的植物绿化护堤开始，沿建筑表面螺旋上升，直至建筑屋顶。空中花园中各种绿化种植为建筑提供阴影和富氧环境空间。

3．住宅建筑

(1) 生态建筑实例——诺亚。Ahearn Schopfer 事务所的负责人 Kevin Schopfer 开发了一种专门用于新奥尔良的生态居住项目(图 7-27)。这个非同寻常的方案是与专门研发视觉和计算机显示的 Tangram 3DS 公司一起研制的。名为“诺亚”——新奥尔良生态住宅区(NOAH：New Or Leans Arcology Habitat)的工程，其理念在于把生态性与密集的城市环境结合起来，也就是建造“生态城市”。设计占地 30000 平方英尺(约 $2.8km^2$)，能容纳 4 万人居住，预计建造 2 万套住宅，3 家旅馆和 1500 个分时度假单元。不仅为居民提供零信商场、8000 个停车位，还提供了学校、市政设施，以及卫生保健等一站式服务设施。

图 7-27 “诺亚”——新奥尔良生态住宅区

“诺亚”的生态特征如下。

① 三角性的稳定结构。三角形是具有内在的最稳定的结构框架。该建筑采用 3 个三角形结构的类似金字塔结构的，整个框架全部采用全不锈钢和中空结构(图 7-28)。每个三角形是一个“开放的”框架结构，划分为 3 个独立的“塔诺亚”，然后汇合于顶部。这样一个开放式结构的目的是为了顶抗恶劣天气和飓风的破坏力。

飓风曾经给这座密西西比河边的城市带来惨重的灾难，Ahearn Schopfer 事务所在为新奥尔良重建设计的时候，就考虑到尽可能全面地满足居民的需要，因为修造这座建筑的目的是抵御飓风的侵袭。诺亚的地基可以浮动，主体结构是中空式的，这样的设计使飓风无论从哪个方向袭击都可以将对建筑的破坏减小到最低(图 7-29)。

图 7-28 “诺亚”——三角形结构最大限度地增强建筑的稳固性

图 7-29 “诺亚”——浮动在海上的浮动建筑

② 自然能源。整个建筑外立面覆盖的是太阳能电池板，充分利用太阳能来供应整个建筑的电力系统(图 7-30)。除了利用太阳能，大厦还将充分利用其他绿色能源，如水力发电和风力发电等。这样整个建筑对环境的负担减少到最低，成为标准的一个具有低耗能高能源的生态住宅。

图 7-30 建筑外立面覆盖的太阳能玻璃幕墙

③ 空中花园。人与自然的共生是现代城市住宅发展的必然方向，而节能、可自我循环、完善的生态系统是城市住宅生态设计的基础。在“诺亚”生态设计中，空中花园将被插入到 3 个主塔的每 30 层。太阳能的玻璃幕墙和建筑内的生态环境进行能源交换，不仅增加绿化面积，而且给居民提供了休憩、交流的空间。据统计，空中花园的设计可以使建筑的温度降低 0.5～2℃。

其他的生态设计还有淡水再利用和储存系统、空中公园加热和制冷管道、污水自我循环处理等。这里将成为真正可持续发展的典型生态住宅。

(2) 生态建筑实例——EDITT Tower。这是一栋设计在新加坡建筑的新形态环保大楼(图 7-31)，它的名字是“EDITT Tower”(Ecological Design In The Tropics)——热带生态设计大厦，这栋建筑物是新加坡国立大学(National University of Singapore)发起修建并由马来西亚生态建筑设计大师杨经文设计完成的。据悉，EDITT Tower 四周由太阳能板、热带植物和收集雨水以实现植物灌溉、冲洗厕所等目的的水源系统组成。此外，整座大楼的 39.7%能源需求可依靠太阳能供应。

EDITT Tower 的生态特征如下。

① 自然能源。这栋大厦 26 层楼高，最引以为豪的就是整个建筑具有 855 m^2 的太阳能板面积，可以收集太阳能提供整个建筑物 39.7%的能源。另外还有有生物瓦斯(biogas)的生产系统，将排泄物经由细菌作用产生瓦斯与肥料，用于照明、供热系统以及植物施肥系统等(图 7-32)。

图 7-31 “EDITT Tower”(Ecological Design In The Tropics)

图 7-32 自然生态的 EDITT Tower

② 水循环的利用。由于它位于经常降下暴雨的城市之中，所以它也具有收集雨水与家庭废水的设计，用来灌溉大楼周边的绿色植物与作为马桶冲水之用，整栋大楼约有 55%的用水使用雨水和废水，十分节省水力。

③ 生态植物的多样性。该大厦的绿色空间与居住面积比例为 1∶2，其生态设计中重要的一点是植物大面积应用(图 7-33)，之所以如此设计是为了增加它的生物多样性，并借此可恢复当地的生态系统，增进绿化便是对周边建筑中植物习性的观测，这样才能确保所选植物与建筑能够和谐共存，而不至于与本土植物抢养分。大楼四周也种满了植物作为隔热墙之用。EDITT Tower 的四周几乎都被有机植物所包围，它可经由斜坡连接上面的楼层与下面的街道(图 7-34)。

图 7-33 EDITT Tower 的生态多样性

图 7-34 平面图(附设咖啡吧等休闲场所)

(3) 生态建筑实例——加拿大绿色 Benny Farm。加拿大绿色 Benny Farm 是一个旧区改造项目(图 7-35 至图 7-37)，该小区在能源和生态方面的设计，获得 North American Holcim Awards 金奖，并且入围全球 15 个最佳项目之一。

图 7-35　加拿大绿色 Benny Farm

图 7-36　Benny Farm 新建筑采用原建筑拆除下来旧砖

图 7-37　住宅品种的多样性

Benny Farm 原来是一个农场。20 世纪 40 年代，用来安置参加第二次世界大战的退伍军人家庭。半个多世纪以来，这个社区经历了发展、成熟和老化的过程(图 7-38)。1999 年，加拿大土地公司(CLC，另一国营公司)与当地很多居民组织组建了一个 Benny Farm 圆桌会议来讨论住宅和社会发展方案。它的规划原则是建设一个“多元化”的社区，使各种收入阶层的人和谐相处，包括多种形式的廉租住宅，并把生态和绿色的概念应用到建筑和景观设计当中。

Benny Farm 社区的改造，不是全部重建，而是延续了该地区传统的特色，保留了相当多的原有现代主义风格的公寓，仅对其住宅保暖和通风性能等进行改造，以提高舒适性。严格控制建筑高度，主要新建筑的高度为 3 层，少数 6 层建筑则布置在社区外围，原有住宅被布置在相对比较安静的区域。保留现有的社区花园，保护现有的成熟的大树，以创建比较好的公共和私人空间的过渡等。

Benny Farm 的生态特性如下。

① 新鲜空气。住宅使用高能效纤维玻璃和可调节窗框结构(图 7-39)，便于自然通风换气。改造后的建筑配备热能回收通风装置和连接到地热供暖系统的螺旋管通道。新建住宅的空气也可以通过太阳能墙板和热能传输设备在循环装置中流通，即使室外温度仅有-10℃，几种节能系统同时使用可以节约 92%的能量。

图 7-38　半个世纪前的住宅已经老化

图 7-39　高能效纤维玻璃和可调节窗框

② 水系统。为了更好地评估用户端水处理系统的长期策略，规划中的供水基础设施将分期逐步实现。其目的在于最大限度地利用水资源并节约水的消耗。小区的雨水和污水系统，也从生态设计的角度，考虑了水的循环使用。屋顶花园的绿色植被的蓄水总量虽然会因为蒸发而下降，但是新的水系统设备将用于屋顶的浅表皮植被的灌溉，渗透层仍会将储存下来的雨水通过渗透管道输送回地下水源中。渗透层和渗透面以及周围的地面都可以确保基地表面的全部水分都能直接回渗到地下水系统(图 7-40)。

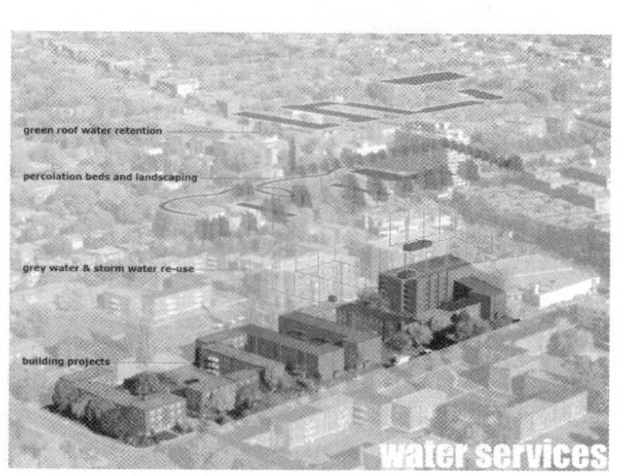

图 7-40　水系统

③ 能源循环使用。建设中将太阳能和地热技术运用在原有建筑和新建筑中，以有效利用太阳能和减少能源消耗。结合太阳能混合能源、热泵和高效能替代燃料的设计，经测试之后得到“与能效 0.9 的燃料相比，来自再生能源材料可节约 40%～50%”。原有住宅的供热系统工作情况良好，其中 75%的设备都可以维修后重复使用。从环境保护和历史延续的角度考虑，新的建筑使用了原有建筑被拆除的建材。另外原有的散热器与地热能源的合理使用能让各个房间拥有良好的舒适度，同时高效节能(图 7-41 至图 7-44)。

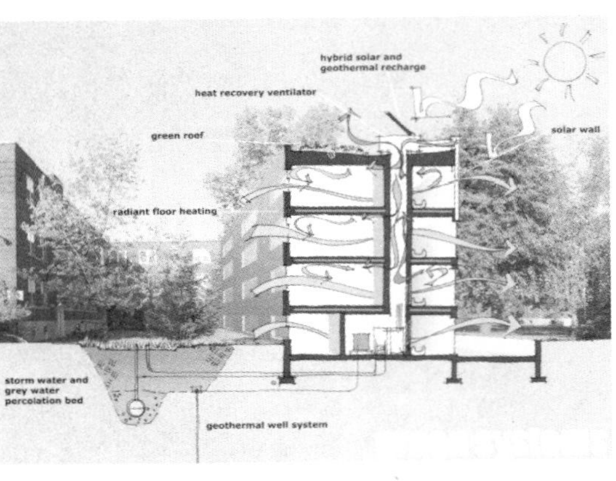

图 7-41　节能系统

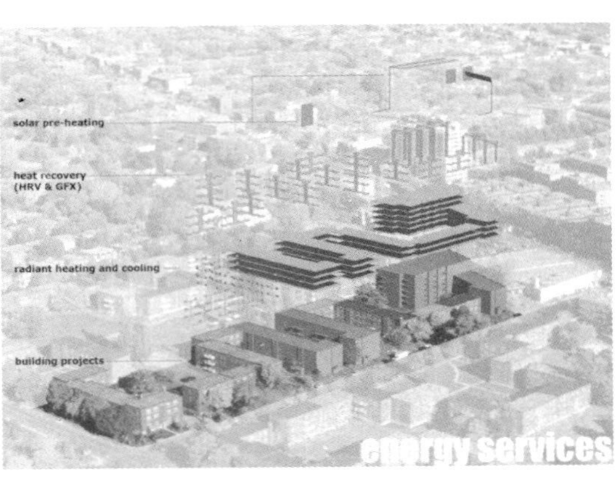

图 7-42　能源系统

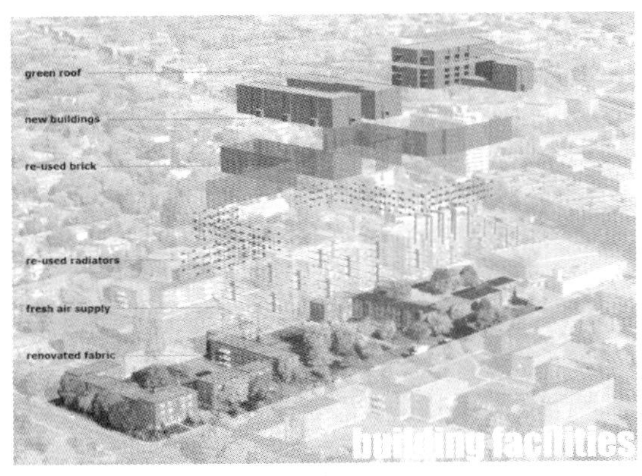

图 7-43　建筑设备

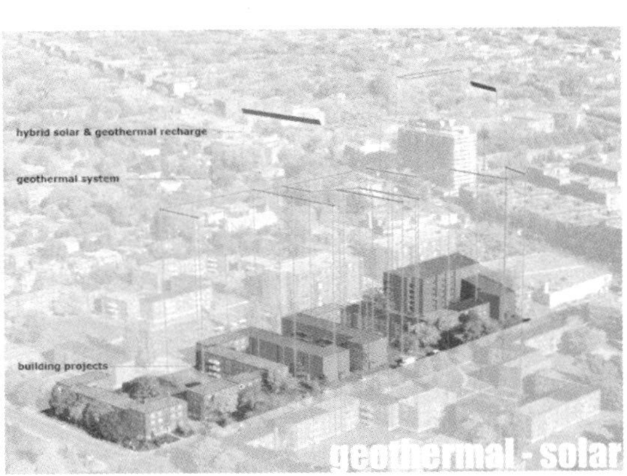

图 7-44　地热及太阳能

4．中国传统民居

(1) 中国传统民居实例——四合院。中国汉族地区传统民居的主流是规整式住宅，以采取中轴对称方式布局的北京四合院为典型代表(图 7-45)。北京四合院分前后两院，居中的正房体制最为尊崇，是举行家庭礼仪、接见尊贵宾客的地方，各幢房屋朝向院内，以游廊相连接。北京四合院虽是中国封建社会宗法观念和家庭制度在居住建筑上的具体表现，但庭院方阔，尺度合宜，宁静亲切，花木井然，是十分理想的室外生活空间。华北、东北地区的民居大多是这种宽敞的庭院。

图 7-45　北京四合院

北京四合院是老北京人世代居住的主要建筑，是中国传统居住建筑的典范。它有宽绰疏朗、起居方便的中心院落，这种相对封闭的居住方式不但有着高度的私密性，也强调了人与自然的和谐。北京四合院的建筑格局和空间构成也体现了以家长为中心的封建家庭秩序，规整中有变化，变化中有秩序的建筑风格，既反映了东方文化的传统哲学，也充满了一种群体的和谐与平衡。

北京四合院亲切宁静，有浓厚的生活气息，庭院方阔，尺度合宜，院中莳花置石，一般种植海棠树，列石榴盆景，以大缸养金鱼，寓意吉利，是十分理想的室外生活空间，好比一座露天的大起居室，把天地拉近人心，最为人们所钟情。遇婚丧大事可在院内临时搭建大棚，以待宾客。抄手游廊把庭院分成几个大小空间，但分而不隔，互相渗透，增加了层次的虚实映衬和光影对比，也使得庭院更符合人的日常生活尺度；家庭成员在这里交流，为创造亲切的生活情趣起了很大作用(图 7-46)。

北京四合院典型代表之一是恭王府(图 7-47)。恭王府位于前海西街，是清代规模最大的一座王府，也是至今保存最好的一座王府，恭王府有府邸和恭王府花园两部分，南北长约 330m，东西宽 180m，占地面积 61 120m^2，其中府邸 32 260m^2，花园 28 860m^2。府邸内建筑以严格的中轴对称构成三路多进四合院，布局规整；花园又称敬萃锦园，园内环山衔水，景致变幻无穷。整座建筑规模宏大，园林精巧，既体现了王府建筑规制，又有其自身特色。

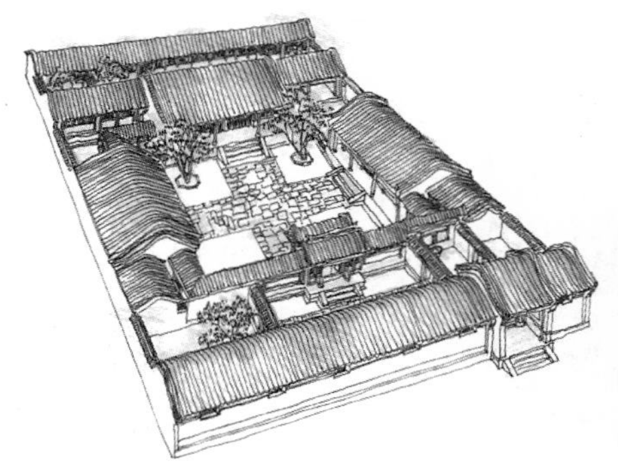

图 7-46　北京四合院的轴式图

图 7-47　恭王府

概括起来，恭王府中能体现出的生态设计主要有以下 4 个方面。

① 地面的铺设有很好的雨水收集功能。王府中所有的地面都极为细致而周全地设计了能让降落的雨水自动流向路边绿地和树坑的雨水通道。因此在恭王府，即使现在也能看到“雨天不湿脚，绿地不用浇”的高水平雨水利用方式(图 7-48)。

② 园中栽种的植被高度模拟了自然的多样性和本土化。在府中“曲径通幽”的山上，树丛茂密，杂植百草。这为王府的人居环境创造了独特的自然景观，也为生活在王府中的鸟、虫、蛙甚至小型哺乳动物营造了栖息环境(图 7-49)。

图 7-48　恭王府中的地面

图 7-49　恭王府生态多样性

③ 王府的修建多处体现着“一物多用，尽量减少产生建筑废物”的思想。比如铺设屋顶的普通瓦片成了修建墙体、铺设地面花纹和给绿地建围边的材料，既简单又美观。另外，王府中的各类台阶几乎是直接利用石材天然形状建成的，这就大大减少了加工石材的消耗。王府花园周边的小山地带，是利用修建花园时挖出的土方堆建而成的，这些人造山地上遍植树木和灌草，不仅为王府建造出了“曲径通幽”的景观，也提供了挡风吸噪的功能(图 7-50)。

④ 王府中的山体、墙体和主要种植的落叶型大树(图 7-51)，能很好地帮助王府中的建筑物冬季御寒、夏季降温，起到节约能源的功效。

图 7-50　人造山地上遍植树木

图 7-51　银杏

(2) 窑洞建筑实例——姜氏庄园。窑洞建筑是广大黄土地区一种民间广泛采用的民居形式，是一种朴素的生态建筑观点(图 7-52)。当地居民在天然土壁内开凿横洞，并常将数洞相连，在洞内加砌砖石，建造窑洞。窑洞建筑本身不仅具有冬暖夏凉的优点，还有节约土地和保护生态的功能。窑洞建筑有冬暖夏凉、恒温恒湿、节能高效、适应气候、满足人类居住要求等特征，是因地制宜的完美建筑形式，这是现代建筑所无法比拟的，当然传统土窑洞难于克服的缺点是通风不好、光照度差、易于霉变等。

图 7-52 窑洞建筑

姜氏庄园位于米脂县城东南 16km 桥河岔乡，由该村首富姜耀祖请北京专家设计，招聚县内能工巧匠兴建而成。同治十三年(1874 年)动土，光绪十二年(1886)竣工，前后用了 13 年的时间。庄园背靠群山，面迎绿水，依山就势，雄浑奇特，整个古建筑占地 40 余亩，是我国最大的城堡式窑洞庄园(图 7-53、图 7-54)。

图 7-53 姜氏庄园

图 7-54 主人家的主卧室

整个庄园由山脚至山顶，可分 3 部分：第一层是下院，前部以块石垒砌高达 9.5m 的寨墙(图 7-55)，上部筑女墙，犹若城垣，首当庄园前冲。沿第一层西南侧道路穿洞门达二层，即中院。院西南由耸立高约 8m、长 10 余米的寨墙将庄园围住，并留有通后山的门洞，上有“保障”二字石刻。正中建门楼，沿石级踏步到第三层，第三层即上院，是全建筑的主宅，坐东北向西南，正面一线 5 孔石窑；两侧分置对称双院，倒座正中即入院门楼，东西两端分设拱形小门洞，西去厕所，东侧下书院。通向庄园的条石甬道如图 7-56 所示。

图 7-55　高高的寨墙

图 7-56　通向庄园的条石甬道

庄园水房(图 7-57、图 7-58)内有 33m 深的水井，至今活水不断。水井右侧有一个白石砌的大水槽，打上井水后倒入这里蓄水。紧靠蓄水池又是一个较小较浅的水槽，是洗衣之处。

图 7-57　庄园水房(一)

图 7-58　庄园水房(二)

庄园里还有过去用的“土冰箱”(图 7-59)，夏天的时候在里面放上许多冰块(冬天存的)，便可以让食物保持新鲜。

(3) 泥土建筑实例——客家围屋。在闽南、粤北和桂北的客家人常居住大型集团住宅，其平面有圆有方，由中心部位的单层建筑厅堂和周围的四五层楼房组成，这种建筑的防御性很强，以福建永定县客家土楼为代表。

福建土楼(图 7-60)用当地的生土、砂石、木片建成单屋，继而连成大屋，进而垒起厚重封闭的“抵御性”的城堡式建筑住宅——土楼。土楼具有坚固性、安全性、封闭性和强烈的宗族特性。楼内凿有水井，备有粮仓，如遇战乱、匪盗，大门一关，自成一体，万一被围也可数月之内粮水不断。加上冬暖夏凉、防震抗风的特点，土楼成了客家人代代相袭，繁衍生息的住宅。

图 7-59 姜氏庄园的“土冰箱”

图 7-60 福建土楼

土做的建筑材料有利于循环使用，是最为环保的建材。当今生态建筑研究方向中许多建筑师正关注于生土建筑研究。建筑师戈纳特·明克(Gernot Minke)认为，生土建筑具有恒定的 50%的相对湿度，即正常的呼吸系统所需的适宜程度，在长达 8 年多的时间里，他在自己的土住宅中持续监测，结果表明常年相对湿度仅在 5%的范围内变动。如果生土建筑破旧毁弃，土墙会坍塌变成泥土，回复它原来的样子，循环也就自然完成了。

福建土楼所在的闽西南山区，正是福佬与客家民系的交汇处，地势险峻，人烟稀少，一度野兽出没，盗匪四起。聚族而居既是根深蒂固的中原儒家传统观念的要求，更是聚集力量、共御外敌的现实需要使然。福建土楼依山就势，布局合理，吸收了中国传统建筑规划的“风水”理念，适应聚族而居的生活和防御的要求，巧妙地利用了山间狭小的平地和当地的生土、木材、鹅卵石等建筑材料，是一种自成体系，具有节约、坚固、防御性强的特点，是极富美感的生土高层建筑类型。这些独一无二的山区民居建筑，将源远流长的生土夯筑技术推向极致。

据史料记载，一次震级测定为 7 级的地震使永定环极楼墙体震裂 20cm，然而它却能自行复合。这足见土楼的坚韧。“土楼是原始的生态型的绿色建筑”，土楼冬暖夏凉，就地取材，循环利用，以最原始的形态全面体现了人们今天所追求的绿色建筑的“最新理念与最高境界”。

土楼以土石夯筑，从古代至近代一直是客家人自卫防御的坚固楼堡。除防御功能外，土楼还有防火、防震、防兽和通风采光等作用，而且冬暖夏凉，是一种独具特色的建筑。2008 年 7 月，福建永定客家土楼群落中的初溪土楼群、洪坑土楼群、高北土楼群、振福楼、衍香楼等被列入《世界文化遗产名录》，让永定土楼更受世人关注。

福建初溪土楼群形成于公元 13 世纪，依山就势，错落有致，按风水理念布局，与大自然融为一体(图 7-61)。

图 7-61 福建永定初溪土楼群

振成楼位于湖坑乡洪坑村，号称土楼王子(图 7-62)。建于 1912 年，占地 5000m²，悬山顶抬梁式构架，分内外两圈，外圈 4 层，每层 48 间，按八卦形设计，每卦 6 间，一楼梯为一个单元(图 7-63)。卦与卦之间筑防火墙，以拱门相通。振成楼的祖堂是一个舞台，台前立有 4 根周长近 2m、高近 7m 的大石柱，舞台两侧上下两层 30 个房圈成一个内圈，二层廊道精致的铸铁花格栏杆，是从上海运到此楼嵌制的。大厅里门楣上有民国初年黎元洪大总统的题字。楼内还有永久性楹联及题词二十余幅，充分展示了土楼文化的内涵。全楼的设施布局既有苏州园林的印迹，又有古希腊建筑的特点。

图 7-62　福建土楼——振成楼

图 7-63　振成楼内建筑风格的多样化

承启楼坐落在高头乡高北村西北部(图 7-64)。据族谱记载，该楼始建于明崇祯年间(1628—1644 年)，而后依次建造第二、第三环和第四环，清康熙四十八年(1709 年)落成。圆形土楼，坐北朝南，占地 5376.17m²(图 7-65)。全楼由 4 圈同心环形建筑组合而成，两面坡瓦屋顶，穿斗、抬梁混合式木构架，内通廊式。

图 7-64　“土楼王”之称的承启楼

图 7-65　承启楼为环数最多、规模最大的客家圆形土楼

承启楼外环为主楼，土木结构，高 4 层，直径 73m。底层墙厚 1.5m，四层墙厚 0.9m。底层和二层不开窗，底层为厨房，二层为粮仓，三、四层为卧室。每层 72 开间，含门厅、梯间。除外墙、门厅和梯间的墙体以生土夯筑之外，厨房、卧室的隔墙均以土坯砖砌成。底层内通廊宽 1.65m。二层以上挑梁向圆心延伸 1m 左右，构筑略低于栏杆的屋檐，屋檐下用杉木板按房间数分隔成一个个小储藏室；屋檐以青瓦盖面，上面可用于晾晒农作物。东、西面各有两道楼梯。第二环与第三环之间的东面和西南面的天井各有一口水井，俗称阴阳井，各代表阳、阴，大小、深浅、水温、水质各不相同。因夯筑该楼外环土墙时，天公作美，土墙未受雨水淋蚀，故又名“天助楼”。

集庆楼坐落在初溪村北面溪边，海拔 500 多米，高出溪面约 30m，地势险要。圆形土楼，两环，建于明永乐年间(1403—1424年)，坐南朝北，占地2 826m^2。外环土木结构，直径66m，高4层(图7-66)。底层53开间，二层以上每层56开间。底层墙厚1.6m，无石砌墙基，后人在墙外表用鹅卵石加砌1m高的石墙贴面，以防土墙被屋檐水溅湿。建楼时只设一道比其他土楼宽敞的楼梯，位于门厅东侧，通至4层。底层为厨房，底层、二层不开窗，二层为粮仓，3层以上为卧室。楼门为石质门框，厚实的门扇封铁板，上方设防火水槽，可有效防止火攻(图7-67)。

图7-66　外环土墙

图7-67　历史最久的土楼——集庆楼

深远楼地处永定古竹乡井头村，是客家土楼中最大的一座，直径达80m之巨，置身其中宛如在一座城堡之中，让人叹为观止。楼里3圈，直径80m，周长250m，外圈4层，房子260间；中圈二层，房子60间；里圈一层，房子8间。共有房子328间，里面住着80房500人(图7-68)。

(4) 竹木建筑——傣族人居住的竹楼。中国传统如云南景洪西双版纳地区傣族人居住的竹楼(图7-69至图7-72)，是一种完备的干阑式住宅。多采用歇山屋顶，脊短坡陡，出檐深远，四周并建偏厦，构成重檐，防止烈日照射，使整栋房屋的室内空间都笼罩在浓密的阴影中，以降低室温。灵活多变的建筑体型、轮廓丰富的歇山屋顶、遮蔽烈日的偏厦、通透的架空层和前廊，在取得良好的通风遮阳效果的同时，形成强烈的虚实、明暗、轻重对比，建筑风格轻盈、通透、纤巧。

图7-68　深远楼——最大的圆楼

图7-69　傣族人居住的竹楼

傣族人多居住在山岭间的平坝地，常年无雪而雨量充足，年平均气温达 21℃，没有四季的区别，只有雨季与旱季的不同。当地盛产竹材，建筑也就地取材，粗竹做房屋骨架，竹编篾子做墙体，楼板或用木板或用竹篾，屋顶铺草。底层架空，供饲养牲畜与堆放杂物。堂屋外有开敞的前廊和晒台。架空层防潮湿，利于通风散热，又避免虫兽侵袭。由于这里雨量集中，易引发洪水，架空竹楼利于洪水通过。前廊开敞有顶，形成大片阴影使下部房间阴凉。带缝的木楼板使底部较为阴凉的室外空气渗透到室内。空气自然流动带走热量。

现在，随着生产的发展，人民生活水平的提高，建房材料已发展为木、砖、瓦顶结构(只有少数是竹木、茅草顶结构)。虽然建筑材料不一样了，但建筑形式仍然保持了竹楼的特征。所以竹楼这一称呼就一直沿袭下来，成为一种专称。

村寨里的每一户都用竹篱围成单独的院落，院内种植热带果木。房屋多用竹子建造，所以称为“竹楼”。竹楼平面近方形，为了通风散热和防潮，底层架空，用来饲养牲畜和堆放杂物。从木楼梯登上前廊，是进入室内的过渡空间，前廊有顶，周围以栏杆围合，空气流通，光线良好，是主人待客、纳凉和日常活动的地方。外有露天的晒台，用来存放水罐、晾晒衣物。室内是堂屋和卧室，堂屋内设火塘，煮饭烧茶，供一家人团聚。

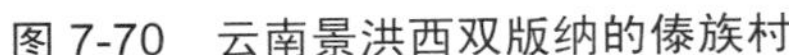

图 7-70　云南景洪西双版纳的傣族村

图 7-71　傣族竹楼院落

傣族至今居住干阑式建筑，其生态性主要是①防潮湿：气候炎热，潮湿多雨，架空楼房，利于通风散湿，较为干燥；②利散热通风：气候本已炎热，又在室内设火塘炊事，墙壁楼板等用竹篾或木板，均有较大缝隙，可散热排烟，通风良好；③避虫兽：西双版纳森林丰茂，野生动物甚多，危害人类，楼居较为安全；④避洪水：傣族住于坝区，每年雨量集中，常遇洪水泛滥，楼下架空，利于洪水通过，可减少危险。

(5) 水系建筑——徽州民居。中国传统文化崇尚自然，即“天人合一”的哲学观，认为人与自然是不可分割的整体。其中的风水理论寻求天、地、人之间最完美和谐的环境组合，体现了原始的生态观，其合理之处与现代生态建筑设计理念不谋而合。徽州民居无论是村落，还是单座民居，选址模式和生态理念都非常讲究。传统徽州古村落中典型的模式为“负阴抱阳，背山面水”(图 7-73)。背山可以挡住冬季北方的寒流，面水可以接受夏季东南的凉风，向阳可以获得良好的日照，近水可以提供足够的饮用水及农田用水，既使交通便利，又利于排除雨雪积水，同时改善了视觉的封闭感，使建筑层次优美，利于形成良性的生态循环。

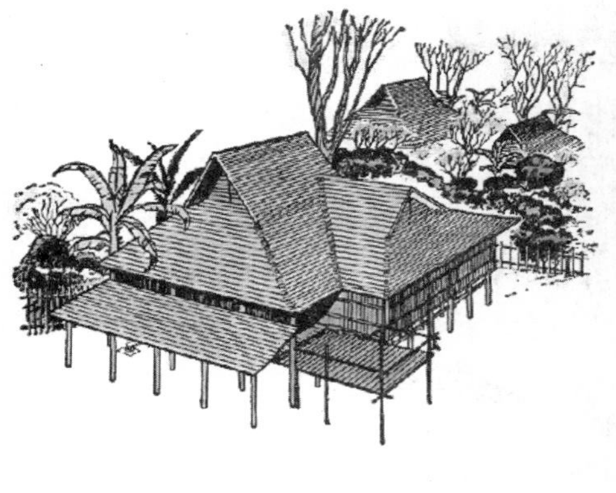

图 7-72　傣族竹楼的轴视图

图 7-73　徽州村落背山面水

为节约用水，德国许多城市都规定雨水必须收集利用。在德国生态村，几乎所有住宅的屋檐下都安装半圆形的檐沟和雨落管，小心翼翼地收集着屋面的雨水。收集起来的雨水用途很广，有的用来冲洗厕所，有的用来浇灌绿地，也有的将雨水引入渗水池补充地下水。同样的做法早已出现在中国南方天井院式住宅中。这种院落结构流行于江苏、浙江、安徽、江西一带。一般正对大门入口，里面就有一口天井，天井是住宅的中心，各屋都向天井排水，当地人称之为“四水归堂”，有财不外流的寓意，具有典型的生态特征(图 7-74)。

① 水系设计。水系设计是徽州民居的特色之一(图 7-75)。民居依山傍水而聚，顺应地势建造村落，利用山势的坡度，造成水系的落差，溪水常年流动，建筑与水系一静一动。人工水系网络既有利于生活、生产，也便于防火、调节小气候、净化空气、美化环境，极具生态功能。徽州古民居独具特色的天井也与水系密切相关，既利于污水排走，又能收集雨水。

图 7-74 “天井”——四水归堂

图 7-75　环绕民居的水系设计

② 遮阳。徽州民居夏天很凉快，这是到过皖南的人的共识。这与贯穿整个徽州古民居的遮阳设计是分不开的。从整体的规划到单体的设计，遮阳都是很重要的环节。徽州传统村落中的街巷和民居中的天井，除了解决交通、组织通风和排水以外，还起到遮阳的作用(图 7-76)。

在徽州民居的平面布局中，天井一般位于门堂之间，是建筑的中心，为了减少太阳辐射，采用东西横向的布局。天井的面积不是很大，而且四周房屋都挑檐，使得室内天井南北向的空间断面的宽高比约为2∶5。徽州传统村落的街大多为东西向，宽度仅为2m左右，俗称六尺巷。街两侧店铺檐口的高度约为5m，故其空间断面的宽高比也约为2∶5。走在徽州传统村落的街道空间里，如同走在放大放长了的天井里一样。它们都正好适合皖南所处地理纬度的太阳高度角的变化：夏天的太阳，只晒到店门口和房间前的檐住脚为止，而冬天却让太阳能照到店堂内。徽州村落中的巷，多为南北向，比街更窄，仅1 m左右。而两侧民居的山墙却高达6～8m，巷子横断面的宽高比约为1∶7.5，几乎挡尽了东西晒的太阳(图7-77)。只有在山墙顶以下1m多的墙面上能看到东西方向升落的阳光。而这部分却是不住人的阁楼。人走在巷子里，除正午时分外，都是在阴影里行走，因此很阴凉。

图7-76　天井还可以遮阳

图7-77　高高的马头墙挡去不少阳光

③ 采光。因为整体规划中遮阳的需求，徽州村落中的巷子很窄，所以前后两幢房子的间距很小，而且民居的山墙都很高大。另外徽州人受儒家思想影响很深，常年在家的多为妇女和老人，因而对私密性要求很高，再加上安全性的考虑，徽州民居的外墙上几乎不开窗或者开很小的窗，所以徽州民居中特殊形式的天井担当起了采光的大任。然而天井的面积并不大，其长度相对于正房中央开间，宽度只有厢房开间的大小。再加上为了遮阳而四面挑出的屋檐，天井真正露天的部分只是很窄的一条缝了。清朝时期的徽州民居，一层多为大堂和辅助空间，二层才是居住空间。二层采光的缺陷成为了徽州民居中的一个遗憾(见7-78)。

④ 自然通风。通常人们认为夏季良好的穿堂风是徽州民居保持凉爽舒适的主要原因。但是，整体规划中紧凑式单体的密集排列方式，单体中以天井为中心的徽州民居平面布局，加上高大无窗的外墙，使得风压通风(也就是穿堂风) 并没有那么明显(图7-79)。事实上，由于良好的遮阳设计，以及很好的外围护结构隔热设置，徽州民居在夏季白天的时候，室外温度高于室内温度，这时通风会把热风带入，从而使室内环境变得更加恶劣。在徽州民居的通风设计中，热压通风更受重视。正是由于“一”字形天井的存在，以及良好的遮阳防晒设计，使得天井与其他地方存在空气密度差，从而可有效地利用热压原理把凉风带入室内。白天室外空气温度高于室内空气温度，整个建筑较难形成热压通风，同时受村落规划布局影响，通风不畅。而到了晚上，室外温度低于室内温度时，热压通风的作用就很明显了。

图 7-78　天井采光

图 7-79　高墙深巷

5．替代建筑

(1) 秸秆建筑。秆建造技术在一个世纪之前发源于北美。秸秆作为建筑材料及其相关工艺从单纯的生态研究领域问题开始扩充，逐渐相关的国际组织与论坛也开始吸引主流建筑师和工程师的参与。秸秆属可再生资源，可直接减少社会发展对木材的消耗量，且具备极佳的隔热性能，可有效降低建筑物发生火灾的频率和波及范围。其价格低廉、易于使用的特点非常适合自建房屋者，而对于大尺度结构，则可采用木制框架填充秸秆的修建技术。

据建设部统计：①红砖每年耗土地约 100 万亩，其中毁田烧砖 2 万亩，而且耕地废弃，不可再；②全国砖瓦厂 11 万个，占地 600 多万亩；③土烧砖每年产量 7000 亿块，耗能 6000 万吨标煤，占全国总耗能量的 15%；④严重污染环境，土地为不可再生资源，一块土烧砖，万亩高产田，烧砖毁田，触目惊心。鉴于此，国家颁布法令，强行取缔实心黏土砖瓦厂。

秸秆建材采用的材料尽可能少用天然资源，多用甚至全部使用农、林业废弃物，既节约生产能耗，又节约建筑使用能耗；秸秆建材既不毁田取土做原料，又保护耕地；秸秆建材在生产中不排放废气、废水、废渣等三废污染；减少噪声，使用中无毒、无味、无辐射；秸秆建材轻质、高强、防火、保温、隔音、耐水耐酸碱、抗老化、防虫蛀；秸秆建材使用寿命与水泥相同，且可再生使用而不污染环境。

秸秆建筑材料被誉为生态建材。这种秸秆绿色生态建材在美国、法国等欧美发达国家已应用二十多年，现风靡世界各地，长盛不衰，有的国家秸秆应用于建材高达 80%，秸秆建材被各国誉为新世纪高科技绿色环保生态建材。随着我国建材绿色进程的推进，近五六年来，秸秆生态建材应用迅速推广，成为建材产业领域最火热的产品。

哈尼族民居建筑作为一种民族特色的物质文化遗产已经被传承了近千年，然而目前由于文化上趋于大同以及地方经济的发展，各种形式的现代砖瓦建筑在逐步取代这些特色民居，导致了地方建筑文化的消失，以及对传统自然人居环境的破坏。秸秆作为一种建筑材料已经被使用了相当长的时间，在节能、经济、环保等多方面都具有其独特的优势，在哈尼族民居建筑的可持续更新过程中，它具有十分重要的使用价值与应用前景。

(2) 太阳能建筑。住宅作为人类生活中的重要场所，在其建设与使用过程中，不可避免地需要消耗大量的能源和资源，并且随着我国经济的快速发展和人们生活水平的不断提高，住宅能耗占我国能源总消费量的比例逐年上升。我国是一个人均资源匮乏的国家。现有的资源不可能长期支撑粗放的住宅建设生产方式。目前，在国家技术政策和节能标准的推动下，节能技术正在迅速发展，节能环保意识已渐入人心，节能住宅已成潮流。如何处理好住宅建设与资源短缺之间的矛盾，是当前住宅业发展的首要问题。本文从设计、技术、材料、检测等方面浅析如何用科学发展观推广节能住宅。

① 太阳能建筑实例——日本太阳能住房。日本三泽住宅公司开发了一种新型太阳能住房，它可满足家庭中85%的能源需求。新住宅隔热和密封性能良好，屋顶装有太阳能电池，当住宅的供电不够时，可以以民用电作为补充；当太阳能电力有富余时，还可卖给电力公司。

② 太阳能建筑实例——世界上最大的太阳能村社区：荷兰阿姆斯福特市的“Solar in Amersfoort”。阿姆斯特丹附近的“太阳能村”(位于阿姆斯福特市)是一个近年建成的以建筑节能为中心的、装机容量名列世界前茅的太阳能发电居住区，也是当今荷兰住宅建设的示范项目。太阳能利用是该项目的重点，辅以配套的建筑节能技术，达到节约能源和社区可持续发展的目标。太阳能村共有6000幢住宅、10余万人、太阳能光伏发电能力1.3兆瓦(MW)。太阳能村以两层连排住宅为主，住宅平面布局十分紧凑，面积也不大，建筑形式多样，建筑色彩明快多变，利用屋顶装置太阳能光电板，屋顶平、斜不拘一格。住区绿化结合湿地型水体，有集中、有分散。值得一提的是这里的自然水体一般不加人工修饰，即使是人工水体也尽量保留一份野趣，且利于水体自净。

③ 太阳能建筑实例——葡萄牙里斯本21世纪太阳能建筑。

④ 太阳能建筑实例——巴特·普林斯的被动式太阳能住宅及工作室。

第三节　生 态 园 林

生态园林主要是指以生态学原理为指导所建设的园林绿地系统，在这个系统中，乔木、灌木、草本、藤本植物构成的群落，种群间相互协调，有复合的层次和相宜的季相色彩，具有不同生态特性的植物能各得其所，充分利用阳光、空气、土地、养分、水分等，构成一个和谐有序、稳定的群落，它是城市园林绿化工作最高层次的体现，是人类物质和精神文明发展的必然结果。

1. 生态园林的科学内涵

(1) 艺术性原则。生态园林不是绿色植物的堆积，不是简单的返璞归真，而是各生态群落在审美基础上的艺术配置，是园林艺术的进一步发展和提高。在植物景观配置中，应遵循统一、调和、均衡、韵律4大基本原则，其原则指明了植物配置的艺术要领。植物景观设计中，植物的树形、色彩、线条、质地及比例都要有一定的差异和变化，显示多样性，但又要使它们之间保持一定相似性，形成统一感，同时注意植物间的相互联系与配合，体现调和的原则，使人感到柔和、平静、舒适和愉悦的美感。当体量、质地各异的植物进行配置时，遵循均衡的原则，使景观稳定、和谐，如一条蜿蜒曲折的园路两旁，路右侧若种植一棵高大的雪松，则邻近的左侧须植以数量较多，单株体量较小，成丛的花灌木，以求均衡。配置中有规律的变化会产生韵律感，如杭州白堤上间棵桃树间棵柳的配置，游人沿堤游赏时不会感到单调，而有韵律感的变化。

(2) 景观性原则。即应该表现出植物群落的美感，体现出科学性与艺术性的和谐。这需要人们进行植物配置时，熟练掌握各种植物材料的观赏特性和造景功能，并对整个群落的植物配置效果整体把握，根据美学原理和人们对群落的观赏要求进行合理配置，同时对所营造的植物群落的动态变化和季相景观有较强的预见性，使植物在生长周期中，“收四时之烂漫”，达到“体现无穷之态，招摇不尽之春”的效果，丰富群落美感，提高观赏价值。

(3) 生态位原则。生态位概念是指一个物种在生态系统中的功能作用以及它在时间和空间中的地位，反映了物种与物种之间、物种与环境之间的关系。在城市园林绿地建设中，应充分考虑物种的生态位特征、合理选配植物种类、避免种间直接竞争，形成结构合理、功能健全、种群稳定的复层群落结构，以利于物种间的互相补充，既充分利用环境资源，又能形成优美的景观。根据不同地域环境的特点和人们的要求，建植不同的植物群落类型，如在污染严重的工厂应选择抗性强，对污染物吸收强的植物种类；在医院、疗养院应选择具有杀菌和保健功能的种类；街道绿化要选择易成活，对水、土、肥要求不高，耐修剪、抗烟尘、树干挺直、枝叶茂密、生长迅速而健壮的树；山上绿化要选择耐旱树种，并有利于山景的衬托；水边绿化要选择耐水湿的植物，要与水景协调；等等。

(4) 生物多样性原则。根据生态学上“种类多样导致群落稳定性原理”，要使生态园林稳定、协调发展，维持城市的生态平衡，就必须充实生物的多样性。物种多样性是群落多样性的基础，它能提高群落的观赏价值，增强群落的抗逆性和韧性，有利于保持群落的稳定，避免有害生物的入侵。只有丰富的物种种类才能形成丰富多彩的群落景观，满足人们不同的审美要求；也只有多样性的物种种类，才能构建不同生态功能的植物群落，更好地发挥植物群落的景观效果和生态效果。城市绿化中可选择优良乡土树种为骨干树种，积极引入易于栽培的新品种，驯化观赏价值较高的野生物种，丰富园林植物品种，形成色彩丰富、多种多样的景观。

(5) 适地适树，因地制宜的原则。植物是生命体，每种植物都是历史发展的产物，是进化的结果，它在长期的系统发育中形成了适应环境的特性，这种特性是难以动摇的，人们要遵循这一客观规律。在适地适树、因地制宜的原则下，合理选配植物种类，避免物种间的竞争，避免种群不适应本地土壤、气候条件，借鉴本地自然环境条件下的种类组成和结构规律，把各种生态效益好的树种应用到园林建设当中去。

2. 生态园林的主要功能

(1) 调节小气候。L.J.Batten 认为：小气候主要是指从地面到十余米至 100m 高度空间内的气候，这一层正是人类生活和植物生长的区域和空间。人类的生产和生活活动、植物的生长和发育都深刻影响着小气候。植物叶面的蒸腾作用能调节气温、调节湿度、吸收太阳辐射，对改善城市小气候具有积极的作用。研究资料表明，当夏季城市气温为 27.5℃时，草坪表面温度为 20℃～24.5℃，比裸露地面低 6℃～7℃，比柏油路面低 8℃～20.5℃，而在冬季，铺有草坪的足球场表面温度则比裸露的球场表面温度提高 4℃左右。由于绿色植物具有强大的蒸腾作用，不断向空气中输送水蒸气，故可提高空气湿度。据观测，绿地的相对湿度比非绿化区高 10%～20%，行道树也能提高相对湿度 10%～20%。城市的带状绿地，如道路绿化与滨江滨湖绿地是城市的绿色通风走廊，可以将城市郊区的自然气流引入城市内部，为炎夏城市的通风创造良好条件；而在冬季，则可减低风速，发挥防风作用。

(2) 改善环境质量。① 吸收二氧化碳，放出氧气，维持碳氧平衡。有关资料表明，每公顷绿地每天能吸收 900kg CO_2，生产 600kg O_2，每公顷阔叶林在生长季节每天可吸收

1000kg CO_2，生产 750kg CO_2，供 1000 人呼吸所需要；生长良好的草坪，每公顷每小时可吸收 CO_2 15kg，而每人每小时呼出的 CO_2 约为 38g，所以在白天如有 25m^2 的草坪或 10m^2 的树林就基本可以把一个人呼出的 CO_2 吸收。可见，一般城市中每人至少应有 25m^2 的草坪或 10m^2 的树林，才能调节空气中 CO_2 和 O_2 的比例平衡，使空气保持清新。如考虑到城市中工业生产对 CO_2 和 O_2 比例平衡的影响，则绿地的指标应大于以上要求。

② 吸收有毒有害气体。污染空气和危害人体健康的有毒有害气体种类很多，主要有 SO_2、NO_x、C_{12}、HF、NH_3、Hg、Pb 等，在一定浓度下，有许多种类的植物对它们具有吸收和净化能力。有研究表明：当 SO_2 通过树林时，浓度有明显降低，每公顷柳杉林每年吸收 720kg SO_2。臭椿、夹竹桃、罗汉松、银杏、女贞、广玉兰、龙柏等都有较强的吸收能力。

③ 吸滞粉尘植物，特别是树木，对粉尘有明显的阻挡、过滤和吸附作用。由于树木有强大的树冠，叶片被毛和分泌黏性的油脂使得树木具有滞尘作用。

④ 杀菌作用。由于绿地上空粉尘少，从而减少了粘附其上的细菌；另外，还由于许多植物本身能分泌一种杀菌素，而具有杀菌能力。据法国测定，在百货商店每立方米空气中含菌量高达 400 万个，林荫道为 58 万个，公园内为 1000 个，而林区只有 55 个，林区与百货商店的空气含菌量差 7 万倍。

⑤ 衰减噪声。植物，特别是林带对防治噪声有一定的作用。据测定，40m 宽的林带可以减低噪声 10～15 分贝，30m 宽的林带可以减低噪声 6～8 分贝，4.4m 宽的绿篱可减低噪声 6 分贝。树木能减低噪声，是因为声能投射到枝叶上被反射到各个方向，造成树叶微振而使声能消耗而减弱。

(3) 美化景观、丰富建筑群体轮廓线。生态园林是美化市容，增加城市建筑艺术效果，丰富城市景观的有效措施，使建筑“锦上添花”，把城市和大自然紧密联系。

3. 生态园林的生态学原理

(1) 坚持以“生态平衡”为主导，合理布局园林绿地。系统生态平衡是生态学的一个重要原则，其含意是指处于顶极稳定状态的生态系统，此时系统内的结构与功能相互适应与协调，能量的输入和输出之间达到相对平衡，系统的整体效益最佳。在生态园林的建设中，强调绿地系统的结构和布局形式与自然地形地貌和河湖水系的协调以及与城市功能分区的关系，着眼于整个城市生态环境，合理布局，使城市绿地不仅围绕在城市四周，而且把自然引入城市之中，以维护城市的生态平衡。近年来，中国不少城市开始了城郊结合、森林园林结合、扩大城市绿地面积、走生态大园林道路的探索，如北京、天津、合肥、南京、深圳等。

(2) 遵从“生态位”原则，搞好植物配置。城市园林绿化植物的选配，实际上取决于生态位的配置，直接关系到园林绿地系统景观审美价值的高低和综合功能的发挥。生态位概念是指一个物种在生态系统中的功能作用以及它在时间和空间中的地位，反映了物种与物种之间、物种与环境之间的关系。在城市园林绿地建设中，应充分考虑物种的生态特征、合理选配植物种类、避免种间直接竞争，形成结构合理、功能健全、种群稳定的复层群落结构，以利于物种间的互相补充，既充分利用环境资源，又能形成优美的景观。在特定的城市生态环境条件下，应将抗污吸污、抗旱耐寒，耐贫瘠、抗病虫害、耐粗放管理等作为植物选择的标准。如在上海地区的园林绿化植物中，槭树、马尾松等生长状况不良，不宜大面积种植；而水杉、池杉、落羽杉、女贞、广玉兰、棕榈等适应性好、长势优良，可以作为绿化的主要种类。在绿化建设中，可以利用不同物种在空间、时间和营养生态位上的差异来配置植物。如杭州植物园的槭树、杜鹃园就是这样配置的。槭树树干直立高大、根深叶茂，可吸收群落上层较强的直射光和较深层土壤中的矿质养分；杜鹃是林下灌木，只吸收林下较弱的散射光和较浅层土中的矿质养分，较好地利用槭树林下的环境。两类植物在个体大小、根系深浅、养分需求和物候期方面差异较大，按空间、时间和营养生态位分异进行配置，既可避免种间竞争，又可充分利用光和养分等环境资源，保证了群落和景观的稳定性。春天杜鹃花争妍斗艳；夏天槭树与杜鹃乔灌错落有致、绿色浓郁，组成了一个清凉世界；秋天槭树叶片转红，在不同的季节里给人以美的享受。

(3) 遵从"互惠共生"原理，协调植物之间的关系。两个物种长期共同生活在一起，彼此相互依存，双方获利。如地衣是藻与菌的结合体，豆科、兰科、杜鹃花科、龙胆科中的不少植物都有与真菌共生的例子；一些植物种的分泌物对另一些植物的生长发育是有利的，如黑接骨木对云杉根的分布有利，皂荚、白蜡与七里香等在一起生长时，互相都有显著的促进作用。但另一些植物的分泌物则对其他植物的生长不利，如胡桃和苹果、松树与云杉、白桦与松树等都不宜种在一起，森林群落林下蕨类植物狗脊和里白则对大多数其他植物幼苗的生长发育不利，这些都是园林绿化工作中必须注意的。

(4) 保持"物种多样性"，模拟自然群落结构。物种多样性理论不仅反映了群落或环境中物种的丰富度、变化程度或均匀度，也反映了群落的动态与稳定性，以及不同的自然环境条件与群落的相互关系。生态学家认为，在一个稳定的群落中，各种群对群落的时空条件、资源利用等方面都趋向于互相补充而不是直接竞争，系统愈复杂也就愈稳定。因此，在城市绿化中应尽量多造针阔混交林，少造或不造纯林。

4. 生态园林设计实践举例

(1) 生态园林实例——苏州拙政园。拙政园(图 7-80)，中国古代江南名园，位于苏州古城区东北娄门内的东北街 178 号，现园林占地面积约 4.1 公顷(不包括管理、花圃用地约 0.67 公顷)。明代正德四年(1509 年)，官场失意还乡的朝廷御史王献臣始建此园，以后屡次更换园主，或为官僚地主的私园，或为官府的一部分，或散为民居，其间经过多次改建。400 余年间沧桑变迁，几度兴废，原来浑然一体的园林演变为相互分离、自成格局的 3 座园林。后于 20 世纪初进行了全面修整和扩建。现为全国重点文物保护单位。

图 7-80　拙政园——最具江南水乡风格的园林

拙政园的布局疏密自然，其特点是以水为主，水面广阔，景色平淡天真、疏朗自然。它以池水为中心，楼阁轩榭建在池的周围，其间有漏窗、回廊相连，园内的山石、古木、绿竹、花卉，构成了一幅幽远宁静的画面，代表了明代园林建筑风格。拙政园形成的湖、池、涧等不同的景区，把风景诗、山水画的意境和自然环境的实境再现于园中，富有诗情画意。淼淼池水以闲适、旷远、雅逸和平静氛围见长，曲岸湾头，来去无尽的流水，蜿蜒曲折、深容藏幽而引人入胜；通过平桥小径为其脉络，长廊逶迤填虚空，岛屿山石映其左右，使貌若松散的园林建筑各具神韵。整个园林建筑仿佛浮于水面，加上木映花承，在不同境界中产生不同的艺术情趣，如春日繁花丽日，夏日蕉廊，秋日红蓼芦塘，冬日梅影雪月，无不四时宜人，创造出处处有情，面面生诗，含蓄曲折，余味无尽，不愧为江南园林的典型代表。

拙政园的生态特征如下。

① 因地制宜，以水见长。据《王氏拙政园记》和《归园田居记》记载，园地"居多隙地，有积水亘其中，稍加浚治，环以林木"，"地可池则池之，取土于池，积而成高，可山则山之。池之上，山之间可屋则屋之。"充分反映出拙政园利用园地多积水的优势，疏浚为池；望若湖泊，形成荡渺弥的个性和特色。拙政园中部现有水面近 6 亩，约占园林面积的三分之一，"凡诸亭槛台榭，皆因水为面势"，用大面积水面造成园林空间的开朗气氛，基本上保持了明代"池广林茂"的特点。

早期拙政园，林木葱郁，水色迷茫，景色自然。园林中的建筑十分稀疏，仅"堂一、楼一、为亭六"而已，建筑数量很少，大大低于今日园林中的建筑密度。竹篱、茅亭、草堂与自然山水融为一体，简朴素雅，一派自然风光。拙政园中部现有山水景观部分，约占据园林面积的五分之三。池中有两座岛屿，山顶池畔仅点缀几座亭榭小筑，景区显得疏朗、雅致、天然。

波形廊(图 7-81)，在西花园与中花园交界处的一道水廊，是别处少见的佳构。从平面上看，水廊呈"L"形环池布局，分成两段，临水而筑，南段从别有洞天入口，到卅六鸳鸯馆止；北段止于倒影楼，悬空于水上。若远看水廊，便似长虹卧波，气势不凡。

② 庭院错落，曲折变化。拙政园的园林建筑。早期多为单体，到晚清时期发生了很大变化。首先表现在厅堂亭榭、游廊画舫等园林建筑明显地增加。中部的建筑密度达到了 16.3%。其次是建筑趋向群体组合，庭院空间变幻曲折。如小沧浪，从文征明拙政园图中可以看出，仅为水边小亭一座。而八旗奉直会馆时期，这里已是一组水院。由小飞虹、得真亭、志清意远、小沧浪、听松风处等轩亭廊桥依水围合而成，独具特色。水庭之东还有一组庭园，即枇杷园，由海棠春坞、听雨轩、嘉实亭 3 组院落组合而成，主要建筑为玲珑馆。在园林山水和住宅之间，穿插了这两组庭院，较好地解决了住宅与园林之间的过渡。同时，对山水景观而言，由于这些大小不等的院落空间的对比衬托，主体空间显得更加疏朗、开阔。

小飞虹(图 7-82)，古人以虹喻桥，用意绝妙。它不仅是连接水面和陆地的通道，而且构成了以桥为中心的独特景观，是拙政园的经典景观。

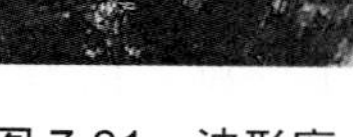

图 7-81　波形廊

图 7-82　小飞虹

这种园中园式的庭院空间的出现和变化，究其原因，除了使用方面的理由外，恐怕与园林面积缩小有关。光绪年间的拙政园，仅剩下了 1.2 公顷的园地。与苏州其他园林一样，占地较小，因而造园活动首要解决的课题是在不大的空间范围内，能够营造出自然山水的无限风光。这种园中园、多空间的庭院组合以及空间的分割渗透、对比衬托；空间的隐显结合、虚实相间空间的蜿蜒曲折、藏露掩映；空间的欲放先收、欲扬先抑等手法，其目的是要突破空间的局限，收到小中见大的效果，从而取得丰富的园林景观。这种处理手法，在苏州园林中带有普遍意义，也是苏州园林共同的特征。

梧竹幽居(图 7-83)建筑风格独特，构思巧妙别致的梧竹幽居是一座亭，为中部池东的观赏主景。此亭背靠长廊，面对广池，旁有梧桐遮阴、翠竹生情。亭的绝妙之处还在于四周白墙开了 4 个圆形洞门，洞环洞，洞套洞，在不同的角度可看到重叠交错的分圈、套圈、连圈的奇特景观。4 个圆洞门既通透、采光、雅致，又形成了 4 幅花窗掩映、小桥流水、湖光山色、梧竹清韵的美丽框景画面，意味隽永。“梧竹幽居”匾额为文征明题。

③ 园林景观，花木为胜。拙政园以“林木绝胜”著称。数百年来一脉相承，沿袭不衰。早期王氏拙政园 31 景中，三分之二的景观取自植物题材，如桃花片，“夹岸植桃，花时望若红霞”；竹涧，“夹涧美竹千挺”，“境特幽回”；“瑶圃百本，花时灿若瑶华”。归田园居也是丛桂参差，垂柳拂地，“林木茂密，石藓然”。每至春日，山茶如火，玉兰如雪。杏花盛开，“遮映落霞迷涧壑”。夏日之荷。秋日之木芙蓉，如锦帐重叠。冬日老梅偃仰屈曲，独傲冰霜。有泛红轩、至梅亭、竹香廊、竹邮、紫藤坞、夺花漳涧等景观。至今，拙政园仍然保持了以植物景观取胜的传统，荷花、山茶、杜鹃为著名的三大特色花卉。仅中部 23 处景观，80%是以植物为主景的景观。如远香堂、荷风四面亭的荷(“香远益清”，“荷风来四面”)；倚玉轩、玲珑馆的竹(“倚楹碧玉万竿长”，“月光穿竹翠玲珑”)；待霜亭的桔(“洞庭须待满林霜”)；听雨轩的竹、荷、芭蕉(“听雨入秋

图 7-83　梧竹幽居

竹”，“蕉叶半黄荷叶碧，两家秋雨一家声”)；玉兰堂的玉兰(“此生当如玉兰洁”)；雪香云蔚亭的梅(“遥知不是雪，为有暗香来”)；听松风处的松(“风入寒松声自古”)，以及海棠春坞的海棠，柳荫路曲的柳，枇杷园、嘉实亭的枇杷，得真亭的松、竹、柏等。

荷风四面亭(图 7-84)，亭名因荷而得，坐落在园中部池中小岛，四面皆水，莲花亭亭净植，岸边柳枝婆娑。亭单檐六角，四面通透，亭中有抱柱联：“四壁荷花三面柳，半潭秋水一房山。”春柳轻，夏荷艳，秋水明，冬山静，荷风四面亭不仅最宜夏暑，而且四季皆宜。若从高处俯瞰荷风四面亭，但见亭出水面，飞檐出挑，红柱挺拔，基座玉白，分明是满塘荷花怀抱着的一颗光灿灿的明珠。

玉兰堂(图 7-85)是一处独立封闭的幽静庭院，玉兰堂高大宽敞，院落小巧精致。南墙高耸，好似画纸，墙上藤草作画，墙下筑有花坛，植天竺和竹丛，配湖石数峰，玉兰和桂花，色香宜人。玉兰堂曾名“笔花堂”，与文征明故居中的“笔花堂”同名。“梦笔生花”也是古时文人对创作灵感的一种追寻。在此读书作画，实是人生的莫大享受。

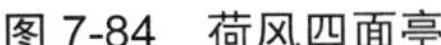

图 7-84　荷风四面亭

图 7-85　玉兰堂

(2) 生态园林实例——北京奥林匹克森林公园。北京奥林匹克公园位于北京市市区北部，城市中轴线的北端，是举办 2008 年奥运会的核心区域，集中了奥运项目的主要比赛场馆及奥运村、国际广播电视中心等重要设施。其中，南部是奥林匹克中心区，集中了国家体育场、国家游泳中心、国家体育馆等重要场馆；北部规划为奥林匹克森林公园，占地约 680hm^2，成为一个以自然山水、植被为主的，可持续发展的生态地带，成为北京市中心地区与外围边缘组团之间的绿色屏障，对进一步改善城市的环境和气候具有举足轻重的生态战略意义。作为奥林匹克公园的重要组成部分、北京市最大的公共公园，森林公园的景观规划与景观设计备受社会各界瞩目(图 7-86)。

图 7-86　北京奥林匹克公园

与历届奥运会奥林匹克公园选址不同的是，北京城市的传统中轴线将贯穿整个奥林匹克公园。北京城被称为人类历史上城市规划与建设的杰作。天坛、天安门广场、紫禁城、景山，贯穿了北京城中轴线的始终，气势磅礴，形成了城市建造史上最伟大的轴线。中国历史上的大规模城市规划多采用规则式棋盘状布局，体现了对秩序的追求；而城市的园林部分多采用自然式空间格局，体现人与自然的和谐统一，表达了对自然的尊重。北京奥林匹克森林公园总体规划在满足奥运会场馆功能的基础上，给予北京城中轴线新的延伸——北部森林公园，将使这条举世无双的城市轴线完美地消融在自然山林之中(图 7-87)。

图 7-87　北京奥林匹克公园总规划图

2002 年，北京市规委组织奥林匹克公园概念设计国际竞赛，美国 SASAKI 景观设计公司所做方案被选为中标方案。2003 年 11 月奥林匹克森林公园与中心区景观规划设计方案征集活动评选出 A01、A02、A04 这 3 个优秀方案。A02 号方案为清华规划设计研究院与美国 SASAKI 公司合作的方案，主题为“通向自然的轴线”。2003 年 12 月，根据市规划委[2003]943 号文《关于奥运森林公园及中心区景观规划设计方案征集工作请示批复》的精神，决定由北京清华城市规划设计研究院以 A02 号方案为基础进行深化整合。2005 年 4 月 14 日市规发[2005]400 号《关于奥林匹克森林公园规划设计方案审查意见的批复》批示原则上通过奥林匹克森林公园规划设计方案。2005 年 9 月 21 日，奥林匹克森林公园建设规划环境影响评价报告送达专家评审。2005 年 10 月 27 日市委常委听取了森林公园规划设计汇报，原则上批准了奥林匹克森林公园景观规划方案(图 7-88)。

经过 3 年多的前期规划设计，奥林匹克森林公园的各项工作开展顺利。该项目的景观规划与景观设计单位为北京清华城市规划设计研究院景观园林设计所，扩初及施工图设计分别由北京中国风景园林规划设计研究中心、北京创新景观园林设计有限责任公司、北京北林地景园林规划设计院有限责任公司及北京市园林古建设计研究院 4 家单位共同承担。

延续总体规划的理念，本设计方案名为“通往自然的轴线”——磅礴大气的森林自然生态系统使代表城市历史、承载古老文明的中轴线完美地消融在自然山林之中，以丰富的生态系统、壮丽的自然景观终结这条城市轴线(图 7-89)。

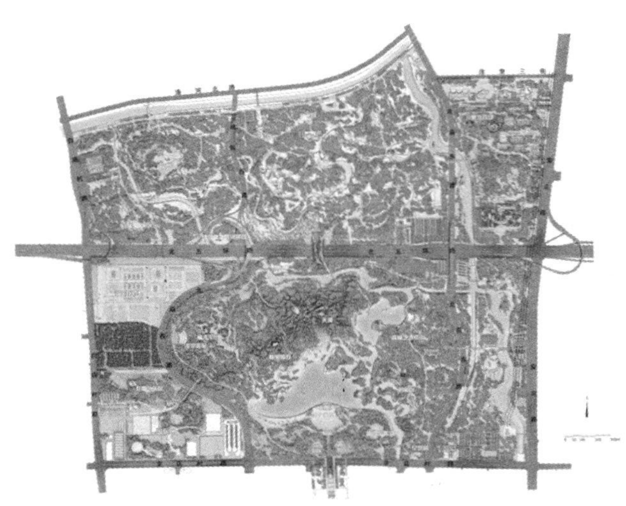

图 7-88　北京奥林匹克森林公园总平面图

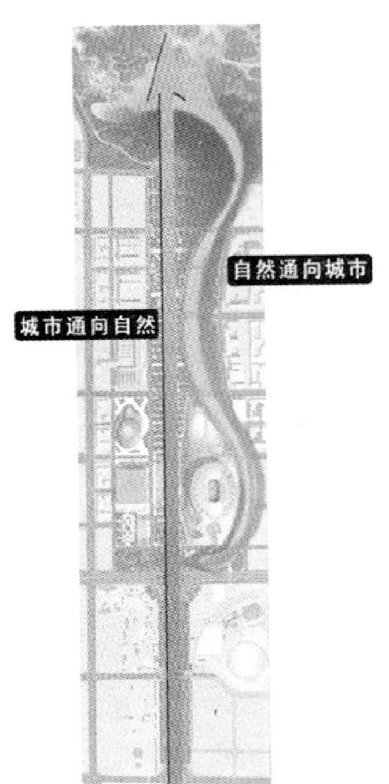

图 7-89　北京奥林匹克公园轴线示意图

奥林匹克森林公园是奥林匹克公园的有机组成部分，是奥运中心区重要的景观背景。其规划设计既要保证奥运赛时活动的需求，又要符合建设一个多功能生态区域长期目标的需要。奥运会期间，这里将成为北京市带给各国代表团、运动员、奥委会官员的一份礼物——一个充满中国情调的山水休闲花园。

奥运会结束后，这片公园将向公众开放，成为市民百姓的休闲乐土，为北京留下一份珍贵的奥运遗产。公园对改善北京生态环境、完善北部城市功能、提升城市品质并加快北京向国际化大都市迈进的步伐起到重要作用，是现代意义上的自然与文化遗产。

综上所述，将公园的功能定位为“城市的绿肺和生态屏障、奥运会的中国山水休闲后花园、市民的健康大森林和休憩大自然”。

将“绿色、科技、人文”3 大理念在规划中真正贯彻落实是所有奥运项目的基本原则。规划设计伊始，森林公园就将所有的工作纳入 3 大理念的体系中来，将规划设计落实为人文规划、绿色规划、科技规划。

对于奥林匹克森林公园景观的人文意义，要从精神与物质的双重角度来理解。

① 精神层面的要求，是创造符合中国文化气质的景观格局，使该公园成为具有文化与历史代表性的人文景观、生态景观、自然景观。秉承中华文明优秀而深厚的传统，以山水格局为特色，根基于地相，形成开阔豁朗的宏观控制体系，兼具中国传统人文审美和现代公园活力，与中华传统人文精神紧密结合，与世界先进文化发展遥相呼应，臻至形神兼备、意境深远、清新自由的精神境界。规划中对中轴线重要景观、山形、水系、平陆、湿地、各出入口、重要景观建筑等进行了深入的研究，并邀请有关专家进行了广泛的研讨。

② 物质层面的要求，是“以人为本”，并且在追求物质与精神文明进步的同时，还要追求人与自然的和谐。森林公园不仅服务于奥运，还要服务于市民，它将成为一个充满活

力、市民喜爱的，集体育、文化、艺术、休闲、观光为一体的多功能公共活动区域，为城市居民提供内容丰富的休闲场所。因此，重点对景观建筑、景观桥梁、综合交通、服务设施、休闲园地、体育设施、城市家具、标识导视、照明系统、智能化管理系统、声环境系统、应急避险系统等与人的活动息息相关的内容进行了规划设计。

绿色规划是全园规划的主要基调。作为“通向自然的轴线”整体理念的重要组成部分，作为北京市中轴线北向的终结，作为一处城市森林公园，奥林匹克森林公园的设计理念以建设美轮美奂的自然生态系统为终极目标，切实体现可持续发展战略，体现“绿色奥运”的宗旨。因此，将生态与绿色的理念作为基本原则全面贯彻于森林公园规划设计的方方面面，对包括竖向、水系、堤岸、种植、灌溉、道路断面、声环境、照明、生态建筑、绿色能源、景观湿地、高效生态水处理系统、绿色垃圾处理系统、厕所污水处理系统、市政工程系统等方方面面与营造自然生态系统有关的内容进行了系统综合的规划设计，并为保障五环南北两侧的生物系统联系、提供物种传播路径、维护生物多样性而设计了中国第一座城市内上跨高速公路的大型生态廊道(图 7-90)。

图 7-90　生态廊道鸟瞰图

在如此规模的项目里全面应用各种最新的生态高科技技术，在中国目前的城市公园建设案例中是绝无仅有的，具有巨大的科技示范意义。本着“充分合理应用各种先进技术，因地制宜，节约投资”的原则，对生态廊道、全园雨洪综合利用、固体废物资源化——绿色垃圾循环处理、消防、生物多样性对北京市环境影响、全园水质模拟及维护、人工湖湖底防渗漏处理、生态水处理温室、生态建筑、绿色能源综合利用、智能化管理、数字交通、照明、声环境、厕所污水处理、智能化雷电预警、智能灌溉等各个专项进行了深入细致的研究，为该地区生态系统完善、功能使用、景观与文化主题的确立制定出一系列指导性原则，科学地制订了施工与管理计划，因地制宜，节约投资，体现“科技奥运”的宗旨。

公园规划范围：北至清河南侧河上口线和洼里三街，南至辛店村路，东至安立路，西至白庙村路。被东西向穿过的北五环将其划分成南北两个区域。园内现状主要有林地(405hm^2)、湖泊(12hm^2)、碧玉公园别墅区(7.83hm^2)以及河道(渠)、农田、村庄、仓库、工厂、历史遗存等。用地内的村庄、仓库和工厂做拆迁预备，碧玉公园别墅区少量保留，历史遗存及已有的林地和水面尽量保留。奥运森林公园内共有文物古迹 14 处，其中包括石刻 2 块、龙王庙 1 座。规划将这些文物全部保留。

种群源地为物种“持久”生存的源地。森林公园位于温榆河的支流清河南侧，地处北京第一道绿化隔离带中，有条件成为种群源地，通过河道、绿化带与温榆河种群源地联系，使城市北部第一、二道绿化隔离带形成良好的景观生态体系结构。

森林公园由于五环路的存在而自然地形成了南区与北区两个部分，因此，根据这两个部分与城市的关系及周边用地性质、建设时间的不同，将二者分别规划成以生态保护与恢复功能为主的北部生态种源地以及以休闲娱乐功能为主的南部公园区。

以自然密林为主的北部公园将成为生态种源地，以生态保护和生态恢复功能为主，尽量保留现状自然地貌、植被，形成微地形起伏及小型溪涧景观。公园减少设施，限制游人数量，为动植物的生长、繁育创造良好环境。

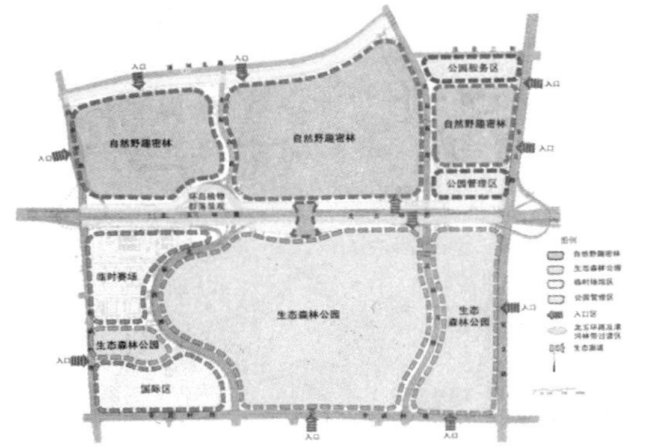

图 7-91　森林公园功能分区图

南部定位为生态森林公园，以大型自然山水景观的构建为主，山环水抱，创造自然、诗意、大气的空间意境，兼顾群众休闲娱乐功能，可设置各种服务设施和景观景点，为市民百姓提供良好的生态休闲环境。重要景观区有入口门区、主山景区、主湖景区、现状森林区(原洼里公园、碧玉公园)、景观湿地区等。构筑完善的功能结构体系，充实各项为人们服务的内容(图 7-91)。

主山景区力求创造出极富自然情趣的生态山水环境，为中心区营造出优美如画的背景，使北京中轴线渐渐消融在自然山水之中。龙湖与中心区曲线形的水系与几何直线的城市格局对比映衬，在自然的形态中，完形了“奥运中国龙”的存在，“曲水架构主轴，游龙若隐，气韵生动；环山主脉蜿蜒，风水流转，气象万千”。森林公园的山水形胜又为森林生物多样性的营造创造了良好的生境条件(图 7-92)。

图 7-92　主山效果图

奥林匹克公园龙形水系的龙头部位即为森林公园的主湖景区。此景区位于森林公园南半部居中的位置，与主山景区共同构筑森林公园中最为壮美的自然山水景观画卷。规划以中国传统园林文化中对仙境的追求模式为蓝本，营造蓬瀛仙山灵岛的氛围。

主湖作为奥林匹克公园最大的集中汇水面，面积达 24hm^2，是森林公园灵动之所在。对于开阔的主湖湖面，经过综合现状分析和统筹考虑，确定主山主峰高度为 48m(相对于湖区常水位)，海拔 86.5m。这个高度使得自龙湖南岸北望主山可以保持约 1∶12 的视高比，同时主山向西南延伸形成诸多次级山脉，并且根据渐次视域规律在中轴线两侧设置诸多岛山飞屿，从而形成均衡而丰富的山水格局(图 7-93)。

中国风水思想中通常北以山体作为屏镇，南为水系，负阴抱阳，形成理想的人居景观格局，人造山体中以明清景山最具代表性，可以认为以山体作为中轴线北端点是最为简明和有效的中轴线端点的终结模式。主山水框架布局的建构更是备受各方专家瞩目。整个设计团队认真地听取了各方面的意见，对若干古典园林，如北海公园琼华岛、颐和园万寿山、景山公园的山体形态、体积、比例进行了大量比较研究，邀请有关专家进行了一系列深入细致的研讨，经过反复推敲，根据孟兆祯院士的建议，最终得到调整后的山水设计方案——山体设计绵延磅礴，以势取胜；水体设计绰约大气，以形动人。

图 7-93　主山俯视主湖效果图

在整个主山主湖区尽可能避免设置大型醒目的建筑物或构筑物，主要以绿化植被为主。主要景点有“天境”——山顶观景平台、“林泉高致”叠瀑、景观湿地等(图 7-94)。

山顶观景平台是森林公园最重要的景点，设计为自然状态，游客可以停留回望主湖及中轴线赏景，也可以驻足游玩休憩。

最高峰下东西两侧山体顶部各设一处平地，这两处也有良好的景观视线，可以鸟瞰主湖和中心区景观。

图 7-94　天境效果图

在主轴线上的湖心岛设一滨水平台，平台伸入水中，是中轴线在进入主山高潮的一个前奏，也是主湖与主山在景观序列上的一个过渡区域，同时为游人提供活动、观景的场所。这一景点与主山景区的天境景点同处中轴线位置，两者遥相呼应。该平台上承“天境”的雄阔及天人合一的理念，形成一处以圆形为基本造型的汇聚广场，延伸至水边。同时辅以夜间光表演——其主题为浑圆完满的圆形广场中光照形成的弧线变化象征月相变化，既有简练、浑厚、终极的造型，又含悠远、缥缈、轻灵的意境(图 7-95)。

图 7-95　湖心观景平台效果图

从主轴画面上看，北侧是高耸的主山，得高远之“势”；南侧是开阔的主湖水面，得深远之“意”；圆形平台四周波光潋滟，人声悠远，空气中弥漫着温和的水汽，游人站在平台上犹如置身在一幅山水画卷的中心，得平远之“景”。

“林泉高致”叠瀑位于主山的西南余脉，该景区环境相对封闭，以山体自然形成的谷地设计而成的一条溪涧瀑布，从西向东汇入人工湖中，构成山水相依的空间格局。山顶设飞瀑，蜿蜒而下，直汇主湖，林荫小径在溪流上穿行，林泉相映成趣。围绕小溪设计一系列自然景观，林荫小径在溪流上穿行，形成空间趣味点。从生态方面考虑，山体雨水自然汇成小溪，最后蓄积在湖中。植物配置从山体的混交风景林向草甸、滨水水生植物逐渐过渡，形成自然的植物群落(图 7-96)。

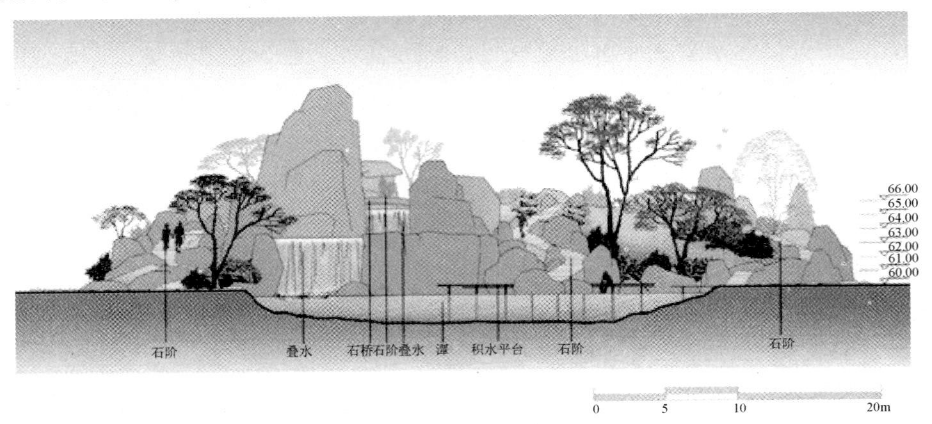

图 7-96　林泉高致效果图

景观湿地也是公园的重要景观之一。通过在景观湿地内种植各类湿地植物，营造一个舒适、优美又生态的自然环境，使人们在游览过程中实地接触各类湿地植物，了解其生长特性以及生态功能，以达到教育展示的作用。功能上可分为 3 大区域：温室教育示范区、湿地生物展示区及游览区，其中湿地生物展示区根据湿地植物的自身属性分为沼泽区、浅水植物区、沉水植物区以及混合种植区。

原洼里公园区拥有较好的植被、地形和水体基础。在设计的过程中充分利用这些条件，保留尽可能多的树木，同时设置相应的各类服务设施。

规划要求森林公园结合各种生态环境技术，通过人力打造具有和谐生态基础的自然环境，符合各项具体指标，形成科学的生态体系。因此，生态规划就显得尤为重要。通过对奥林匹克森林公园的林地、草地、湿地、水域等系统进行规划，恢复其动植物群落，最终实现生物多样性，提高生态服务价值，改善周边居民的生活环境。

北区严格控制内部的房屋建设，使其成为较为完整的几片种群源地，将人对自然的干扰降到最低。通过在公园的各个区域规划设计不同的林地、灌木丛、草地以及各种各样的湿地，使得每个区域都有其特定的自然风貌，对应不同的动植物群落。通过培育具有遗传学优势的种群，强调本地物种，由这些物种组成林地、草地、溪流小湖区、湿地以及水域中的主要生态环境结构。植物的自然生态环境结构形成后，许多昆虫和其他动物将会自然地迁入，同时还将由生态学家引进其他物种，以便加快生态功能的形成。例如，设置吸引鸟和蝴蝶的设施，将会推动生态环境的完善，同时还会带来显著的公共利益。随着不断变化的物理环境和气候，上述动植物的生态环境将会发生改变，表现出更加多姿多彩的生物群落。随着时间的推移，这些生态环境之间的边界也会缓慢地发生变化，从而反映出环境中的自然改变。为此，设置了各种生态环境类型，以便能够反映生态环境的这种自然动态性。

在整个设计过程中，设计方制定了科学的工作体系，为实现“城市的绿肺和生态屏障、奥运会的中国山水休闲后花园、市民的健康大森林，休憩的大自然”的规划目标，建立了强有力的专业设计团队，架构了全方位的专家队伍，以科学严谨的精神，对多处重要景观节点及科技亮点进行研讨与论证，力求达到中国传统园林意境、现代景观建造技术和环境生态科学技术的完美结合，让奥运会为北京留下一份绿色的遗产。

北京奥林匹克公园的生态特征如下。

① 水。水系规划——由再生水到景观水的故事(图 7-97)。

全园水面积：67.7 公顷

主湖水面积：20.3 公顷

湿地面积：5.71 公顷(其中南园 4.15 公顷，北园湿地 1.56 公顷)

河道面积：25 公顷

其他规划水面积：16.69 公顷

图 7-97　森林公园山水现状照片

(a) 形态。连接现状水系，保证龙形水系整体形态；山环水抱、山水相映。(b) 功能。整合清河导流渠和仰山大沟；全园组织，统一调蓄；利用雨洪，收集雨水；利用地形高差形成环动态水系。(c) 水质。高效、科技、生态水处理系统埋入地下；结合地上覆土，种树及各种湿地植物，形成湿地景观；生态处理中水和环水，确保湖水水质达到 III～IV 类水体。(d) 水岸。营造生态自然的水环境，尽量采用生态驳岸。

② 人工湿地处理系统(图 7-98、图 7-99)。

奥林匹克森林公园内采用的人工湿地处理系统，在国内外同行业中处于领先水平。通过湿地的净化作用，奥林匹克森林公园的水系将成为北京最大的再生水净化水系。

图 7-98　人工湿地效果图

图 7-99　人工湿地现状照片

人工湿地处理系统是奥林匹克森林公园水质改善系统工程中生态净化系统的重要组成

部分，主要功能是深度处理再生水及循环湖水，并与其他水质改善措施协同作用，保持公园整个水系水质，同时创造独特的湿地生态景观。

奥林匹克森林公园是国内第一个采用中水作为水系和主要景观用水的大型城市公园。

奥林匹克森林公园水系采用清河污水处理厂的再生水为补充水源，通过世界领先的水系模拟和水系统维护设计，选择人工复合湿地作为主要的生态水处理单元，通过垂直潜流湿地、表面流湿地等多种湿地形式构造一个复合的生态水处理系统，从而达到景观和功能的完美结合。

南园人工景观湿地，每天可处理再生水 2600m^3，处理湖内循环水 20 000 m^3。

湿地处理出水的主要水质指标达到《地表水环境质量标准》(GB 3838—2002)中 III 或 IV 类水质指标。

湿地的功能：增强系统净水的可靠性；展现各种水处理技术；实现水处理功能与景观效果的完美结合；构造自然生态的处理系统；提供生态教育的示范基地。

③ 生态水处理展示温室。奥林匹克森林公园生态水处理展示温室，为国内大型城市公园中的首创。

温室建筑占地面积：2200km^2；每天可处理再生水 600m^3。

根据“低耗高效、生态协调、环境友好”的原则，温室的工艺设计采用了“全天候式水质生态净化与保持技术”，通过对进出水水质的各项指标进行在线监测和显示，直观观测水质的变化(图 7-100)。

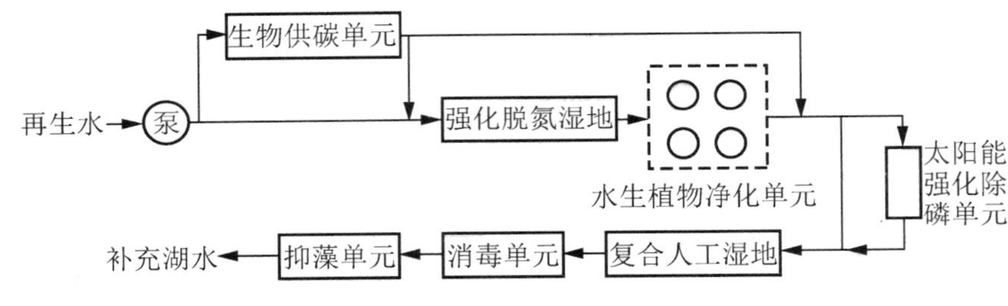

图 7-100　全天候式水质生态净化与保持技术

展示温室的建成将能够为游人提供一个了解自然生态系统功能和接受环境保护教育的有意场所，同时温室室内引入热带植物、景石等自然造景要素，力求创造一个集展示科学性与景观趣味性于一体的现代温室庭院(图 7-101)。

图 7-101　温室室内效果图

④ 雨水收集系统。

奥林匹克森林公园采用的雨水收集系统规划，为国内大型城市公园中的首创，全园雨洪利用率高达 95%。按北京地区年平均降雨量 20mm 计算，全园年雨水回收量达约 134 万 m^3。

奥林匹克森林公园的雨水收集系统规划与地形、地貌、园内河湖水系及周边市政雨水条件紧密结合，利用园区市政河道及公园湖泊水系收集雨水，充分利用雨水资源用做园内绿化灌溉及道路喷洒。雨水排除以蓄为主、排蓄结合，工程措施与非工程措施相结合，因地制宜制定排水方案。该系统利用园区大面积绿地，改善硬质地面的透水条件，增加雨水的下渗量，增加土壤的含水量，改善了生态环境(图 7-102 至图 7-105)。

图 7-102 透水道路现状 1

图 7-103 透水道路现状 2

图 7-104 透水道路现状

图 7-105 主湖现状照片

该系统确保了森林公园内部实现充分全面高效水资源节约，实现了水在公园内部的微循环，对全园乃至周边地区的生态循环具有重要意义。

⑤ 污水处理系统。奥林匹克森林公园实现了全园污水零排放，为国内大型城市公园中的首创。

目标：零排放；循环回用；确保不对环境产生任何污染。

奥林匹克森林公园选用了先进的 4 项污水处理技术：MBR 生物膜水处理技术；生物速分水处理技术(拥有自主知识产权)；生物降解粪便处理技术(拥有自主知识产权)；FAST 污水处理技术。

各种污水处理设施具有技术领先、运行稳定、适应性强、管理简单、维护简便等优势，可以有效地解决森林公园配套建筑产生的污水排除处理问题，处理过程不会产生二次污染，处理设施不会对景观产生不良作用和影响。处理后的污水可以达到景观环境用水的再生水质标准，并能通过雨水收集系统补充到景观水体，或者用于绿化灌溉，从而实现园内污水的零排放(图 7-106)。

图 7-106　采用污水处理技术的建筑布点图

⑥ 智能化灌溉系统。奥林匹克森林公园采用的智能化灌溉系统，处于国内外领先水平(图 7-107)。

奥林匹克森林公园智能化灌溉系统采用中央计算机控制下的喷灌、滴灌、涌泉灌等多种高度自动化、智能化的灌溉技术，并配备先进的水质过滤自动化控制系统，满足采用中水灌溉的要求。该系统根据森林公园内不同植物的需水要求，选用了多样化的、先进的、高效的灌溉技术与设备，保证植物健康生长，达到优美的景观和生态效果。

园内所有灌溉设备体现人文关怀，不会对游人带来不适、障碍或审美危害。该系统为节约型灌溉系统，每个节点都考虑了节水、节能和节约运行成本，对于北京这样一个严重缺水的城市意义非凡。

智能化灌溉系统的特点：满足植物需水，保持植物生长良好；节水、节能、节约运行成本；高科技，多样、先进、高效的技术与设备，高度自动化、智能化控制；精细与粗放结合，降低总体造价；人文关怀，对游人无不适、障碍或审美危害。

图 7-107　智能化灌溉设备现场照片

⑦ 生态防水措施——膨润土防水毯的应用。奥林匹克森林公园应用的膨润土防水毯防

水措施处于国内领先水平(图 7-108)。

膨润土防水毯使用环境友好的无、有纺布，经过特殊工艺的编制方法，将纳基膨润土限定在一定的空间之内，达到可控的防渗要求，是高效的天然黏土材料，符合环保要求。

北京是水资源相对匮乏的地区，必须从技术上对奥林匹克森林公园的人工湖和湿地系统采取必要的防渗漏措施。膨润土防水毯能够保证湖内湖外有适量的水的交换，以达到长期的水生生态系统的平衡，保证湖水对地下水有长期缓慢的补充。膨润土防水毯可以满足大量水生生物、植物根系生长所必需的天然条件和防渗技术措施之间的兼容性，并具有工艺合理、性价比高、寿命长、施工简便等优势。

图 7-108　膨润土防水毯产品图

⑧ 能节能降耗、有机循环。奥林匹克森林公园采用的生态节能建筑设计，为国内城市公园中的首创。2008 年前奥林匹克森林公园全园建筑共 72 个，总建筑面积为 6.4 万 m^2。

生态节能建筑的设计宗旨：实现建设项目可持续发展的低成本；减少建设污染排放；由“节能 65%”走向“低能耗”。

(a) 园内所有建筑均采用了新型建材及建材工艺的围护结构。外墙保温材料是实现建筑节能的最基本措施，森林公园生态节能建筑设计重视外墙保温工作，努力降低能耗，提高外墙的隔热性、气密性等性能，主要使用的外墙保温材料包括节能砌块(图 7-109)和挤塑聚苯(图 7-110)。

图 7-109　节能砌块

图 7-110　挤塑聚苯

窗户是建筑节能的一大能源漏洞，部分的能源会从窗户流失，森林公园生态节能建筑主要使用的外窗保温材料(图 7-111)，包括 Low-E 膜玻璃、真空玻璃、中空玻璃、断桥铝合金型材和玻璃钢窗框。

图 7-111　节能窗户

(b) 地源热泵系统。地源热泵系统是一种以较低的运行费用向房屋供暖、制冷的节能环保的空调系统(图 7-112)，其主要特点：清洁环保，地源热泵通过地下换热管与土壤进行热交换，无污染；高效节能，消耗 1kW 的电能可以得到 4kW 的热量，提高了一次能源的利用效率；蓄能，地源热泵系统以大地为“蓄能库”；一机多用，可供暖、制冷、供生活热水；技术成熟。

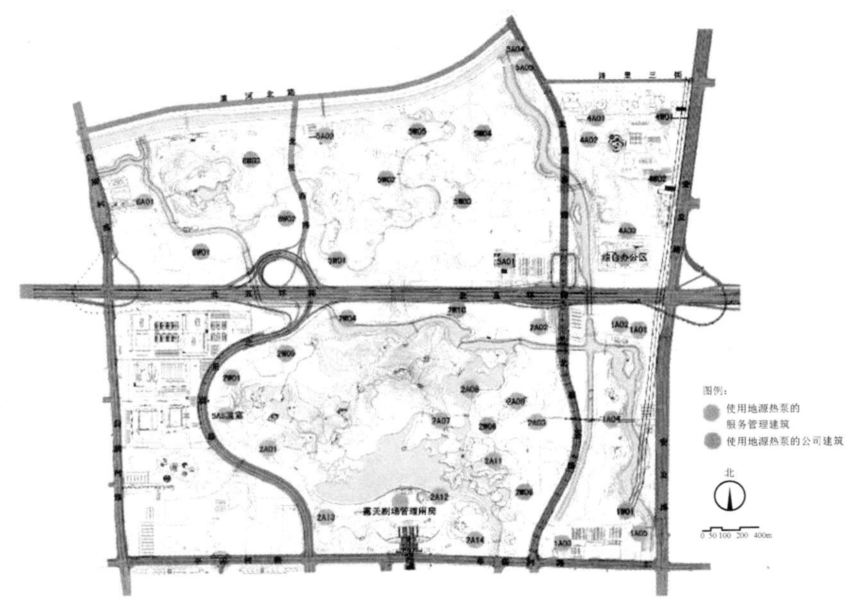

图 7-112　采用地源热泵系统的建筑布点图

(c) 光导照明。通过一系列特殊装置把自然光均匀高效地照射到室内任何需要光线的地方，此技术可以有效地减少白天的照明电耗，充分利用太阳能；引进自然光，对建筑采光有积极意义，属于绿色健康、节能环保的照明技术。此技术应用于森林公园内的覆土码头、覆土建筑和覆土厕所(图 7-113)。

图 7-113　光控图

(d) 温湿独立控制新风系统。该系统适应室内热湿比的变化，分别控制房间的温度和湿度，可以全面控制室内环境，并通过调节新风量获得更好的室内环境控制效果和空气质量。

地源热泵和溶液调湿新风机系统比常规系统冷水机组燃油锅炉、冷水机组城市热网节能约60%，该项目用于森林艺术中心和温室建筑。

(e) 生态核，也可称为绿化中庭。在室内环境控制中，可起到缓冲和拔风烟囱的作用，其中的小植物群落可加强人与自然的接触，增加人的绿视率，调节空气湿度，净化室内空气，有利于人体健康。生态核系统用于综合办公区建筑，总建筑面积为 21 000m^2(图 7-114)。

图 7-114　综合办公区建筑内部图

⑨ 物质循环处理与再利用系统。奥林匹克森林公园对园内废物资源的循环使用，为国内大型城市公园中的首创。2008 年前，奥林匹克森林公园有生活污水或废物排放的各类功能建筑为 49 处。公园生活废弃物主要包括：粪便、尿液、盥洗水、餐厨废水、化粪池污泥及污水处理产生的污泥等。

奥林匹克森林公园通过生活排污源分离系统的构建，使尿液由传统的排污系统中分离、储存运输后，经生化处理形成绿化所需的肥料，就地使用，同时化粪池污泥和园内的绿色垃圾也实现本地堆肥。森林公园实现物质循环处理与再利用系统的重要枢纽环节是物质循环利用中心。它通过科学配置、流程管理和合理的组织对森林公园建筑产生的、无法就地达标处理的生活废弃物质，集中进行无害化有效的处理，而后按园林养护的需求进行加工配制，最后以标准产品供园林养护使用(图 7-115)。

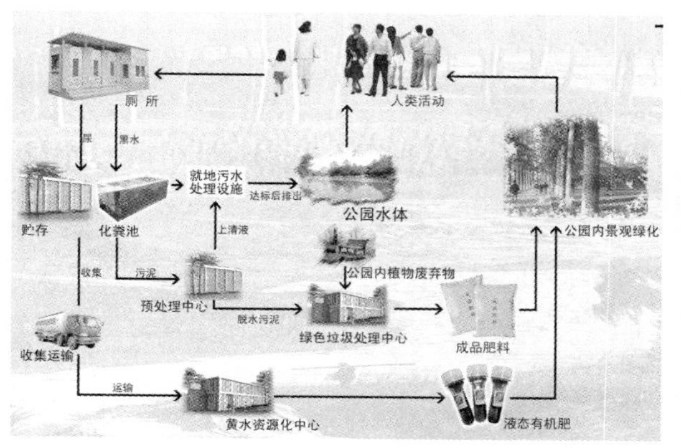

图 7-115　物质循环处理与再利用系统流程图

⑩ 结合太阳能光电板的景观廊架。奥林匹克森林公园采用的太阳能光电板与景观廊架相结合的设计，为国内大型城市公园中的首创(图 7-116)。在奥林匹克森林公园的南主入口靠近主湖边的位置，对称设计了两个与 80kW 太阳能光电板相结合的景观廊架，利用太阳电池半导体材料的“光伏效应”将太阳光辐射能直接转换为电能，经技术转换后送入低压电网供公园使用，属于真正无污染的绿色能源，年发电能力约 80kW。

该系统在设计、设备研制等方面具有较高的科技含量，确保与廊架的结合方式安全可靠，并有利于发电。同时，在森林公园南主入口这样显著位置设计与太阳能光电板结合的景观廊架，既取得了不同的景观效果，又具有宣传、展示和示范意义。

与火力发电相比，森林公园 80kW 光伏电站在 25 年寿命期内相当于累计节约标准煤约 681t，减排二氧化碳约 1747t、二氧化硫约 17t 和氮氧化物约 5t，此外，还减排粉尘和烟尘，具有良好的环境效益。

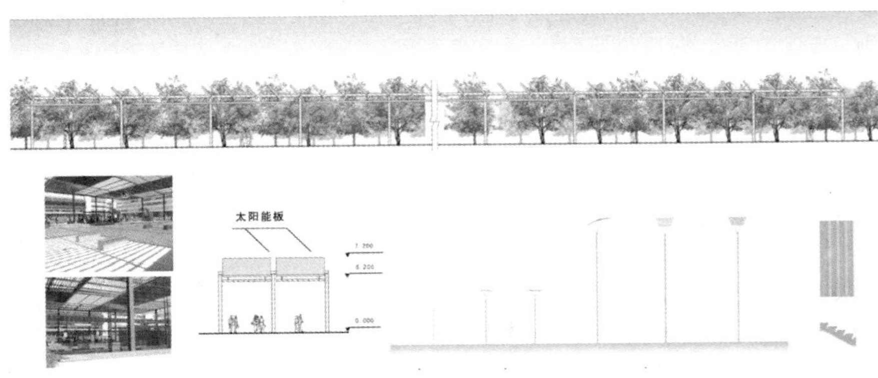

图 7-116　廊架结构示意图

⑪ 木塑复合材料的应用。奥林匹克森林公园将木塑复合材料应用于木平台、百叶窗、景观廊架、地面铺装、桥体木包面、桥梁栏杆等处，宣传、展示了对环境的保护和对资源的再生循环利用理念(图 7-117)。

木塑复合材料具有原料资源化、产品可塑化、使用环保化、成本经济化、回收再生化等优点，充分体现了资源利用、健康环保、节约替代、循环经济、可持续发展等理念。

设计特色：创新；环保的材料和技术；功能多样；人性化设计。

图 7-117　建筑方案效果图

⑫ 生物多样性与近自然林设计。奥林匹克森林公园将生物多样性及近自然林设计理念应用到规划中，为国内首创。

全园总绿化面积万余公顷，乔灌木总量53万余株(含保留乔木5万余株及原洼里公园片林)，乔木200余种，灌木60余种，地被20余种。设计密林郁闭度达80%，树林郁闭度达50%。

植物是景观构成元素中对生态环境贡献最大的元素。在奥林匹克森林公园的规划设计中，模拟北京当地乡土生态环境及植物自然群落的组合规律、结构特征进行规划设计，运用植物造景的原则、手法，组成各具特色的植物景观群落。通过丰富的植物物种多样性、群落结构多样性，将园区建成一个植物种源库，并为其他生物如哺乳动物、鸟类、土壤微生物等提供良好的栖息环境，从而建立良好的生态系统(图 7-118 至图 7-120)。

图 7-118　奥林匹克森林公园的植被(一)

图 7-119　奥林匹克森林公园的植被(二)

⑬ 雨燕塔设计。奥林匹克森林公园的雨燕塔设计，为国内首创。

雨燕是北京最乡土的物种，也是奥运5个福娃之一，在奥林匹克森林公园内建造雨燕塔，是基于对北京雨燕资源的保护和对生物多样性的保护，以及对乡土文化的提倡，通过人为干预，创造适合雨燕居住的环境，招引雨燕落户公园(图 7-121)。

图 7-120　奥林匹克森林公园的植被(三)

通过对雨燕的生活习性、栖息地选择、食物要素等多方面的研究和考察，设计者设计了一系列雨燕塔方案，经过绿化局、野生动物保护协会、爱鸟协会等多方专家的多次论证，最终选定既符合公园景观特点，又最适宜雨燕营巢的雨燕塔方案，并到森林公园施工现场进行选址，力求为雨燕提供最宜居住的生态居住环境(图 7-122)。

图 7-121　北京雨燕

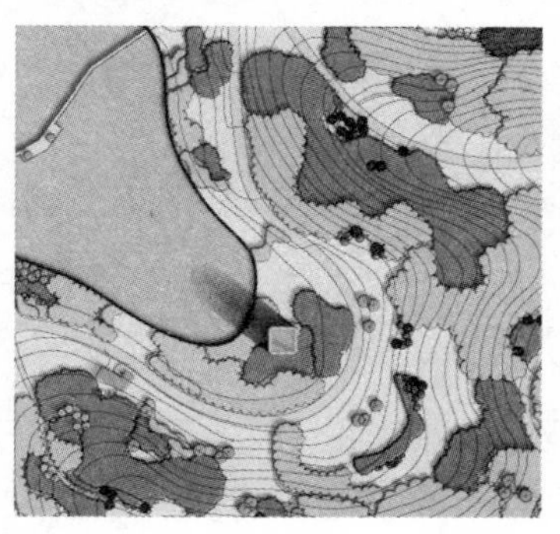

图 7-122　雨燕塔试点位置

图 7-123　生态廊道效果图

⑭ 生态廊道设计。北京奥林匹克森林公园采用的生态廊道是中国第一座城市内跨高速公路的大型生态廊道(图 7-123)。

生态廊道上跨北五环路，是奥林匹克森林公园南、北园的重要联络通道，也是两景区间动物通行的唯一通道。桥面荷载以填土为主，覆盖大量的植物，种植有常绿树木、落叶乔木、小乔木、灌木、地被植物等。桥梁设计为“V”形墩支撑的连续钢构形式，“V”形墩酷似分叉的树干，其下与承台基础固接，根埴沃土；其上与箱梁固接载绿树和果实。

生态廊道的设计将森林公园系统从岛屿式逐步过渡到网络式，为孤立的物种提供传播路径，保障生物多样性，保护物种及栖息地，有利于城市生态安全。生态廊道的设计是一次重大的景观与技术的整合，蕴含了大量的工程设计验证和实践探索。

⑮ LED 景观平台设计。奥林匹克森林公园采用的绿色照明技术的景观平台设计，为国内大型城市公园中的首创(图 7-124)。

奥林匹克森林公园采用 LED 绿色照明技术的景观平台设计名为“天元”，位于龙形水系的龙眼位置，在森林公园的主湖内，与南入口广场隔湖相望。“天元”是北京城市中轴线景观序列向北消融于自然的最后一个人工景点，湖心景观平台的直径为 20m，可为游人提供活动、观景的场所。平台犹如月亮倒影于湖面，该设计灵感来自唐代诗人李白的名诗《月下独酌》，“天元”可以通过照明控制技术模拟月亮进行动态变化，必要时还可进行夜间光表演，“天元”景观建成后将成为北京市夜间的城市新地标。

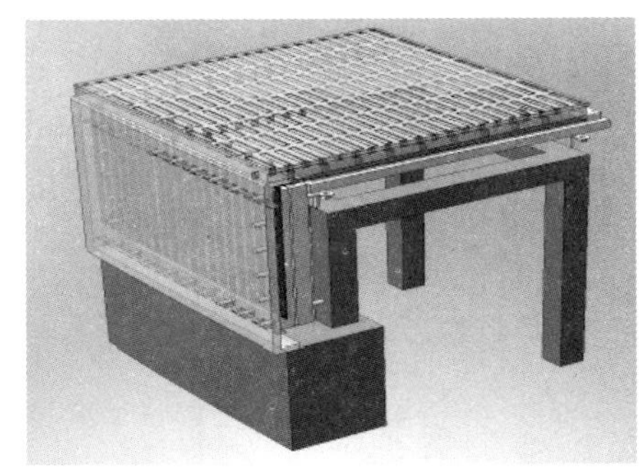

图 7-124　公园采用 LED 绿色照明技术的景观平台结构图

⑯ 消防系统规划。奥林匹克森林公园的消防系统规划是结合景观设计将各项消防措施加以融合实施，在保证景观效果的前提下实现消防功能，整个森林公园形成一个完整的消防环境，为人民群众生命和财产的安全提供了有效的保障。奥林匹克森林公园的消防系统将纳入北京市及奥运地区的整体消防环境和防灾体系之中，为城市消防与安全需要发挥重要作用。

奥林匹克森林公园的消防供水体系由给水、中水、湖水、井水等组成，并将园林灌溉系统有组织地纳入到了消防系统。园内共划分有20个防火分区，全园二级路均可作为消防车通道，全园道路可作为游客紧急疏散通道。全园有4处红外监视系统，并有204台用于安全防范和火灾报警的摄像机。园区设有保安人员的电子巡更系统，并设有总消防控制中心分区(图7-125)。

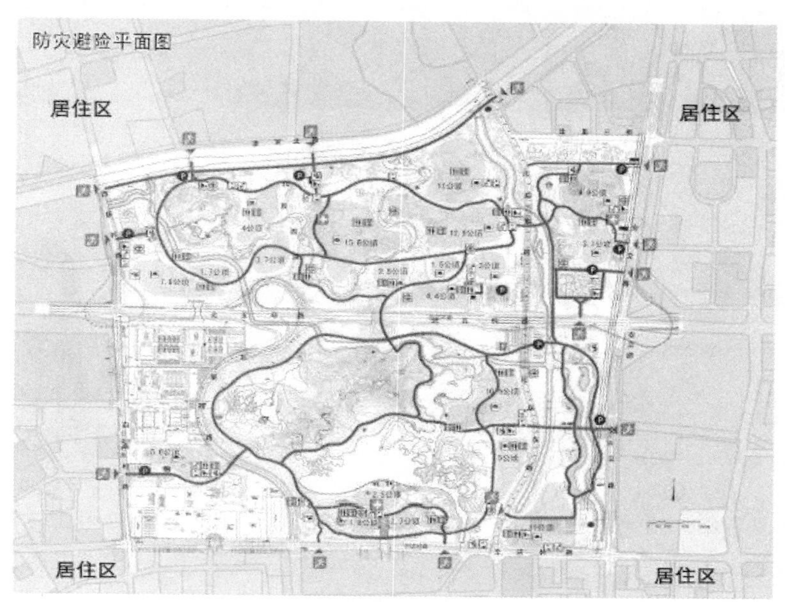

图7-125　防灾避险平面图

(3) 生态园林实例——Soma 艺术馆公园。Soma 美术馆位于奥林匹克公园内，是延续首尔奥林匹克文化精神的新形态文化空间。奥林匹克公园面积广达43万m^2，不仅远离都市尘嚣、一片绿意盎然，同时也充满文化气息。在公园里有204件雕刻作品及8件造型物，是世界五大雕刻公园之一。除了作品数量多之外，在这里艺术不再遥不可及，游客可以很自然地与艺术面对面，轻松自在地欣赏作品。

新 Soma 艺术馆公园位于旧馆和雕塑展览平台之间(图7-126至图7-129)。整个公园通过展出多种雕塑和造型物，通过实现雕塑作品的景点化来提高奥林匹克公园对市民的教育价值。雕塑景观与自然环境设计保持和谐融洽，如绿地、山脉和河流等，都考虑了建筑结构和自然空间的容量。

图7-126　Soma 艺术馆1

图 7-127　Soma 艺术馆 2

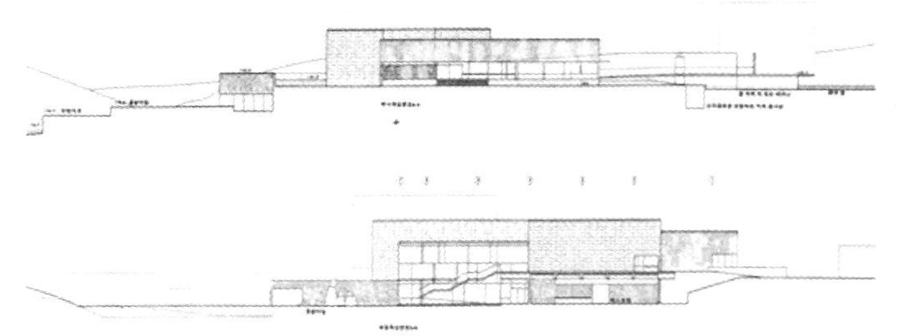

图 7-128　Soma 艺术馆的设计图

图 7-129　Soma 艺术馆公园内具有代表性的雕塑作品

第四节　生 态 景 观

景观生态学是介于地理学与生态学之间的一门新兴交叉学科。它以景观为研究对象，而又改造了地理学中原有的景观意义，将景观定义为空间上镶嵌出现和紧密联系的生态系统组合，具有可辨识性、空间重复性与空间异质性等鲜明特征，从而使生态学的研究从微观走向宏观。概而言之，景观生态学是一门研究空间格局对生态过程影响的学科，它把空间异质性作为生态系统中的重要因素，并视空间动态与研究系统时间变化的生态学同等重要。

景观生态建设的目标与内容可归纳如下。

(1) 调整或构建新的景观空间结构，增加景观的异质性和稳定性，创造出优于原有景观系统的经济和生态效益。

(2) 控制人类活动的方式与强度，补偿和恢复景观的生态功能，如对土地利用方式的改变，对耕垦、采伐、放牧强度的调节。

(3) 按生态学规律进行可更新自然资源的开发与生产活动，提高景观内各生态系统的总生产力。我国各地农村丰富多彩的生态农业技术与工程样板有力地反映出农田景观生态建设的成就。根据仿自然原理，建设与自然系统相协调的新型人工景观。

在生态主义的浪潮下，景观设计师们也开始将自己的使命与整个地球生态系统联系起来，并不断探索如何通过景观设计来改善人类的生存环境。纽约中央公园、布鲁克林的希望公园、芝加哥的滨河绿地和波士顿公园都是美国景观设计之父奥姆斯特德(F.L. Olmsted)在其长达 30 年的职业生涯中对环境与自然充分理解的杰作。继奥姆斯特德之后，1969 年，伊恩·麦克哈格(Lan Lennox Mc Harg) 的《设计结合自然(Design With Nature) 》一书将生态学思想引入景观设计中，产生了“设计尊重自然”，将景观设计与生态学完美地融合起来，开创了生态化景观设计的新时代。

景观生态设计包括狭义和广义两个层面的含义。狭义层面是指以景观生态学的原理和方法进行的景观设计。它注重的是景观空间格局和空间过程的相互关系。景观空间格局由斑块、基质、廊道、边界等元素构成。广义层面是指运用生态学(包括生物生态学、系统生态学、人类生态学和景观生态学等) 的原理、方法和知识，对某一尺度的景观进行规划和设计。

生态景观实例如下。

(1) 生态景观实例——纽约中央公园(Central Park)。1856 年 Frederick Law Olmsted 和 Calbert Vaux 两位风景园林设计师建成了此公园。中央公园坐落在摩天大楼耸立的曼哈顿正中，占地 843 英亩(合约 3411502m^2)，是纽约最大的都市公园，也是纽约第一个完全以园林学为设计准则建立的公园(图 7-130)。

图 7-130　纽约中央公园

1857 年，F.L.Olmsted 和 C.Vaux 联合规划了纽约中央公园。规划中，纽约中央公园占地面积达 843 英亩，其中配置了大面积的草坪，以原生植物围绕作为背景，涉及曲线形式的园内道路，在高低起伏、开阔和空旷的草坪四周，以各种树木围合成各种不同形态的空间，以便在繁华的城市中心创造一种特殊气氛，提供纽约人一个宛如乡村景致的休闲去处(图 7-131)。

图 7-131　纽约中央公园的公众休闲场所

公园中有总长 93km 的步行道，9000 张长椅和 6000 棵树木，每年吸引多达 2500 万人次进出，园内有动物园、运动场、美术馆、剧院等各种设施。

同时，公园中也保存了曼哈顿原有的地形和地表的变化，为曼哈顿原貌留下了些许的记忆。经过 15 年的不断建设，纽约中央公园共种植了 1400 多种的树木和花卉，创造了湖泊、林地、山岩、草原等多种自然景观。自 20 世纪中叶建成后，尽管纽约的地价不断飞涨，但这块绿地被原封不动地保留下来。纽约的报纸称它是“一座人民公园，城市的绿肺，同时，数十公顷遮天蔽日的茂盛林木，也成为城市孤岛中各种野生动物最后的栖息地(图 7-132、图 7-133)。

图 7-132　纽约中央公园的生态多样性

图 7-133　纽约中央公园的绿色植被的多样性

中央公园就像在这个城市的横竖路网中，留出了一个巨大的“活眼”。这个活眼同时也就作为纽约这个城市的进风口，形象一点说，如果把整个纽约比作一个轿车，那么中央公园就相当于给这个轿车开了一个巨大的天窗，让风可以从这个天窗中吹进来，从而为这个城市带来新鲜的空气。这些空气又随着中央公园周边的纵横路网，输送到城市的各个角落。在这种情况下，这些城市路网又都扮演了城市通风廊的作用。从这样一种进风口和通风道的关系来看，人们就比较容易理解中央公园在整个纽约城市结构中所起的作用。它既是纽约的制氧机，又是纽约的加湿器，这就是人们所说的经典意义上的“城市绿肺”(图 7-134)。

纽约中央公园为这座城市预留了公众使用的绿地，为忙碌紧张的生活提供一个悠闲的场所，公园四季皆美，春天嫣红嫩绿、夏天阳光璀璨、秋天枫红似火、冬天银白萧索(图 7-135)。

图 7-134　纽约中央公园俯瞰图

图 7-135　纽约中央公园的秋天枫红似火

(2) 生态景观实例——索拉那 IBM 研发中心。索拉那 IBM 研发中心，位于得克萨斯州的达拉斯福特沃斯机场西北几英里处，占地 850 亩(合约 5666)。葱郁迷人、独具特色的植物群落是得克萨斯州最具特色的景观。各种各样的树木、多年生植物以及灌木丛随处可见。索拉那 IBM 研发中心的景观设计处体现处生态精神和文化(图 7-136、图 7-137)。

索拉那 IBM 研发中心的生态特征如下。

① 丰富的自然植被。索拉那 IBM 研发中心园区主要分为 4 个功能区：居住生活区、休闲娱乐区、商业中心区与 IBM 研发中心总部。设计石通过一系列的生态设计手法为 IBM10 000～20 000 名员工提供了一个自然和谐的综合城镇。对当地自然环境的保护贯穿了整个园区的景观设计，遵循当地的地形、地理气候和生态特征。对野生动植物、土壤环境

和下游的邻国等自然环境的影响也降至最低。保留了当地原有的景观，比如大片的草地、野生花草和树木，包括古老的橡数和一些散落在各处的山胡桃树(图 7-138、图 7-139)。丰富的树种和得克萨斯州特有的野花描绘出一幅成功的景观设计图。原有的植物被巧妙地融入景观设计中，人工痕迹仅是一些小径、步道和简单的结构。

图 7-136　索拉那 IBM 研发中心 1

图 7-137　索拉那 IBM 研发中心 2

图 7-138　索拉那 IBM 研发中心园内的草地

图 7-139　索拉那 IBM 研发中心园内的野生花草

② 顺应自然环境。为了使建筑和周围的环境集合为一体，设计师还设计了系列公园和通讯基础设施。对自然景观的欣赏和接纳影响着这里的住宅、公共建筑、道路和其他结构设计以适应自然场地的要求。按照规定，园区所有的建筑不得超过 5 层楼高，同时整个园区建筑要尽可能改善其周围环境。园区建筑的划分和周围的环境已经融为一体，建筑是通过一个 900m 长的台地园，使自然景观与建筑、建筑与人工造景完美地融为一体。甚至园区的道路也是根据现存的植被的分布情况来设计的。人造环境和自然形态共存创造出一个和谐生态的园区(图 7-140、图 7-141)。

图 7-140　索拉那 IBM 研发中心的建筑与植被

图 7-141　索拉那 IBM 研发中心的道路

③ 当地自然材料的使用。得克萨斯州中部的石灰岩山体现出贝尔克奈斯悬崖岩石形态的原真美。粗糙陡峭的断崖在某处可以一泻数百英尺，而在别处则形成水平岩床的基座。在索拉那 IBM 研发中心园它们被精心保留下来，并不断地得到优化。如同当地的植物群落一样，岩石和天然石形态构成花园景观的灵魂(图 7-142)。

图 7-142　得克萨斯州中部的石灰岩山体

索拉那 IBM 研发中心的石材利用方面还注重可持续性原则。石材在景观设计中具有诸多功能：碎砾石可以用于铺路，充当结构填料，修建园墙、水池或水景、挡土墙、墓穴和灵灰安置所、入口拱门和立柱、藤架支柱、台阶以及景观镶边。石板和当地采集的漂石组成的铺路图案。景观和建筑完美融合(图 7-143、图 7-144)。

图 7-143　石材在索拉那 IBM 研发中心园区的设计

图 7-144　石材在索拉那 IBM 研发中心建筑应用

(3) 生态景观实例——绿色屋顶。屋顶绿化和地面绿化一样能够改善整个城市的生态环境，减轻热岛效应。由于植物层可以起到隔热作用，种植屋顶植物后，室内温度在夏季可降低 3℃，形成“天然空调”的神奇效果。绿色屋顶还可以净化雨水屋顶植物将空气中的颗粒污染物滤去。除此之外，绿色屋顶还可以储存雨水，而储存量会依环境而变(图 7-145)。

图 7-145 绿色屋顶

绿色屋顶已经在斯堪的纳维亚和冰岛存在了上百年，它使严寒的冬季和酷热的夏季变得温和起来。水泥结构楼房吸热易、散热难。绿色屋顶能够带来美丽、清凉。

芝加哥市政厅的绿色屋顶不仅改变了这个城市的形象，也有效地降低了夏季屋顶的高温。芝加哥市长 Richard Daley 已经将芝加哥变为美国北部的绿色建筑工程领先城市(图 7-146、图 7-147)。

图 7-146 芝加哥市政厅的绿色屋顶

图 7-147 加州科学院的山丘形绿色屋顶

绿色屋顶的生态特征如下。

① 储存雨水：设计人员希望在建筑承重量允许的情况下通过土壤层和排水层储存更多雨水，满足灌溉需求。这样，大量降水不会白白从雨水管流走，也可以减少对城市下水道排水系统的压力。土壤层中滴灌系统用水来自安装在屋顶北边和南边排水管口的水箱。这些水箱能够储存三分之一的降水，确保植物在生长初期和干旱天气获得充足的水(图 7-148)。

② 降低温度：设计人员希望这座屋顶花园能够降低夏天阳光直晒下的屋顶温度，从而减少建筑吸收的热量，降低室温(图 7-149)。

图 7-148　福特公司密歇根州工业区的 Dearborn 工厂的绿色屋顶

图 7-149　德国高层建筑的绿色屋顶

③ 节能减排：绿色屋顶夏天能减少热量吸收，冬天则能减少建筑大约一半的热量流失。这样可以降低室内空调用电 25%，节约电能和暖气。绿色屋顶还可以减少温室气体排放。除减少供冷空调使用外，屋顶花园的植物可以通过自身光合作用吸收二氧化碳，释放氧气。植物每年光合作用释放的氧气足够满足普通人一年消耗(图 7-150)。

④ 净化空气：绿色屋顶不仅可以吸收热量，降低温度，增加湿度，还能形成一层“空气过滤网”。1m^2 屋顶草地每年可以去除 0.2 公斤空气中悬浮颗粒。随着这种屋顶花园在芝加哥市普及，当地空气质量可望明显改善(图 7-151)。

图 7-150　东京帝国饭店将绿色屋顶与太阳能技术结合

图 7-151　德国 Bonn 艺术展览馆屋顶上的草坪小径与圆锥形天窗

⑤ 降低噪声：绿色屋顶还能起到吸收噪声、隔音的作用。土壤层易阻挡频率较低的声音，植物层易阻挡频率较高的声音。土壤层厚 12cm，可以降低噪声 40 分贝，植物层厚 20cm，可降低噪声 46～50 分贝(图 7-152)。

德国最繁忙的机场——Frankfurt 国际机场在绿色屋顶的帮助下额外获得了近 50 万平方英尺(合约 4.6 万 m^2)的机场空间，绿色植被有效降低了飞机起降产生的噪声(图 7-153)。

图 7-152　旧金山闹市区巴士站台上的绿色屋顶

图 7-153　德国 Frankfurt 国际机场的绿色屋顶

(4) 生态景观实例——海洋生态馆(图 7-154 至图 7-157)(设计：谢晓华；指导：李女仙)。

图 7-154　海洋生态馆(一)

图 7-155　海洋生态馆(二)

图 7-156　海洋生态馆(三)

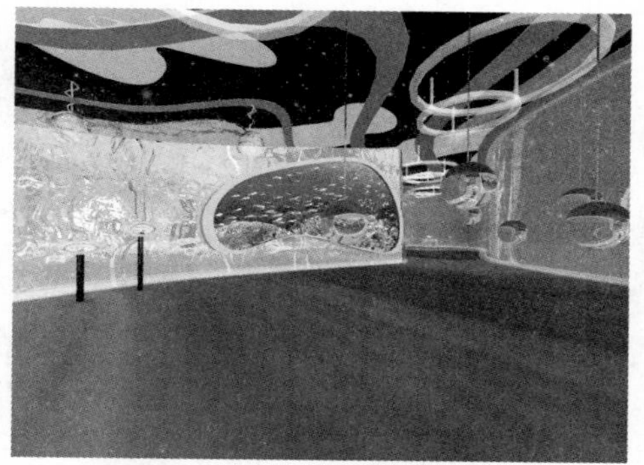

图 7-157　海洋生态馆(四)

(5) 生态景观实例——咖啡驿站的生态设计(设计：陈文婷；指导：刘源)。

本方案的设计结合岭南文化特色，室内空间与周边环境相呼应，给人开放中即显围合，围合中又若隐若现的感觉。在景观设计上，以“水”为主题元素，亲切自然的水景围合自然建筑而生(图 7-158 至图 7-161)。

图 7-158　正面图

图 7-159　庭院 1

图 7-160　室外庭院

图 7-161　水元素的应用

(6) 生态景观实例——广州市信达阳光海岸居住小区景观设计(设计：罗思颖；指导：吴宗建)。

该方案的景观设计主要采用步移景异、以小见大的设计手法，通过类似巴厘岛特色的小溪、雕塑喷泉、亭子构架等设计元素来营造浓浓的巴厘岛风情的园林空间和自然景观。在空间上以放射的手法，由中央广场向四周扩散(图 7-162 至图 7-165)。

图 7-162　鸟瞰图

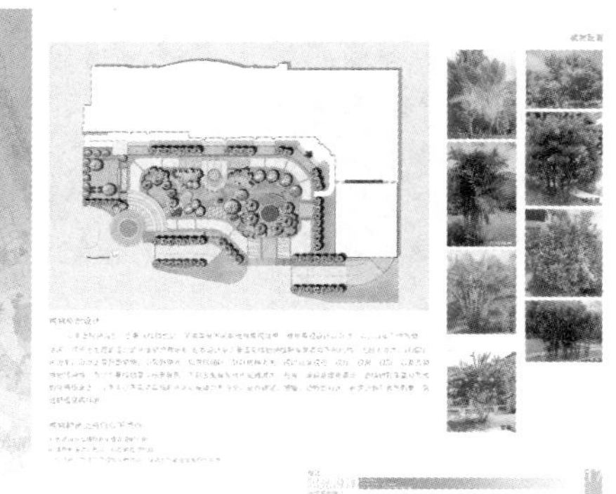
图 7-163　植物配置图

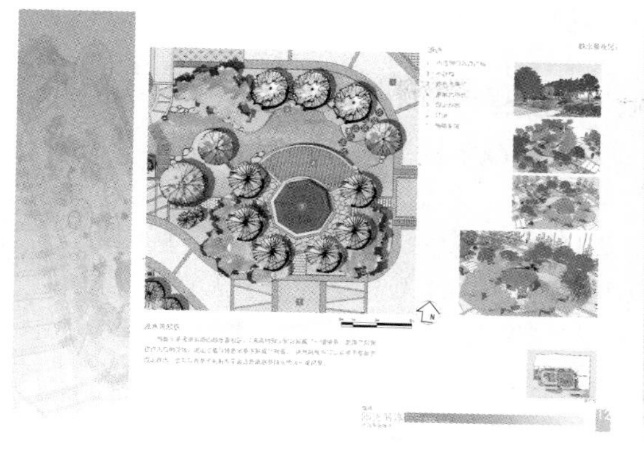
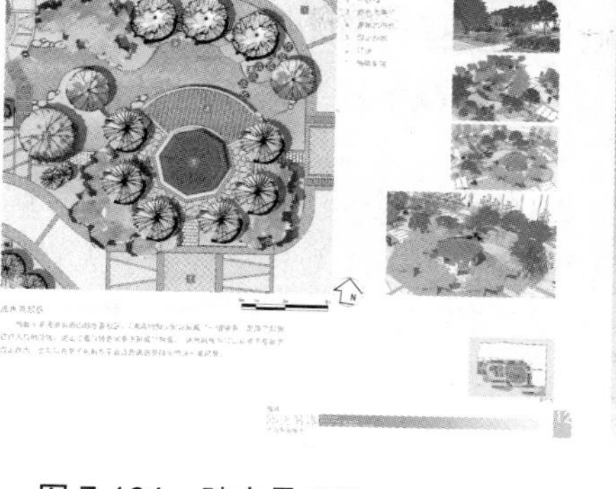

图 7-164 跌水景观区

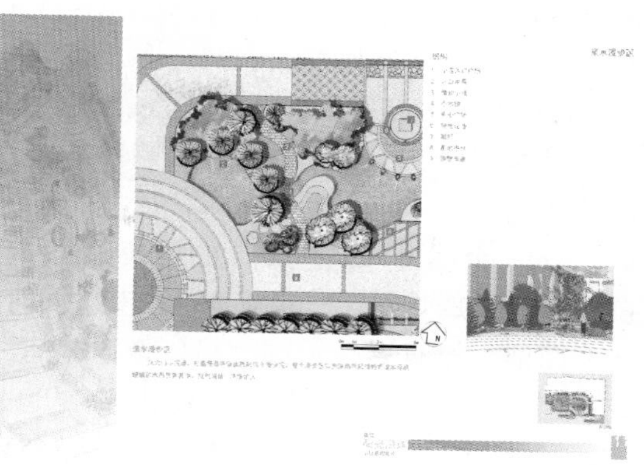

图 7-165 亲水漫步区

第五节 生 态 产 品

由于生态产品的概念是一个新兴的概念，又涉及材料学、物理学、化学、环境学、生物学等多门学科领域，因此目前对生态产品的理解存在着不同，关于生态产品的定义也就不同，各种生态产品认证体系对产品的生态性能的评估准则也不同。

有的生态标签体系强调产品在生产过程中不能够对环境造成危害，有的生态标签体系强调产品在使用过程中不能对环境以及消费者造成危害，还有的生态标签体系对产品的再循环使用提出了要求。除了认识范畴上的不同，许多生态标签在具体标准的规定方面、认证程序方面都存在着差异。有的生态标签没有对产品生态性能评级的规定，有的产品仅仅是对产品中某些方面的性能的信息反映。

为了能够统一认识生态产品，对如何建立生态标签提供指导，国际标准化组织机构 ISO 曾对生态产品的概念进行归类，主要内容如下。

第一类型：考察产品的整个生命周期(从原材料的提取到产品的运输、生产、使用和废弃处理)，自愿加入，多产品种类，第三方标签体系。

第二类型：自我声明的标签。或是考察产品的整个生命周期，或是考察产品的某方面的生态性能。

第三类型：环境行为的声明和报告(Non-selective)。

生态产品根据生态设计的概念的原则来设计，因此具有环境友好的特性。生命周期的概念和工程思想在生态产品的发展阶段起到了很重要的作用。

生态产品被设计来确保循环再利用，虽然叫法不同，内涵却是一致的，是指在产品及其寿命周期全过程的设计中，要充分考虑对资源和环境的影响，在充分考虑产品的功能、质量、开发周期和成本的同时，更要优化各种相关因素，使产品及其制造过程中对环境的总体负影响减到最小，使产品的各项指标符合绿色环保的要求。其基本思想是：在设计阶段就将环境因素和预防污染的措施纳入产品设计之中，将环境性能作为产品的设计目标和出发点，力求使产品对环境的影响为最小。对生态产品设计而言，核心是“3R”，即“Reduce、Recycle、Reuse，”不仅要减少物质和能源的消耗，减少有害物质的排放，而且要使产品及零部件能够方便地分类回收并再生循环或重新利用。恢复原材料和组件的能力。

生态产品实例如下。

(1) 生态产品实例—— Reduce 设计案例。“Reduce” 即是少量化设计原则，也就是物品总量的减少、面积的减少、数量的减少。通过量的减缩而实现生产与流通、消费过程中的节能化。

MT8 金属台灯是包豪斯的代表作之一(图 7-166)。这个台灯充分利用了材料的特性：乳白的透明玻璃灯罩，金属质地的支架，同时其几何造型零部件十分适用于大批量工业生产。造型简洁，没有多余装饰的现代设计产品，不仅适宜于大批量生产，而且大大降低了生产成本，符合生态设计的理念。

Alessi 柠檬榨汁器(图 7-167、图 7-168)，3 支尖锐长脚上面安置一颗大大的头，这个看起来像一个逗趣的外星人，所以又被称为“外星人榨汁器”。它的造型简洁到极致，功能却完好，是少量化设计原则下最经典的作品。

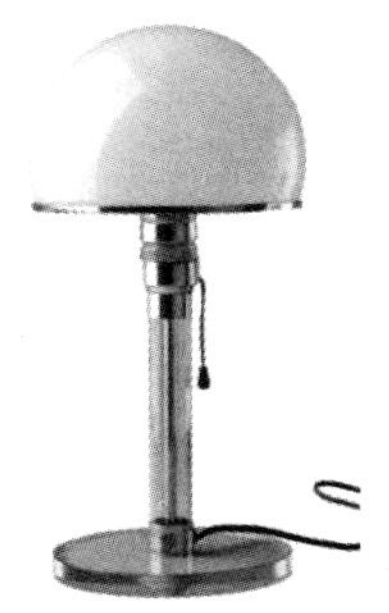

图 7-166　MT8 金属台灯

图 7-167　Alessi 柠檬榨汁器(一)

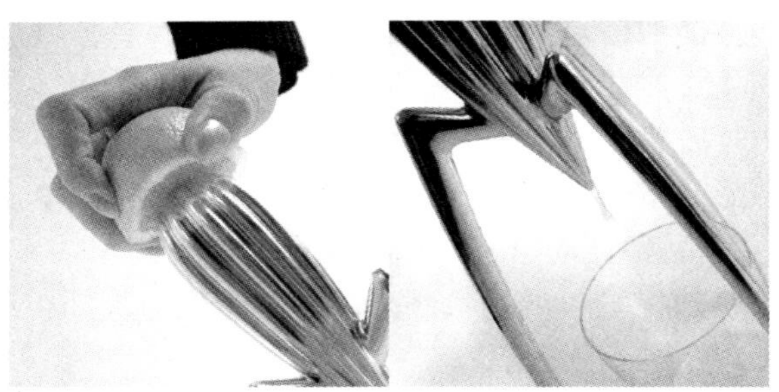

图 7-168　Alessi 柠檬榨汁器(二)

(2) 生态产品实例—— Recycle 设计案例。“Recycle”即再生原则，也就是构成产品或者零部件的材料经过回收之后再加工，得以新生，形成新的材料资源而重复使用。即在进行产品设计时，充分考虑产品零部件及材料的回收的可能性，回收价值的大小，回收处理方法，回收处理结构工艺性等与回收有关的一系列问题，以达到零部件及材料资源和能源的充分有效利用，是环境污染最小的一种设计的思想和方法。

1994 年，斯塔克为沙巴法国公司设计的一台电视机采用了一种用可回收的材料——高密度纤维模压成型的机壳，同时也为家用电器创造了一种“绿色”的新视觉(图 7-169)。

纸质电脑包(图 7-170)，这个特殊的电脑包是由再循环和可循环的纸板制作而成的。上面可以印有使用者名字的缩写，从而向全世界展示使用者对可持续性以及时尚的关注。

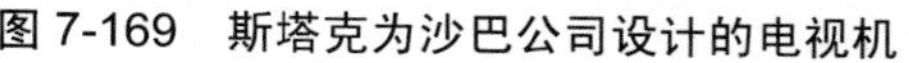

图 7-169　斯塔克为沙巴公司设计的电视机

图 7-170　纸质电脑包

(3) 生态产品实例——Reuse 设计案例。“Reuse”即再利用原则，将本来已脱离产品消费轨道的零部件返回到合适的结构中，继续让其发挥作用；也可以指由于更换影响整体性能的零部件而使整个产品返回到使用过程中。

图 7-171　亨德森围巾

亨德森围巾(图 7-171)——“保留和分享”是这件毛织类的主题，主要致力于增加顾客长期佩戴的满意度。这些特殊的产品适合长时间保留，能优美地穿越流行和年龄。这些产品具有多功能性。不同的人，在不同的人生阶段，可以以不同的方式佩戴。该产品有一条生态生产线——利用来自当地的、自然成色的有机纱线生产。“斜料”系列则是由该公司自己的废弃纱线和针织物废料制作而成的。

很多人都有过晚上睡觉怕黑的经历，尤其是儿童。守护灯(Guardian Lamp)(图 7-172、图 7-173)只要在睡觉之前扭动灯头，根据刻度调整好需要的时间，灯光的亮度会随着时间的推移，逐渐减弱直至完全熄灭。从而不仅满足了儿童的安全心理，而且增强了的睡眠舒适性。灯光持续时间可以控制在 25 分钟之内。同时守护灯(Guardian Lamp)还具有闹钟的功能，清晨可以按照设定的时间逐渐地变亮直至最大光源，避免了突然睁开眼睛产生的眩光的刺激性，减弱了对眼睛的伤害。

通过试验测试，守护灯(Guardian Lamp)比正常夜灯节约电能 60%以上。不仅从人性化的角度去关怀人的情感需要，同时遵循了绿色设计的“Reduce 减少化”原则，有效地节约了能源。

图 7-172　守护灯

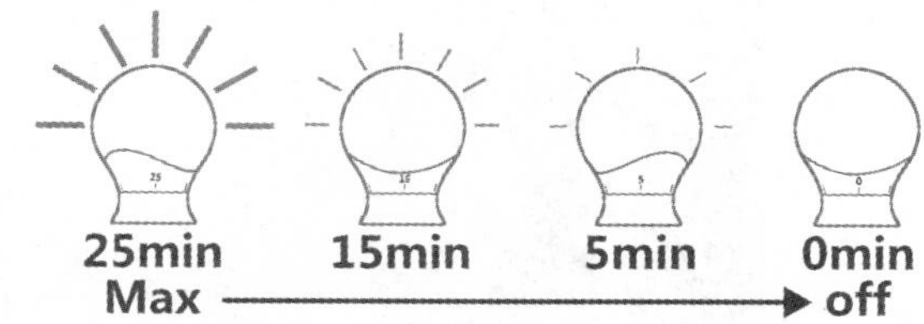

图 7-173　守护灯灯光持续时间可以控制在 25 分钟之内

(设计：陈昕、胡杨帮、何兆亨、林鋈、麦博、姚海飞，指导：盘湘龙。此设计荣获 2011 年度德国“iF 概念设计奖”。)

随着城市化进程的加快，城市生活垃圾迅速增加。但目前垃圾处理设施严重不足，相当一部分城市的土壤、水体、大气受到污染，使生态环境和人民群众生活受到影响。

种子雪糕棒(图 7-174、图 7-175)的设计，就是在雪糕棒内置种子，吃完雪糕的时候，可以把雪糕棒插入泥土中，通过雪糕棒的长度可以控制种子插入的深度，包裹种子的部分会在土壤中先分解，种子发芽过程中，雪糕棒的主干也会在土壤中慢慢降解。雪糕的冷藏环境也可以延长种子的寿命，防止种子过早发芽；而吃剩的雪糕呈弱碱性，南方多雨的地区经常都会被酸雨造成土壤不适合植物生长而困扰，剩余的雪糕也正好可以改良土壤的质量。

种子雪糕棒，从绿色设计的“Reuse 再利用”原则出发，增强人们环保意识，保护人们生态环境。

图 7-174　种子雪糕棒

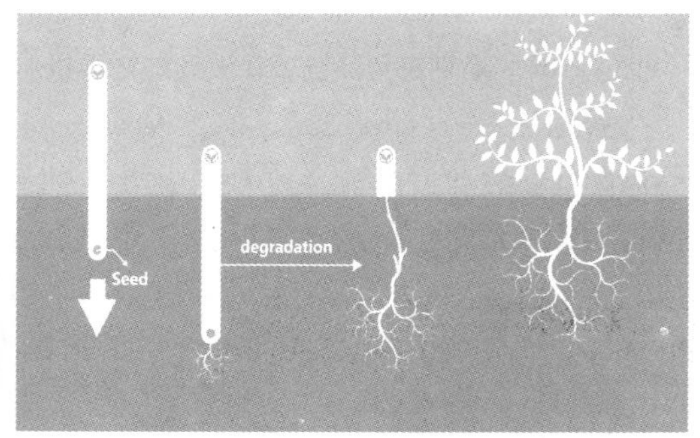

图 7-175　种子雪糕棒的生长示意图

(设计：陈昕、胡杨帮、何兆亨、林鋈、麦博、姚海飞，指导：盘湘龙)

在生活中，经常遇到某些垃圾桶被垃圾挤压得太紧而倒不出来的情况，或者因为倾倒垃圾而弄脏了手，“夹子”垃圾桶像夹子一样，旋动桶上方的按钮，把开口收拢底部就会打开，垃圾就轻易地被倒出，从而增强了可操作性，同时开放式设计更便于清理垃圾桶。

“夹子”垃圾桶(图 7-176)，是从人性化设计的角度，增强了产品的易操作性，为生活创造更美好更舒适的环境，从而达到对人性的关怀和尊重。

生活中，人们总是制造了各种各样的废品及垃圾，造成了大量的环境污染和资源浪费，Snow Light (图 7-177)就是以废弃的啤酒瓶为原料，基于生态设计概念，融合情感化设计的一系列灯具设计。

图 7-176　“夹子”垃圾桶

(设计：陈昕、胡杨帮、何兆亨、林鋈、麦博、姚海飞，指导：盘湘龙)

图 7-177　废弃啤酒瓶再利用设计——Snow Light1

(设计：林加锋，指导：盘湘龙)

Saving 系列环保再生座椅(图 7-178 至图 7-180)的设计概念主要反应现代人们释放某种压力的过程。作品的材料是废弃的塑料，具有弹性且防水，回收之后再设计与环保、生态的观点相吻合，Saving 不仅仅意味着要把地球从污染中拯救出来，同时意味着每个人在使用过程中的心境的一种释放。

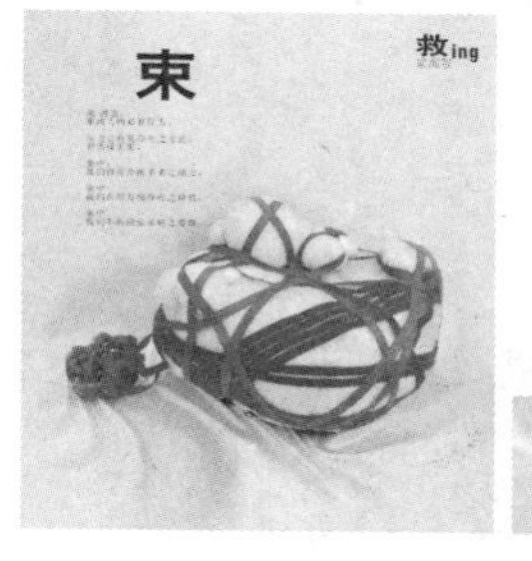

图 7-178 saving 系列环保再生座椅设计

(设计：王琳，指导：盘湘龙)

图 7-179 废弃自行车再利用设计

(设计：吴彬，指导：盘湘龙)

图 7-180 围椅的翻新再利用设计

(设计：余炎芳，指导：何中华)

(4) 生态产品实例——米兰家具展设计实例。Droog 因为引导 2008 年的绿色设计潮流而备受赞赏。Droog 的设计师在展览中说：“我们都知道可持续性是一个复杂的问题，所谓有得必有失，以限制浪费为目的的设计应该是通往正确方向的第一步。”

展出现场的很多展品并没有让人一眼就能看出“绿色”来，但是节约能源的制造工艺、聪明的设计概念都是为减少碳排放量服务的。有意思的是，很多展品都是因为跟展览空间形成的特殊关系而产生了生态环保的意义。这也许正暗示了，其实很多设计正在暗自扮演绿色产品的角色，不需要过多的言语去形容了。

米兰家具展上还有一片最高技、最未来的展览区域，那就是 Well-Tech 展，这片展区由著名的环保科技组织 Well-Tech 负责策展，所有的展品均为运用高新科技的绿色设计，这个组织的成立旨在鼓励那些关注可持续发展、研发多样性的、能进一步提高生活质量的产品设计。

2008 年 Well-Tech 展上有很多人道主义的和颇具社会意义的设计作品(图 7-181 至图 7-186)，比如 Bogo 太阳能灯，还有蕴含创新生态设计理念的“NoMoreGas”都是 Well-Tech 展上服务于绿色设计的高科技亮点。

图 7-181　吊灯(一)

图 7-182　吊灯(二)

图 7-183　广告(一)

图 7-184　广告(二)

图 7-185　坐椅

图 7-186　凳子

图 7-187　墙上的花盆

这些瓷制的花盆是利用可回收材料制造的，把他们堆积在墙上好像在诉说着墙上可以生长植物似的(图 7-187)。

Philips 公司最新研制的生态灯，采用低电压设计，这样 80%的能源可以随着光源的散发而节约(图 7-188)。

图 7-188　Philips 生态灯

图 7-189　“10 单元”系列椅子

Shigeru Ban 的“10 单元”系列椅是一种模块化设计，“L”型的单元体可以根据不同的需求而随意的组合成各种椅子和桌子的功能(图 7-189)。

这些“8 软木”盒子是根据回收的软木制成，他们的色彩都是从自然材料中获得，安全而无污染(图 7-190)。

图 7-190　“8 软木”盒子

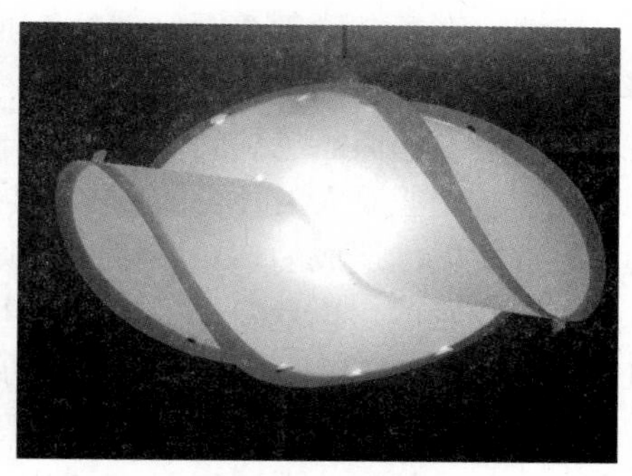

图 7-191　“吻”灯

“吻”是一件4个部件自行组合的聚丙烯灯罩。它是一种豆荚状的灯罩，完全罩住灯泡，使灯泡不受虫子袭击，同时还能保护眼睛(图 7-191)。

所有的 4 个部分都能采用白色来获得最大亮度，或者采用不同的明暗度，区分工作照明和其他情调照明。使用一种材料意味着在提炼、加工和运输原材料时可以消耗较少的能量。在制造过程中，各部分均以最有效的方式从一片材料上冲切下来，使得边料浪费最小化。平直包装可以在运输中有效地利用空间和能量。

图 7-192　Strida 折叠自行车

聚丙烯是最好的塑料，这是因为它在制造和处理过程中对环境的影响最小。其透明性令其成为完美的灯罩材料，且它的热敏感度要求使用节能灯泡。

这是一辆具有创新性的可折叠自行车，是理想的通勤工具(图 7-192)。它仅有 10kg，且可以瞬间折叠，放置在很小的地方，因此便于公共交通搬运或放置在办公室中。它的框架上涂有铝粉，可以防止生锈，重量轻且耐用。此外，其无油脂凯夫拉尔纤维带驱动器相当耐用。座位上有内置悬架，可以上下调整，为骑车人调配不同的高度，笔直的骑车姿势可以让视野范围更大更远。

第六节　生 态 包 装

生态包装又称为可持续包装，是指为了节约包装材料资源、减少包装废弃物、可再使用、再循环的商品包装，包括对环境和人体健康无害的包装材料、具备生物降解性的塑料包装、可再回收使用的玻璃容器等。生态包装包括 3 个方面的含义：一是生产制造材料时对环境资源耗费要少，二是保证材料在生产使用中要有良好的综合性能，三是材料使用完毕废弃后可以回收再利用或对环境污染要小。

漫天飞舞的白色垃圾，城市一角堆放的生活废弃物，严重影响了城市的环境卫生，引起了广泛的关注，清理废弃物已经不再是环保部门的责任，而是全人类应该广泛关注、深入思考的问题。人口、环境、资源是影响人类社会发展的 3 大要素，现代包装工业是涉及人口、环境、资源 3 大要素最密切的工业部门之一。2005 年 6 月，胡锦涛同志在全国人口、环境、资源座谈会上明确指出：“积极开展国际环境管理体系认证和推行环境标志产品，对促进对外贸易和商品包装的发展是十分重要的。”

现代包装工业对人类社会的影响日益加深，特别是 20 世纪 70 年代以后，由于世界包装工业高速发展，造成的环境恶化、资源匮乏、能源短缺等世界性难题，不仅阻碍了世界经济的可持续发展，也危及到了人类的生存安全；城乡垃圾和包装废弃物问题已广泛引起人们关注。权威资料表明：包装废弃物的多少与国家工业发达、生活水平的高低密切相关。通常一个国家(地区)或城市的发达程度可以用其城市垃圾中包装废弃物所占比例表示。

生态包装最早在欧洲国家兴起，“国际地球之友”荷兰分部为了推广荷兰在包装运动中取得的成功经验，编写了有关商品包装环境友好的报告，并由此建立了可持续包装行动网(SPAN Europe)。SPAN 是由欧洲 27 个国家 55 个集团组成的网络，组建目的是在各国开展对环境负效应最小的生态包装应用活动。1972 年 6 月 5 日召开的联合国人类环境会议，由 120 多个国家签发的《环境宣言》引发了一场世界性的绿色革命，维护生态的绿色包装成为主力军。国际标准化组织 ISO、“绿色和平国际”(GP)和“国际品牌联盟”(IBF)等国际组织也一贯强调产品包装废弃材料的再生资源利用。生态包装的概念正开始转化为实际的环保产品。据最新报道，我国环境标志产品也有 1000 多种，2005 年产值超过 500 亿元人民币，包装企业正朝着“一多三少”(多产出、 少投入、少消耗、少污染)的方向努力。

绿色包装标识也逐步被世界各国所采用，绿色包装标志亦称环境标志、生态标志，是由政府部门或公共、行业团体组织依据一定的环境标准，向有关厂家颁布证书，证明其产品的生产、使用及处置过程全部符合环保要求，对环境无害或危害极少，同时有利于资源的再生和回收利用。1975 年，世界上第一个绿色包装的“绿色”标识在德国问世。世界第一个绿色包装的“绿点”标识是由绿色箭头和白色箭头组成的圆形图案，上方文字由德文 DERGRNEPONKT 组成，意为“绿点”。

从此之后，世界各国都相继制定和实行产品包装的环境标识。如加拿大的“枫叶标志”，日本的“爱护地球”，美国的“自然友好”和证书制度，中国的“环境标志”，欧共体的“欧洲之花”，丹麦、芬兰、瑞典、挪威等北欧诸国的“白天鹅”等。伴随着各国环境标识的制定使用，世界各国的包装行业也朝着正规化、环保化的方向发展

生态包装的设计原则可概括为“4R1D 原则”：①包装减量化原则(Reduce)，即包装在满足保护、方便、销售等功能的条件下，应该用量最少；②可重复利用原则(Reuse)，即不轻易废弃可以再利用的制品；③可回收再生原则(Recycle)，即把废弃的包装制品进行回收处理，再利用；④产生新价值原则(Recover)，即利用焚烧来获取能源和燃料；⑤可降解化原则(Degradable)，即包装要易于自然降解，且对人体和生物无毒无害。

而在现实中，包装设计一般将注意力放在包装本身，主要考虑包装对于商品的保护功能、有关信息的传达以及商品竞争力的提升。这种做法是不全面的，生态包装要求设计师把目光扩展至包装的整个生命周期即包装材料的生产、包装容器加工、包装制品的销售直至回收的各个阶段，并对生命周期各阶段作统筹的思考，力求包装在每个生命周期阶段都能符合生态学的要求，以利于可持续发展。

1．生态包装材料及研究方向

生态材料的术语最早是在 1991 年由日本的山本良一教授和他东京大学的同事为了应对可持续发展运动作为一个前瞻的对策首先提出来的。生态材料被定义为那些能够在其生命周期过程中以负责任的表现改善环境，生态材料包含以下 6 个因素当中的一个或者多个。

(1) 避免和/或减少使用非可更新资源或者稀有资源；

(2) 通过回收和重新使用废弃物来加强原材料封闭圈的建设；

(3) 增加能源和原材料的效率；

(4) 使用更多耐久性材料以减少维护要求；

(5) 促进可更新资源和能源的使用；

(6) 减少对生态多样性和生态体系得不利影响。

生态包装材料涉及的内容非常广泛。它包括天然材料、金属材料、非金属材料、高分子材料以及复合材料等。由于包装材料的生态循环周期很短，这引起了材料专家的关注，一些发达国家对生态包装材料的研究做了大量的工作。

近年来，专家们通过探寻包装材料引起生态环境变化的规律，开发能保护生态环境的包装材料，研究可循环性的塑料包装材料自分解和降解理论，为研究开发无污染的包装材料的生产方法、加工工艺和制造提供了理论依据。专家提出，要从环境角度出发，重新评价和研究已有的包装材料体系的合理性，以及包装材料的物化性能和特殊功能。这就要求重新考虑包装材料的构成组分、加工工艺、物化性能和主要用途。

2. 生态包装材料及研究方向

(1) 玉米淀粉树脂。这种树脂是以玉米为原料，经过塑化而成。用它制成的包装材料可以通过燃烧、生化分解和昆虫吃食等方式处理掉，从而免除白色污染的危害。据悉，台湾每吨玉米树脂生产的塑料数量已和用塑料粒生产的数量相差无几。据台湾塑料行业人士统计，全球每年约生产塑料制品1亿吨，其中一次性包装材料3000万吨，解决这些材料造成的污染要花费很大的社会成本。如若玉米树脂能成功取代其中的一部分包装用塑料，估计每年将节约100亿美元的市场。

(2) 可降解塑料包装。降解塑料包装在农业、日化、医用、食品等领域都具有较大的市场潜力。2000年中国塑料包装产量为300多万吨，其中难于回收的一次性塑料包装占30%左右，产生的塑料垃圾达100多万吨，塑料地膜产量40多万吨，一次性日杂用品仅正宗产品就达约40多万吨，产生的塑料垃圾近200万吨。因此，降解塑料物资前景广阔深远。目前，可降解塑料的研究已有一定的成果。

(3) 生物降解塑料。理想的生物降解塑料是一种具有优良使用性能、废弃后可被环境微生物完全分解的高分子材料。

纸是生物降解材料，而通常用的合成塑料是非降解高分子材料。生物降解塑料就是兼有纸的可降解性和合成塑料的高性能化的新型高分子材料。生物降解的高分子(大分子)材料，其降解机理已经被证实，主要由细菌或其水解酶将高分子量的大分子分解成小分子量的碎片，然后进一步被细菌分解成二氧化碳和水等物质。可分为3类：①微生物产生的聚酯。属微生物发酵型大分子，它是利用微生物产生的酶将自然界中易于生物分解的聚酯类物解聚水解，再分解吸收合成高分子化合物，这些化合物含有微生物聚酯和微生物多糖等。②来自植物的天然高分子(淀粉、纤维素等)。国内外开展这种淀粉合成生物降解塑料的研究非常火热。美国的瓦那·兰巴特制药公司通过操作植物的遗传基因，部分控制淀粉大分子链的支化度，从而制造出以廉价的淀粉为原料的生物降解塑料。③化学合成高分子。利用化学合成的生物降解塑料，如聚己内酯(PCL)，1975年以来就开始被使用了，只是使用得很有限，据说埋入土壤12个月后可降解95%。PCL和淀粉共混料、PCL和PHBV共混料、PCL和尼龙共混料都研制出来了，以蛋白质、脲和多糖为基础的其他生物降解的聚酯也制造出来了。

(4) 化学降解塑料。水溶性塑料包装薄膜作为一种新颖的绿色包装材料，在欧美、日本等地区被广泛用于各种产品的包装，例如农药、化肥、颜料、染料、清洁剂、水处理剂、矿物添加剂、洗涤剂、混凝土添加剂、摄影用化学试剂及园艺护理的化学试剂等。它的主要特点是：降解彻底，降解的最终产物是 CO_2 和 H_2O，可彻底解决包装废弃物的处理问题；使用安全方便，避免使用者直接接触被包装物，可用于对人体有害物品的包装；力学性能好，且可热封，热封强度较高；具有防伪功能，能延长优质产品的寿命周期。

水溶性包装薄膜的主要原料是低醇解度的聚乙烯醇，利用聚乙烯醇成膜性、水溶性及降解性，添加各种助剂，如表面活性剂、增塑剂、防粘剂等。

水溶性薄膜有较好的包装特性及环保特性，因此已受到发达国家广泛重视，有非常好的应用前景。例如日本、美国、法国等已大批量生产销售此类产品，像美国的 W.T.P 公司和 C.C.I.P 公司，法国的 GREENSOL 公司以及日本的合成化学公司等。国内株洲工学院与广东肇庆方兴包装材料公司在中国包装总公司科技部的支持下，联合研制开发的水溶性薄膜及生产设备已通过省部级鉴定，目前已投入生产，其产品正在走向市场。

3．生态包装材料开发的研究方向

普通包装材料向生态包装材料的转变是意义深刻的技术革命。目前，纳米技术、生物基因技术也开始应用于生态包装中。

纳米塑料具有优异的物理力学性能，高强度、耐热性、好的光泽和透明度、高阻隔性、优良的加工性能，属生态友好型材料，可以用于食品、各种化学原料、有毒物质的包装。

一种利用纳米技术高效催化 CO_2 合成的可降解塑料，已由中国科学研究院广州化学研究所研制成功。用 CO_2 和环氧丙烷聚合而成的这种可降解塑料，可替代目前市场上广泛使用的快餐包装容器，既解决了 CO_2 所导致的环境问题，又可避免塑料包装使用中产生的“白色污染”。

基因技术也是研究的方向之一，利用先进的基因人工定向设计拼接技术，可以让植物按照人们的设计要求长出各种形状、各种色彩的容器(甚至这些容器上还可按预先设计长出各种花纹和图案)，比如各种奶、果汁、醋的外包装，各种一次性餐具的外包装可从一种通过基因剪切再造玉米植株上直接长出来，未来的药瓶可能是从一种通过基因改造技术创造的辣椒植株上直接采摘下来的。

4．生态包装实例

(1) 生态包装实例——中国传统生态包装。中国人长期受到传统生态思想的影响，所以在包装的设计、制作、选材方面，有意无意地都倾向于生态方面。因此，传统的生态包装方法大多加工过程简单、易于制作，完全符合生态生产的要求，如陶罐就是一个极佳的例子。陶器的出现，意味着人类对水、火和泥土的征服，是在具备了一定的技术条件下有能力改造物质环境的结果。早在八千多年前，就开始使用有少量纹饰、器形简单的陶器来盛水和稻谷等物，这些陶器可以说是包装的原始形态。而在这之后的几千年中，虽然人们不断地发现了更多的包装方法，陶器却一直是中国人所钟爱的包装方式。随着时间的推移，装酒逐渐成了陶器一项主要的功能，中国人普遍相信只有用陶器承装的酒，才能长期保证其独有的醇香。我国的茅台陈酿酒、酒鬼酒等至今仍然使用陶瓷容器，在符合生态要求的同时，也丰富了酒的品质内涵。

袋足陶鬶系新石器时代大汶口文化居民遗留下来的酒器精品，1962 年出土于山东省曲阜市西夏侯遗址(图 7-193)。夹砂陶，呈橙红色，椭圆形侈口，敞口流的根部明显收敛，上粗下细的高颈向前倾斜。腹体呈三角形。低裆，裆顶较宽平。足尖里加泥球。三足尖的间距大体相等。有仿索状和宽带状两种把手。表面修磨得较光滑。腹间加一周绳索状附加堆纹，面及颈下都装饰方形泥突或泥饼。

船形彩陶壶为1958年陕西省宝鸡北首岭遗址出土泥质红陶，口部呈杯状，器身横置，上部两端突尖，颇像一只小船(图7-194)。在两侧的腹部，各用黑彩绘出一张鱼网状的图案，渔网挂在船边，似正撒网捕鱼，又像小船刚刚捕鱼回来，在晾晒渔网。陶壶上端两肩上，横置两个桥形小耳，既便于提拿，又可穿绳背负，随身携带。

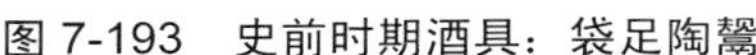

图7-193　史前时期酒具：袋足陶鬶

图7-194　史前时期酒具：船形彩陶壶

酒鬼酒的包装延续了中国传统包装的特点，瓶体采用土陶工艺制成(图7-195)，质朴、典雅、瓶形是扎口的麻袋造型。

清代箬竹叶普洱茶团五子包。外在的质朴之美和内在的保护之妙，相得益彰，这种充满乡土情趣的包装方法沿用至今(图7-196)。

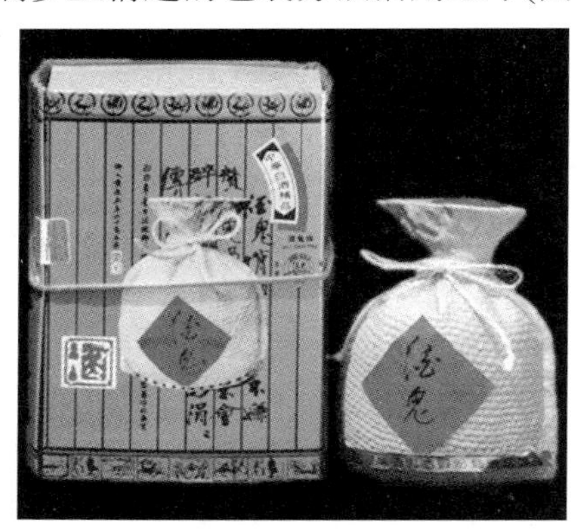

图7-195　酒鬼酒包装

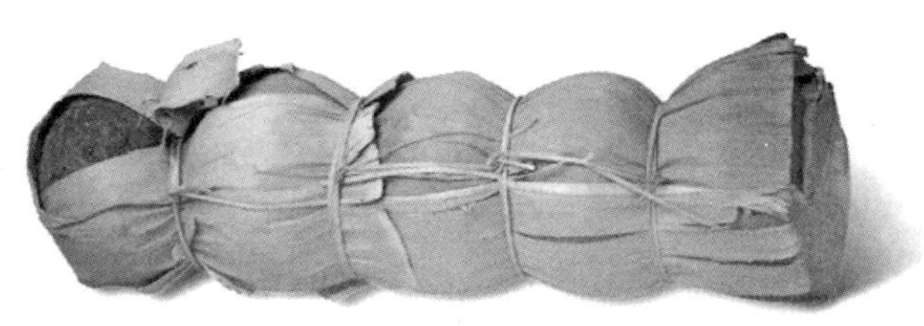

图7-196　箬竹叶普洱茶团五子包

草绳包装的景德镇瓷碗(图7-197)。这样的包装既柔韧又紧凑，避免了搬运时的碰撞和存放中的破损。

中国地大物博，自然资源丰富，生态包装材料随处可见，例如：为了纪念伟大的爱国诗人屈原而创造出来的中国食品文化习俗中最具特色的粽子，其材料就是取之于自然用之于自然。粽叶因各地叶子的种类不同，分别是南方的竹叶、北方的芦叶、广东的冬叶，以及少数民族使用的芭蕉叶等。在蒸煮过程中这种粽叶的清香逐渐渗透到糯米中，尤其是广东的冬叶包成的粽子呈青绿色，有着冬叶淡淡的清香味，保存时间较长，吊在屋内，十天半月不会发馊。粽子无论是材料的选择，还是整个的制作过程，或是使用完成后的再生利用，都完全符合生态包装的标准，因此，它也就成为了既具有深厚的中国特色的历史文化背景，又具有功能与形式完美结合的特征，并且完好地流传至今的生态包装范例(图 7-198)。

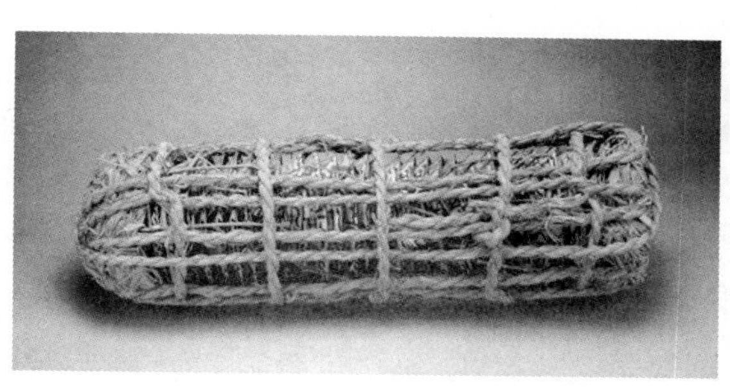

图 7-197　草绳包装的景德镇瓷碗

图 7-198　粽子的包装

今天不仅仅是中国有大量直接用自然材料来包裹的现代包装，在世界上的其他国家也常常见到这种类型的包装。日本是一个面积很小的岛国，资源极不丰富，但其经济发展的速度却位于世界前茅。尤其是在包装领域非常注重生态包装的设计和运用，其中很大一部分就是选择经过特殊加工的纯天然可再生的材料，直接用于食品的包装。这些经过特殊处理的天然材料，不仅消除了天然材料可能存在的食用安全性的问题，还能达到长期保鲜的作用，并且有一种原生态、天然的美感。最重要的是这些包装材料无论是在制作过程中，还是在消费者的使用过程，乃至丢弃后都不会对环境产生压力(图 7-199、图 7-200)。

图 7-199　粽子的包装

图 7-200　竹叶包装

两种不同的竹产物被结合在一起作为包装材料，绿色的新鲜竹叶盖住一段开口的竹筒(图 7-201)。

内部用竹叶包装外面要仔细地罩一层玻璃纸。日本传统包装需要手工劳动从而使得该产品稀少而比较昂贵(图 7-202)。

图 7-201　竹叶和竹筒的包装形式

图 7-202　粽子寿司包装

竹叶成了一种符号，代表自然的、纯朴的事物。它不仅把竹子的香气传递给米饭，而且是天然的、原生态的(图 7-203)。

图 7-203　竹叶包装的午餐饭团

图 7-204　纳米啤酒瓶

图 7-205　纸浆模塑酒包装设计

(设计：莫珊露，指导：曾迪来)

(2) 生态包装实例——纳米啤酒瓶。近年来，专家们通过探寻包装材料引起生态环境变化的规律，开发能保护生态环境的包装材料。研究可循环性的塑料包装材料自分解和降解理论，为研究开发无污染的包装材料的生产方法、加工工艺和制造技术提供了理论依据。专家提出，要从环境角度出发，重新评价和研究已有的包装材料体系的合理性，以及包装材料的物化性能特殊功能。这就要求重新考虑包装材料的构成成分、加工工艺、物化性能和主要用途。

米勒醇酒公司采用黏土纳米材料制造塑料啤酒容器，这种微小加固型材料可保留二氧化碳，不让氧气轻易进入，从而避免啤酒变质。同时，这种由纳米材料制造的啤酒瓶具有高强度、高耐热、不易碎裂以及很好的气体阻隔性的特点。纳米塑料的通气性比普通塑料大大降低，用来做啤酒瓶有很好的保鲜作用。而且这种塑料还是肉类、奶酪制品等食品上好的保鲜包装材料。生产纳米塑料所用的原料叫“蒙脱土”，这是一种我国丰产的天然黏土矿物，是生产高级陶瓷的原料(图 7-204、图 7-205)。

(3) 生态包装实例——宜家家具。宜家家具几十年的从设计、生产、自行包装到销售的一体化经营活动中，积累了丰富的产品设计和包装设计的经验，摸索出一套

“模块”式的家具设计方法和平板式包装设计方法，既降低了家具设计成本、家具包装成本、家具组装的人工成本和物流成本，又使仓储量和运输量大大增加，大大地提高了效率，从产品的生态设计角度出发优化产品的造型和结构，实现产品的生态设计。

图 7-206 LACK 拉克边桌

LACK 拉克边桌(图 7-206)，由木材合成物制造，这种合成物比实木轻了 50%。它便于组装，分量轻，方便包装和运输。这种材料被应用于宜家的 50 余种产品中，可以回收再利用。

IKEA PS 单人沙发床罩(图 7-207)，这种可拆洗和可替换的沙发床罩 100%棉制成，无毒无害。在用旧之后可以更换，减少了资源的浪费，也是一种生态产品。

图 7-207 IKEA PS 单人沙发床罩

艾尔弗储物柜(图 7-208)，使用实心木，是最天然和最生态的材料，并且都来自于经营妥善的供应商，其经营管理标准符合宜家的生态产品制造的标准。

IKEA PS 瓦洛洒水壶(图 7-209)，由聚丙烯塑料制成，它的造型便于堆叠存储，节省了运输和存储空间，不仅降低了生产成本也减低运输成本。这种产品所具有的资源经济有效利用、低价格和对环境影响最小的特点，就是 IKEA 一直所倡导的生态原则。

图 7-208 艾尔弗储物柜

纳桑柜子(图 7-210)，是芭蕉纤维编织的储物箱，储物之外，还可用作边桌，经济实用。芭蕉纤维的维强度和细度都较以往有所改善，在部分现有的纤维资源面临枯竭的今天有着重要意义，符合可生态设计的要求。

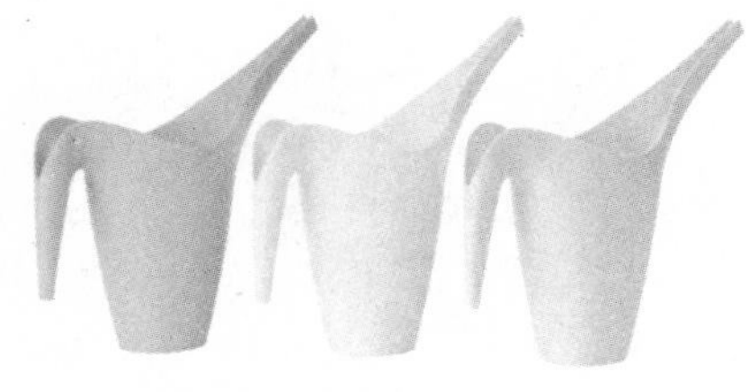
图 7-209 IKEA PS 瓦洛洒水壶

(4) 生态包装实例——多层瓦楞纸。瓦楞纸板是一个多层的黏合体，它最少由一层波浪形芯纸夹层(俗称“坑张”或“瓦楞纸”)及一层纸板(俗称“牛皮咭”)构成。它有很高的机械强度，能抵受搬运过程中的碰撞和摔跌(图 7-211)。

图 7-210　纳桑柜子

图 7-211　瓦楞纸

瓦楞纸箱的实际表现取决于 3 项因素：芯纸和纸板的特性及纸箱本身的结构。瓦楞纸品可利用回收资源，用后亦适宜再造。瓦楞纸箱是由木纤维构成，木纤维可经自然作用分解，而木材在有计划的种植和采伐下亦不会枯竭。

用瓦楞纸板包装取代木质包装，可大量节约木材资源，每使用 1t 再生瓦楞复合纸板就可以替代 30～50m^3 木材。仅机电产品包装一项，每年如能取代 1/3，就可以节约 110 万 m^3，合原木 300 万 m^3 以上，并且可大量地回收废纸，把弃置的包装回收再利用。

美国建筑大师 Frank Gehry 的瓦楞纸家具，他利用了人们普遍认为脆弱的纸张来制作需求耐用的边椅、边桌等家具，结果确实让人惊喜。瓦楞纸被特殊的技术利用热力拉成 S 形边椅，既耐用又美观(图 7-212 至图 7-215)。

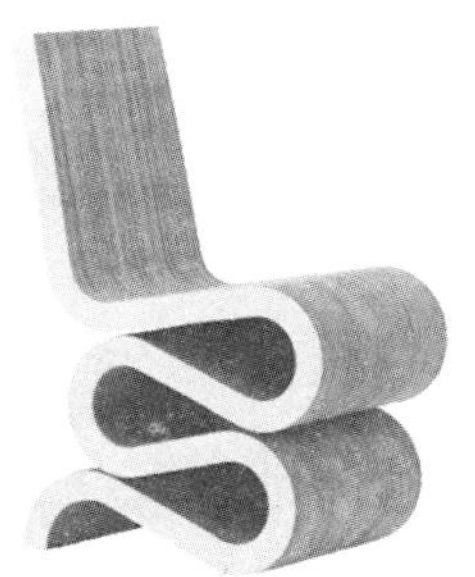

图 7-212　Frank Gehry 的瓦楞纸椅子

图 7-213　Frank Gehry 的瓦楞纸书柜和椅子

图 7-214　Frank Gehry 的瓦楞纸桌子

图 7-215　Frank Gehry 的瓦楞纸桌子和椅子

习　　题

1．怎样理解生态设计中共性与个性之间的关系？
2．建筑的生态设计有哪些原则？
3．园林的生态设计有哪些原则？
4．景观的生态设计有哪些原则？
5．产品的生态设计有哪些原则？
6．包装的生态设计有哪些原则？

第八章　生态设计的大趋势

教学要求和目标：

- 要求：学生通过本章的学习了解未来艺术设计的发展趋势。
- 目标：了解人类社会的发展趋势，理解艺术设计在未来社会中的作用，科学认识生态设计的前景。

本章要点：

- 艺术设计的社会价值
- 生态设计的未来发展趋势

人类的下一个文明即将到来，它将决定艺术设计的未来趋势——生态设计。生态设计必须配合设计产品本身的特质、功能、销售方法、生产条件、市场环境、使用对象等不同的客观条件去进行设计，同时还要考虑设计产品的生态特性与生态要求。正因为如此，生态设计并不是一种美化产品的工作，设计师只有走出设计工作室，去了解社会、市场，走进与产品有关的生态环境，对产品的生态特性做全面的了解，研究环境的需求，以敏锐的超前创新意识，强烈的道德责任感指导设计，才能有针对性地设计出既能在市场制胜，满足消费者需求，又能起到推动生态文明发展的艺术设计作品，以适应生态文明的发展需求。

第一节　设计——未来社会的重要资源

1. 未来社会的重要资源——智力

人类在自己的发展过程中，越来越认识到智力的重要性，并因而把智力作为人类未来社会的第一资源，是一切资源中最宝贵、最重要的资源。智力何以成为资源呢？这是因为智力相对于物力资源这种“死”的资源而言，它是一种“活”的资源，它具有不可剥夺性、能动性、变化性、不稳定性、连续性、再生性等特性，智力资源释放的能量是物力资源无法比拟的。开发和利用智力资源，是我国经济增长方式转变的决定性因素。正因为如此，21 世纪衡量社会财富的第一尺度是智力资源

为什么这样说呢？随着世界经济区域集团化的形成与区域集团化形式由低级向高级发展，经济区域集团化成员之间的经济国界越来越模糊甚至消失。经济区域集团化正在使成员国经济朝一体化方向迈进，正在改变成员国之间的经济界限。跨国公司突飞猛进的发展，向经济国界发起一次又一次的冲击。跨国公司由 20 世纪 70 年代的 900 家增长到 20 世纪 90 年代的近 4 万家，总部设在母国(创始国)，20 多万个分支机构遍布世界各地。跨国公司控制的国外直接投资总额为 2 万余亿美元，跨国公司生产总值已占世界总产值的 1/3，跨国公司操纵了世界技术转让的 75%，以及对发展中国家技术贸易的 90%。跨国公司在发达国家设计、

研究，在劳动力低廉的国家设辅助工厂，接受世界各国的物力资源和人力资源。这种跨越国界的大公司的出现与组成，本身就包含经济国界的模糊。很多产品除了商标能证明它的国籍以外，已很难看出它的生产地是哪一个国家，即所谓“无国籍”产品大量涌现。当今世界，资源、技术、产品很容易越过国界在国家之间流动，国内市场实际上是境内国际市场。所以，美国劳工部长赖克在其《各国的劳动》一书中说：“21 世纪的经济将没有国界。”21 世纪没有国家产品与技术，甚至也没有国家工业，因而也不再有国民经济。一个国家的基本财富、基本资源不再是它的物质财富，而是其公民的素质、能力、智慧和思想(图 8-1)。因此，世界各国未来的竞争是提高公民的素质、能力、科研智慧、开发智力资源，是既要留住本国训练有素的人才，又要吸收各国的优秀人才使之“沉淀”下来。

各国经济发展水平的差距在于智力资本的差异。智力资本是凝结在劳动者身上的知识、技能及其表现出来的生产能力，它由人力投资而形成。教育投资是人力投资的主要成分。智力资本是人力有效投资的结果，是开发人力资源的结果。经济发展水平与教育投资是一种正相关系，联合国教科文组织 1985 年的调查结果显示，经济发达国家、发展中国家和不发达国家的平均文盲率分别是 2.1%、38.2%和 67.6%，而人均 GNP 分别为 8324 美元、565 美元和 195 美元。

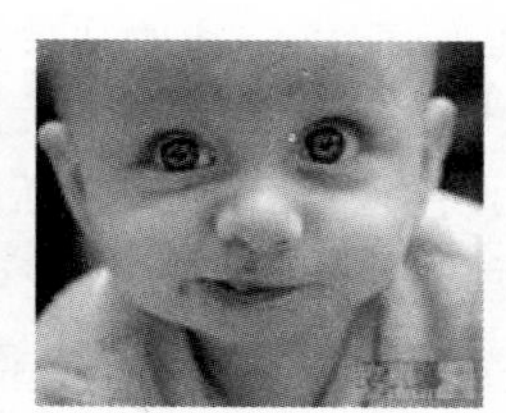

图 8-1 智力——人类未来的重要资源

是什么原因使得智力成为未来社会的重要资源呢？

(1) 智力创造价值，具有增值性。根据马克思劳动价值论，物力资本(包括劳动资料和劳动对象)只在生产过程中转移价值，它既不创造价值，也不使价值增值。只有劳动者的劳动才创造新价值，使价值增值。由于劳动者的素质不同，人力资本不同，在劳功过程中不仅转移的生产资料价值有区别，而且在生产过程中增值的价值额也不同。智力资本的发展不仅推动物力资本的不断创新，而且使劳动者本身的素质日益提高，使社会财富增加。随着资本有机构成的提高，它要求劳动者的素质也要提高，高素质的劳动者转移的生产资料价值是普通劳动者转移生产资料价值的若干倍。由于资本有机构成的提高，劳动生产率也随之提高，高素质劳动者的劳动生产率往往数倍于一般劳动者的劳动生产率，甚至数十倍、数百倍于一般劳动者的生产率。因此，智力资本创造的价值带有裂变性，它不仅使自身形成递增收益，而且使物力资本也产生递增收益。

(2) 智力资本在经济增长过程中具有示范性。它的主要构成是智力、知识。一种新知识在某个企业、某个行业的运用会很快扩展到其他企业、其他行业，即其他企业、其他行业会纷纷效仿，很快形成一种外部经济效应。一个国家靠开发智力资源而富强，其他国家也会“照搬”。日本在第二次世界大战中财产损失高达 42%，工业损失为 44%。第二次世界大战以后，日本恢复极快，甚至成为仅次于美国的第二个经济大国，原因何在？很重要的一点是重视开发人力资源——“教育先行”，形成了富有的智力资源。1995 年日本又提出了“新技术立国”的方针，美国也在基础理论和应用领域投入了巨额资本。由此可见，一国经济增长主要取决于智力资源的开发，以及智力资本的水平。

(3) 智力资本发挥功能的扩张性。管子在公元前就曾说过：“一年之计，莫如树谷；十年之计，莫如树木；终身之计，莫如树人。一树一获者，谷也；一树十获者，木也；一树百获者，人也。”可见，开发人力资源，可以收到“一树百获”的奇效。开发智力资源与开发物力资源不同，随着智力资源的开发，社会生产将以越来越快的速度向前扩展，社会生产方法、企业运作方式将发生重大变革，新的产业不断出现，人们的消费方式也将不断改变。如企业由追求利润最大化转向追求市场最大化；由追求物力资源最大效益转向追求智力资源最大效益；由产品、价格、资本竞争转向设计、质量、品牌竞争；由争夺物力资源转向争夺人才、技术。

2. 艺术设计是最重要的智力资源

在智力资源中，艺术设计因其动态的创新性而具有重要的经济社会意义，并因而成为未来社会最重要的社会智力资源，它与社会经济的发展休戚相关。社会经济的发展造就了艺术设计的繁荣；反过来，艺术设计又促进了社会经济的发展。艺术设计必须融入社会经济中才能发展自己，也才能更好地为社会经济发展服务。

艺术设计作为艺术的一个门类，主要以创造功能美为目的，这体现了它的艺术性；另一方面，它的价值必须投入到社会经济活动中得以实现，这充分体现了它的经济性。这样一种实用艺术形态的使命是提高人类生存环境的质量，满足人们日益增长的物质和文化需求。这决定了平面艺术设计本身就具有精神与物质两个层面。平面艺术设计是社会意识的一种表现形式，社会经济是社会存在的表现形式之一，平面艺术设计与社会经济的关系密不可分。平面艺术设计与社会经济关系的本质是精神与物质的关系。也就是说，社会经济是基础，平面艺术设计要为发展社会经济服务。社会经济状况的好坏，可以制约平面艺术设计的发展；平面艺术设计的发展对社会经济具有推动作用，却不能决定经济发展的状况。

艺术设计的发展与社会市场有着密切的关系。从历史发展角度看，社会经济高度发展的时期，也是艺术文化繁荣的时期。例如英国，就是因为工业革命时期政治、经济、文化的发展而成为现代设计的发源地(图 8-2)。在我国，中国共产党的十一届三中全会提出了从艺术设计本身的发展来看，现代设计的起源有两个显著特征，其一是劳动的分工，其二是生产工艺的改进使得大规模生产和低消耗成为可能。艺术设计的每一次飞跃和进步，都处在因社会分工而造成的社会经济高度发达的时期。首先，因为社会经济发达，社会需求加大，人类文明和审美情趣的提高，为艺术设计提出了更高的要求，并提供了雄厚的物质基础。其次，社会经济高度发达时期也是社会观念大变革、大解放时期，也为艺术设计的应用和发展提供了广阔的思想和思维空间。

图 8-2　艺术设计将成为未来的重要资源

3．艺术设计在推动社会经济发展中的作用

在社会经济发展为艺术设计提供发展空间的同时，艺术设计也促进了社会经济的发展。

首先，艺术设计发展的原动力在于人们对美的不懈追求。这种追求是自发的、与生俱来的。正是这种对美好事物的向往与追求，成为推动社会经济发展的强大动力。人们说科学技术是生产力，就在于它能推动社会经济的发展。在人类设计史上，科学技术总是通过与艺术结合的方式同人类生活发生联系的。艺术设计能够促进社会经济的发展，主要表现在它不仅满足了人们不断增长的物质需求，也满足了人们的精神需求。

其次，艺术设计所带来的不仅是精神上的愉悦与享受，更重要的是它可以改变人们的生活方式。艺术设计是把预期目的和观念具体化、实体化的手段，是人们进行经济建设活动的先期过程。它的本质是人们对将要进行的经济建设活动作出艺术化的设想和筹划。总体来看，这种设想和筹划是进步的、发展的，甚至是超前的(图 8-3)。从这个意义上，也说明艺术设计是一种推动社会发展的动力。艺术设计促进社会经济发展的典型案例，就是设计史上常常提到的“包豪斯运动”。它源于德国，发展于美国，极大地促进了美国经济的迅速发展。

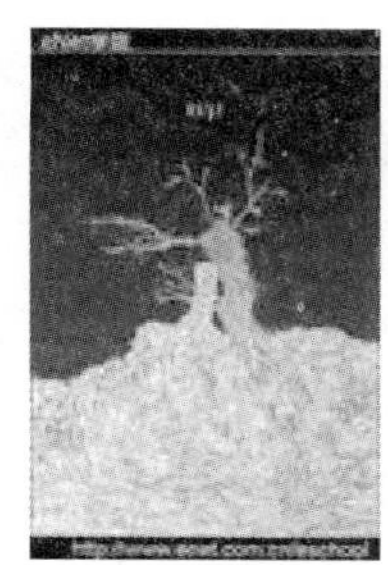

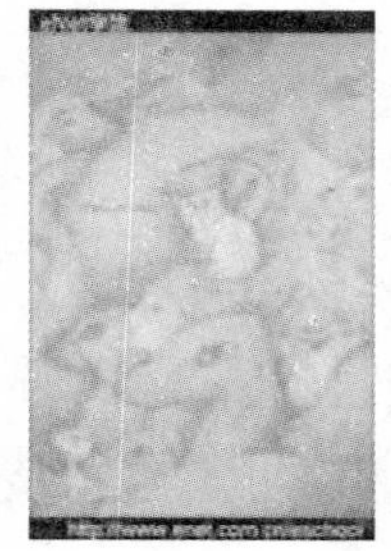

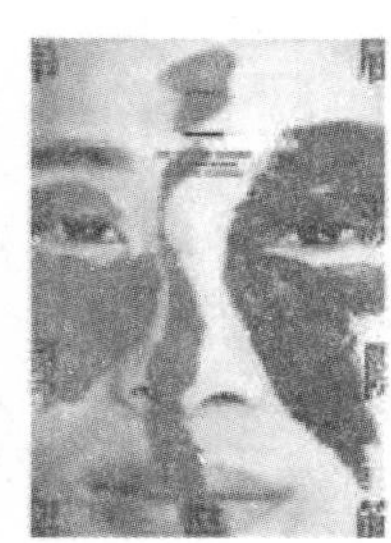

图 8-3　艺术设计将影响未来

艺术设计必须融入社会经济以发展自己。通过以上分析，人们基本上可以明确艺术设

计与社会经济发展的关系，这对于如何发展艺术设计具有指导意义。艺术设计与社会经济的关系越来越密切。英国前首相撒切尔夫人说："设计是我们工业前途的根本，优秀的设计是成功企业的标志。"日本电子企业巨头松下幸之助从美国考察归来时说："今后是设计的时代！"香港理工大学设计系副主任林衍堂曾说："面临世界贸易全球化发展，如果缺少工业设计在产品领域中的必要作用，中国的经济损失是不可估量的。"在德国和美国，从一开始就很注重把设计和产业密切结合起来，在飞快发展的电器工业方面一度走在了世界的前头。从这个角度来说，"艺术设计也是一种生产力"、"设计就是经济效益"的说法并不过分。我国的产品出口到国外，一直都是"一流质量"、"二流包装"、"三流价格"，这在很大程度上与国内企业不重视产品造型设计、产品包装设计有关。社会经济的不断发展，使人们对生活质量提出了更高的要求，这又要求艺术设计必须跟上社会经济发展的步伐，紧随时代的发展而发展。

4. 艺术设计的发展方向是符合知识经济的发展方向的

知识经济是继工业经济之后的又一次革命。知识经济与工业经济的不同之处在于：知识经济崇尚知识、脑力，重复劳动不再占据主要地位。知识经济为艺术设计的发展提供了机遇与土壤。平面艺术设计不是对客观世界的简单反映，它强调创造性与个性，具有化腐朽为神奇的力量。通过平面艺术设计，可以提高产品的科技、艺术含量，提高产品的审美附加值，从而创造出更多的经济效益(图 8-4)。顺应知识经济的发展方向是平面艺术设计发展的必由之路。人们必须自觉、主动地把握知识经济社会的特点，在设计思想、设计观念、设计方法、设计手段、设计传播等方面打上信息时代的烙印。

图 8-4　艺术设计是知识经济的重要内容

5. 艺术设计必须与先进的信息技术相结合

艺术设计的发展不是孤立、片面的，它必须不断吸取其他学科的最新成果发展自己，从而更好地实现为社会服务的宗旨。各个历史时期有不同的时代技术，例如石器时代的打磨技术、青铜时代的铜冶炼技术和钢铁冶炼技术、近代的电器技术、现代的电子技术和生物技术。尼克拉·歇菲尔说："艺术创造过多，换句话说，不得不使同样的形式漫无边际地重复着，因此，必须将手段和形式同时加以改变。"电子信息技术的飞速发展为平面艺术设计手段的改变提供了技术上的保证，势必引发设计思想、设计观念的变革。只有有意识地运用现代科学技术和艺术的手段去拓展生活文化中的精神空间，才能完成时代赋予平面艺术设计的使命。一方面，随着经济的发展，人们生存要求的变化，大众审美趣味的转移等，促使设计必须时时以新的姿态不断演变。另一方面，平面艺术设计又影响着人们的生存方式。当今，以计算机网络为代表的信息时代的来临，社会经济活动逐渐转向信息生产、信息加工、信息处理、信息传播等形式，这为平面艺术设计的发展提供了更为广阔的空间。平面艺术设计的根本任务是创造美的生活。因此，平面艺术设计必须坚持源于生活、高于生活，更广泛地应用于生活各个方面，更好地为社会经济服务。

第二节 生态设计——艺术设计的未来趋势

自从工业革命给人类社会带来史无前例的社会经济的发展和科学技术全面进步之后，人类也从此走上了快速发展的道路，但是人类在陶醉于社会财富增长的同时，也激化了人口、资源和环境之间的矛盾。因此继承和光大生态设计，构筑良好的生态环境，提高人类的生活品质，保护和建设人与自然和谐共生，是人类必须解答的历史问题，也是艺术设计未来发展的必然趋势。

城市化进程的不断加快，人类活动影响范围的扩大，使得人类面临复杂的生态、环境、景观问题。在世界社会经济和环境发展多元融合的今天，可持续性发展不只面临经济社会发展进步的挑战，更迎来了塑造“人、地、水、居”综合性的生态文明的机遇，因此构建生态型宜居环境是艺术设计的出发点(图 8-5)。随着艺术设计工作的深入发展，许多设计观念在淡薄，但许多领域也在不断创新。生态设计就是这种变化的一个结果。什么是生态设计的真正内涵呢？生态设计是应用生态学原理和现代科学技术手段来协调城市、社会、经济、工程等人工生态系统与自然生态系统之间的关系，以提高人类对生态系统的自我调节能力。因此，生态设计的建设不仅是自然与社会物质空间的创造过程，更是新文化、新观念、新经济、新秩序的建立过程，只有协调人类生态，才有健康的社会。

图 8-5　艺术设计中的绿色主题

图 8-5　艺术设计中的绿色主题(续)

所谓的生态设计，最终都是为了构建生态型宜居环境。纵观近年来生态设计的整体状况，部分呈现出生态功能衰退的端倪，自然生态系统的支撑调节能力不断被削弱。之所以会这样，有以下一些原因。

(1) 人地矛盾突出，经济活动挤占了许多自然资源。城市产业发展与环境发展协调不足，加大了对自然环境的破坏频率，多处山体被挖平，水体被填平，道路被强行拉直，导致整体自然景观韵律的局部缺失，势必造成社会与自然的不平衡。

(2) 设计产品的功能分区不明确，生态景观不鲜明。例如，在我国的城市设计中，随着我国城市建成区规模急剧膨胀，新区闲置用地较多，土地资源浪费较大。城市的功能分区也不明确，城市用地性质变动较大，造成城市景观不具特色，建筑景观、建筑实体因个人喜好而设计和摆放现象还存在。能够反映人文特色的景观太少。在历史景观上，要把我国城市建成山水生态与历史相结合的城市，就应该在提炼历史的文化内涵上做文章。同时新区与老区的景观衔接也不够紧密。

(3) 生态环境保护和建设面临巨大挑战，规划管理目标落实难。经济利益冲击环境效益，生产集约意识加速资源消耗，清洁能源发展和环保工艺技术推广不足，污染治理和环境保护投入也不够，特别是生态规划目标也是泛泛而谈，缺乏实际性的效果。

为了解决这些问题，艺术设计必须从以下几个方面着手进行改革。

(1) 应突出生态协调发展实现要求，最大限度地维持生态系统的平衡和稳定。为达此目的，必须保护与规划其原有生态植被与水源。由于当前经济高速发展，必将对这些生态基底空间产生消耗，破坏其原有的生态平衡。从长远和整体角度，必须保持这些生态基底空间与城市化发展同步，才能保证山更青、水更绿的生态系统的长存。

(2) 增强生态环境调节和恢复功能，引导社会有序增长。这需要充分评判制约可持续发展的各种生态因素，选择高效性生态开发演进模式，建立起人与自然的和谐的生态空间发展战略，筑起生态保护屏障，为人们提供天然的氧吧和生态篮，使人与自然融合成一体。

(3) 提高生态设计的环境质量，将环境特色融入人居生活中。我国各地都有自己的湖光山色，提炼这些生态环境特色，让其融入人们的生态空间，塑造亲切和谐的生态景观，建设宜人的生态空间，无疑将极大地提升我国文化和人居环境的价值。

为达上述目标，生态设计应在各个层次实施生态战略。

在环境的生态设计上，应注意广场人文化、庭院公益化、小区花园化、湿地、河岸生态化、环城森林化、道路景观化等几个方面。①所谓广场人文化，是说广场是人文的象征，是集绿化、美化、休闲、游乐于一体的现代化公共娱乐场所，因此，广场宜采用混合型园林手法浓缩园林精神，以自然式为主，收放结合(图 8-6)；②所谓庭院公益化，是指在庭院让人见不到裸露的土地，到处是杨柳婆娑、翠竹弄景、清泉喷涌、波光粼粼，让人听不到喧嚣城市的噪声，耳畔是鸟唱、蝉鸣、虫吟(图 8-7)。这就是还绿于民、共享蓝天的生态庭院；③所谓小区花园化，是要营造出三季有花，四季常青的景观效果和清新、别致、优雅的生活环境(图 8-8)。④所谓湿地、河岸生态化，是要营造出人与自然共存、共生、共融、舒适、轻松、自然的湿地与河岸生态环境(图 8-9)；⑤所谓环城森林化，是要使城市的外环能够形成一道天然的绿色屏障，使城市融入自然，使城市能统筹兼顾，共同发展；⑥所谓道路景观化，是要使道路不仅具有交通功能，还具有生态审美的功能。这包括城中的道路绿带、滨河绿带和居住区绿带构成的城区纵横大绿脉，在绿地区各式各样的园路，使游人可以徜徉于花海林荫之间，置身于阳光绿色之中。最后，就是要让我们的城市园林化与森林化，人在花园中，城在绿色中，一步一景，步移景移。

图 8-6　绿色主题广场

图 8-7　绿色的庭院

图 8-8　现代生态小区

图 8-9　现代生态园林

在用品的设计上，生态设计的出发点以及根本目的应该是人，将人、物和环境作为相互关联、相互作用的有机整体来处理，强调人与自然的和谐发展，因而是一个比较复杂的构思、表现和完成的过程，具有较强的系统化和人性化特点。近年来，发达国家纷纷开发绿色材料，不少发达国家都有完善的生态设计体系，为生态设计的实施奠定了良好的技术基础。同时，政府通过法律强制和政策鼓励等手段加强了国民普遍的生态设计的意识，为生态设计的实施奠定了广泛的思想和物质基础。与发达国家相比，中国的生态设计产业还远远落后。阻碍其发展的主要原因在于生态设计理念上的落后，这导致了决策层对生态设计概念的模糊和轻视，也导致了技术的滞后。在用品设计上中国应该跟上世界生态设计发展的步伐，大力推广生态设计的理念。同时，设计师要将绿色设计理念渗透进用品设计的整个过程，使生态设计起到带动产业发展的作用。

从生态设计的概念中不难看出，生态设计的含义有两层：一是“环保”，二是“健康”，两者相辅相成，缺一不可。其中“环保”主题的提出有利于环境保护，实现可持续发展的观念；“健康”主题的提出有益于人类健康，实现以人为本的理念。从生态设计的发展趋势来看，人们对生态的要求也从单一的“环保”或“健康”转向两者兼备。因此，“环保”与“健康”应成为生态设计不可缺少的两大主题。用品生态设计的过程，具体表现在以下几个方面。

(1)“绿色”材料应成为生态设计的基础。这些材料保障了环境与人类的健康。“绿色”材料有两层内涵，其一是无毒无害无污染，要杜绝使用对人体有害的材料进入到设计产品中；其二是“低碳”，要尽量用大自然中的原始材料，减少地球的排污和排热。为达此目的，生态设计必须对材料提出明确要求。

(2) 生态设计还必须突出对用品的绿色包装。用品在运输与销售过程中需要包装，这往往成为资源浪费、环境污染的重要源头。为此，强调“绿色包装”是未来生态设计的题中之意。“绿色包装”也有两层含义，其一是指包装材料的环保，反对使用对环境有害的包装产品；其二是包装简约，反对浪费自然资源的过度包装。

(3) 用品的生态设计应该体现“绿色”的主题，使艺术设计成为传达生态文明理念、培养生态文明意识的媒介，让用品的消费者在消费过程中感受到新文明的氛围，从而影响他们的审美情趣，改变其传统的环境情感，为树立新的生态文明的环境审美情感与环境道德创造出物质基础。

21 世纪是一个充满生机、充满挑战的新世纪。建设一个可持续发展的生态文明新时期是每一个艺术设计工作者的历史重任，只要共同努力，一个充裕、发达、生态、宜人的新生活将展示在世人面前!

习　　题

1. 怎样理解知识经济?
2. 为什么说艺术设计是重要的智力资源?
3. 怎样理解生态设计是未来艺术设计的发展方向?
4. 艺术设计的实践中应如何科学地应用生态设计?

参 考 文 献

[1] 田春，吴卫光．设计美学[M]．长沙：湖南美术出版社，2009.

[2] [美]托夫勒．未来的冲击[M]．成都：四川人民出版社，1995.

[3] 周靖明．转眼六年——川音成都美术学院视觉传达设计系学生作品集．释放视觉设计艺术思想的激情[C]．成都：四川美术出版社，2006:88-135.

[4] 王德峰．艺术哲学[M]，上海：复旦大学出版社，2005.

[5] 中共中央马克思恩格斯列宁斯大林著作编译局．马克思恩格斯全集(42 卷)[M]．上海：人民出版社，1995.

[6] 中共中央马克思恩格斯列宁斯大林著作编译局．列宁全集(38 卷)[M]．上海：人民出版社，1984.

[7] 马克思．1844 年经济学哲学手稿[M]．上海：人民出版社，1985.

[8] 李培超．自然的伦理尊严[M]．江西：江西人民出版社，2001.

[9] 恩格斯．自然辩证法[M]．上海：人民出版社，2006.

[10] 凌继尧．美学十五讲[M]．北京：北京大学出版社，2006.

[11] 兰德曼．哲学人类学[M]．北京：中国工人出版社，1955.

[12] 露丝・本尼迪克特．文化模式[M]．浙江：浙江人民出版社，1987.

[13] 颜孟坚．21 世纪人类需走“多节制”的发展道路[N]．陕西：中国环境报，1996.2.17(4).

[14] [美]苏珊・朗格．情感与形式[M]．北京：中国社会科学出版社，1986.

[15] 俞国良，王青兰，杨治良．环境心理学[M]．北京：人民教育出版社，2004：200-208.

[16] 胡俊红．艺术设计中的文化渗透[J]．艺术论坛，2004，(3)：13.

[17] 王志成，黄国和．现代艺术设计主题之探讨[J]．衡阳师范学院学报，2004，(4)：140-141.

[18] [法]马克・第亚尼．非物质社会[M]．成都：四川人民出版社，1998.

[19] 蒋孔阳．二十世纪西方美学名著选[M]．上海：复旦大学出版社，1987.

[20] 曾繁仁．新时期生态美学的产生与发展[J]．江苏社会科学，2008(4)：1-2

[21] 罗卫平．国内生态美学研究中存在的几个问题[J]．湘潭大学学报，2005，(2)：89-94.

[22] 余秋雨．文化苦旅[M]．上海：东方出版中心，1992.

[23] 张相轮．论生态美学的基本规律[J]．南京农业大学学报，2005，(3)：23-27.

[24] 阿恩海姆．艺术与视知觉[M]．北京：中国社会科学出版社，1985：52-77

[25] 常杰，葛滢．生态学[M]．杭州：浙江大学出版社，2001.

[26] 岳友熙．生态环境美学[M]．北京：人民出版社，2007.

[27] 陈灵芝．中国的生物多样性现状及其保护对策[M]．北京：科学出版社，1993.

[28] 朱翔，张琦．两极之间——论中西方建筑文化的差异[J]．装饰，2005，(12)：112.

[29] 徐嵩龄．环境伦理学进展：评论与阐释[M]．上海：社会科学文献出版社，1999.

[30] 余谋昌，王耀先．环境伦理学[M]．北京：高等教育出版社，2004.

[31] 夏文斌．教育研究[M]．北京：高等教育出版社，1997.

[32] 王国聘．生存智慧——环境伦理的理论与实践[M]．北京：中国林业出版社，1998.

[33] 蔡锺翔．美在自然[M]．江西：百花洲文艺出版社，2001.

[34] 张相轮．论生态美学的基本规律[J]．南京农业大学学报，2005，(1)：23-27.
[35] 俞孔坚．绝色景观：景观的生态化设计原理与案例[J]．建设科技，2006，(7)：28-31.
[36] 曾耀农．艺术中的隐与显[J]．艺术生活，2001，(3)：9.
[37] 姜耕玉．艺术情境创造：隐与显动与静[J]．东南大学学报，2002，(2)：68-75.
[38] 管玉明．苏州古典园林的艺术特点[J]．安徽农业大学学报，2003，(2)：90-92.
[39] 楼庆西．中国古建筑二十讲[M]．北京：三联书店，2001.
[40] 余依爽．虚假的本质：从苏州园林看中国传统园林的隐逸观与自然观[J]．城市环境设计，2007，(3)：61-63
[41] 许恒醇．生态美学[M]．西安：陕西人民教育出版社，2000.
[42] 王其钧．中国民居三十讲[M]．北京：中国建筑工业出版社，2005.
[43] 许彧青．绿色设计[M]．北京：北京理工大学出版社，2007.
[44] 韩国 CA Press．生态景观[M]．大连：大连理工大学出版社，2007.
[45] 姚润明．面向未来的绿色建筑——世界优秀绿色建筑实例精选(绿色建筑系列)[M]．重庆：重庆大学出版社，2008.
[46] 黄莉群．生态园林[M]．济南：山东美术出版社，2006.
[47] 黄丹麾．生态建筑[M]．济南：山东美术出版社，2006.
[48] 刘晓陶．生态设计[M]．济南：山东美术出版社，2006.
[49] 张彤．绿色北欧——斯堪的那维亚半岛的生态城市与建筑[M]．南京：东南大学出版社，2009.
[50] 北京方亮文化传播有限公司．世界绿色建筑设计[M]．北京：中国建筑工业出版社，2008.